体系评估理论与方法

刘俊先　高岚岚　陈　涛　张萌萌　著

科学出版社
北京

内 容 简 介

本书主要介绍军事领域体系评估的一般概念、理论与方法。在概述体系、体系工程、评估、评估过程等内容的基础上，应用"范式"梳理了评估的常见模式，对体系评估层次进行了分类。本书主要围绕体系能力、韧性、成熟度、贡献度评估问题给出了若干方法和模型。针对体系整体能力水平及相关分析问题，介绍了面向效果的评估方法和体系能力组合识别与评估方法。针对体系适应性评估问题，通过互操作、互理解和互遵循定义了体系运行模式和成熟度，介绍了体系成熟度评估的方法。针对体系抗干扰及能力恢复的评估问题，聚焦能力定义了体系韧性并介绍了评估过程和方法。针对体系成员对体系整体作用的评估问题，介绍了体系贡献度的概念、层次、过程，重点从体系质量特征、能力方面分别介绍了贡献度评估的方法。

本书可作为体系顶层设计、作战分析、实验评估等领域的研究者和技术人员的参考用书，为开展作战体系、网络信息体系、装备体系等各类体系评估工作提供帮助，也可作为军事学和管理学相关专业研究生的参考资料。

图书在版编目（CIP）数据

体系评估理论与方法/刘俊先等著．—北京：科学出版社，2022.8
ISBN 978-7-03-072739-8

Ⅰ．①体… Ⅱ．①刘… Ⅲ．①军事系统工程学–评估–研究
Ⅳ．①E917

中国版本图书馆 CIP 数据核字（2022）第 123698 号

责任编辑：阚 瑞 / 责任校对：胡小洁
责任印制：赵 博 / 封面设计：蓝正设计

科学出版社 出版
北京东黄城根北街 16 号
邮政编码：100717
http://www.sciencep.com

北京华宇信诺印刷有限公司印刷
科学出版社发行 各地新华书店经销

*

2022 年 8 月第 一 版　开本：720×1000　1/16
2025 年 4 月第四次印刷　印张：17 1/2
字数：348 000

定价：149.00 元

（如有印装质量问题，我社负责调换）

前　　言

体系是由系统构成的复杂系统，有时也称为系统之系统(system of systems)。通常认为体系具有业务独立、管理独立、地理分布、演进开发、涌现行为等特性。各个领域存在着大量不同的体系，如军事领域的作战体系、能源领域的能源互联网、制造领域的分布式工业制造体系、交通领域的多模态交通控制体系、社会治理领域的城市应急响应体系和赛博物理系统等。本书以军事领域的作战体系、网络信息体系等为背景对象，如无特殊说明所提体系都是指军事领域的体系，但是各章介绍的方法和模型可以应用到其他领域。

信息、通信、计算等技术的发展推动着体系向网络化、服务化、智能化发展，体系规模和复杂性增加，新型体系成员如无人系统、智能系统的加入改变了体系组成结构和运行模式。体系规模大、要素关系多、运行机理复杂，呈现出信息主导、敏捷适应、跨域协同等特征，是一类典型的复杂巨系统。体系的上述特点要求我们必须改变建设和管理模式，从传统偏计划的系统工程指导下的模式，转为采用一种动态、适应、演化的模式来规划、管理和控制体系的建设与运行，特别是抓好"顶层设计"和"验证评估"一头一尾两项工作。这种新模式以体系思想和体系工程方法论为指导。通过顶层设计，科学规划体系的总体目标、能力分布、成员特征、结构关系、运行规则、控制机制，指导和约束各类装备、系统、人才力量、战场设施、标准规范等的建设。通过验证评估，准确判断体系成员的能力及对体系整体的贡献，把握体系成员进入体系的门槛，科学考量体系的整体水平，为确定体系重点发展方向、控制体系有序演进提供支撑。

体系的验证评估工作与体系规划、管理、运用等各方面的利益相关者密切相关，不同利益相关者因其所关心的体系角度不同而关注不同的验证评估问题。规划人员通常对体系总体水平、能力"长短板"等比较关心，如体系当前整体能力水平怎么样，有哪些长处或优势，有哪些短板和不足？体系下一步发展的重点是什么？体系预期总体水平怎么样，有哪些提升或改进，有哪些退步？体系开放性和互操作性水平怎么样？高层管理人员和体系运用人员通常关心体系的整体发展问题，如当前体系或目标体系能否满足未来可能的使命任务需求，能否适应任务的变化？体系的整体适应性如何，能否适应任务的变化，能否适应环境变化和复杂的不确定性？项目研制管理人员通常关注体系中系统/装备本身是否达到研制要求，是否满足业务人员的需求？系统或装备加入体系后，对体系综合能力有何贡献？C2 系统加入体系后，如何评判他们在能力聚合和能力生成中的作用？这些问题纷繁复杂，必须以一套成体系的评估理论和方法来统筹指导各项验证评估活动。

本书主要聚焦体系评估方面的理论方法。评估是评估主体估测评估对象(客体)达到既定需求的过程，是根据既定准则体系来测评客体各种属性的量值及其满足主体需求的效用，综合评定原定需求满足程度的活动。下面结合体系生命周期和评估内容概要说明本书内容的组织思路。体系与一般系统在组成、行为、特点等许多方面都有差异，因此体系评估与系统评估也有较多差异。我们从四个视角来分析体系评估的问题：体系建设视角、体系组织运用视角、体系对抗视角和体系演进视角。

体系建设视角涉及体系的规划、设计和建设等各项活动，这个视角下体系评估关注的是体系基本能力水平和体系的开放性。体系基本能力水平指的是不考虑体系具体运用需求时体系建设需达成的目标，第 2、3 章介绍了体系基本能力水平评估的相关方法模型。由于体系建设和运用是一个不断迭代演进的过程，因此体系开放性是其应具备的一个主要特性。体系开放性与体系成员系统的模块化和互操作性密切相关，第 4 章中概要介绍了体系互操作性的概念和评估方法。

体系组织运用视角主要刻画体系如何面向任务，动态组织成员系统来满足任务要求，是从体系自身运行的内部角度来研究体系。在这个过程中，需要根据任务的能力需求和体系成员具备的能力水平来生成体系组织运用方案，这个问题的实质是一定约束条件和优化目标下的资源调度问题。但体系运用方案的生成不局限于求解上述资源调度模型，还必须进一步拓展开来研究一系列问题，例如，任务变化和环境不确定时，如何生成体系运用方案？如何在强时间约束下生成方案？如何在无中心时分布式动态生成体系运用方案？体系如何才能适应更多的任务需求？如何衡量体系转换运行模式以适应任务变化的能力？本书第 4 章从体系适应性角度入手，提出体系融合模式并从互操作、互理解和互遵循三个维度刻画体系融合模式，进而提出体系成熟度概念和评估方法。

体系对抗视角主要考虑体系外部因素来评估、研究体系运行和能力发挥情况。体系能力发挥情况反映了体系实际满足任务需求的程度，可以通过使命效能、任务效能、任务性能来分析。本书从能力角度入手，通过对比判断能力水平满足任务需求的情况来提出相关方法，具体见第 2 章所提的任务测度评估方法。该方法的输入是体系规划设计阶段建立的体系架构模型，主要解决体系生命周期早期不依赖仿真或实验数据来评估体系的任务满足度。在对抗条件下，用户关心体系是否能够正常运行，以及在发生故障或受打击时体系能力能否及时恢复的问题。前者是体系的鲁棒性或稳健性问题，后者是体系的韧性问题。本书在第 5 章介绍了体系韧性的概念和相关的评估方法。

前　言

体系演进视角是面向体系建设和治理来评估体系是否正常发展、体系成员是否正常运行、体系成员是否发挥作用等问题。从控制论角度看，体系演进就是体系内外部用户观察体系及其成员系统的运行情况，找出薄弱环节和异常状态，控制体系成员加入或退出体系，以维持体系的良好运行。体系演进视角的评估涉及能力、性能、效能、质量特征、贡献度、演进性、生存性等多个方面的内容。本书第 6 章重点对体系贡献度概念做了全面分析，从体系质量特征、体系能力和任务满足度三个层面提出相应的贡献度评估方法，这些方法在体系的不同生命周期阶段可以发挥作用，如可以用于规划阶段的项目遴选、设计阶段的方案确定、运用阶段的系统需求选择、运行阶段的质量特征影响因素分析、治理阶段的成员能力贡献评判等。

本书成果是作者从"十二五"末开始，在多个装备预研项目、装备预研基金项目的支持下，聚焦信息系统体系评估、网络信息体系评估等相关研究工作而取得的一些认识和成果的凝练。特别需要说明的是第 3 章、第 5 章包含了作者的硕士研究生石建伟、李清韦毕业论文中的部分成果。课题研究和著作撰写中得到了军事科学院曹江研究员、国防科技大学系统工程学院张维明教授等诸多专家的指导，在此表示衷心感谢。对联合开展研究的中国电子科技集团公司第 28 研究所和电子科学研究院、北方自动控制技术研究所等单位的课题组成员表示感谢。还要感谢罗雪山教授、罗爱民教授、陈洪辉教授、舒振副研究员、蔡飞副教授等团队成员长期的支持与帮助。

受作者水平和认识的局限，全书从内容上还不足以覆盖或还不能称为一套体系评估理论，一些提法、方法和模型也还存在不够精确的情况。期待同仁与读者的不吝赐教。

刘俊先
2021 年 3 月于长沙

目 录

前言
第1章 概述 ··· 1
 1.1 体系与体系工程 ·· 1
  1.1.1 体系的定义、特征与分类 ·· 1
  1.1.2 体系工程概述 ··· 2
  1.1.3 几种典型的体系工程过程模型 ································· 4
  1.1.4 不足及改进思路 ··· 5
 1.2 基于能力、架构中心的体系工程过程 ································ 8
  1.2.1 基于能力、架构中心的体系工程活动 ······················ 8
  1.2.2 体系工程过程环模型 ··· 10
  1.2.3 体系工程过程环的时间视角分析 ···························· 11
  1.2.4 体系工程过程环的能力视角分析 ···························· 12
  1.2.5 体系工程过程环的架构视角分析 ···························· 14
 1.3 评估的概念与一般过程 ··· 16
  1.3.1 评估的概念 ·· 16
  1.3.2 评估过程 ·· 18
 1.4 评估范式 ·· 22
  1.4.1 科学研究中的范式 ·· 22
  1.4.2 "代"评估范式分类 ·· 24
  1.4.3 "树状"评估范式分类 ·· 27
  1.4.4 面向应用的评估范式分类 ····································· 29
  1.4.5 小结 ··· 31
 1.5 体系评估的层次分类 ·· 33
  1.5.1 体系评估问题及层次 ··· 33
  1.5.2 体系评估的分类 ··· 36
 参考文献 ·· 37
第2章 体系能力评估 ··· 39
 2.1 能力概念及分类 ··· 39
  2.1.1 能力的概念 ·· 39

2.1.2　体系核心能力 ··· 40
　　　2.1.3　体系质量特征 ··· 42
　2.2　体系能力描述 ··· 46
　　　2.2.1　体系能力的规范化描述模型 ··· 46
　　　2.2.2　能力关系建模 ··· 47
　　　2.2.3　体系能力建模的难点 ··· 49
　2.3　面向效果的体系能力评估 ·· 50
　　　2.3.1　体系能力评估方法概述 ·· 50
　　　2.3.2　基于效果的体系能力评估过程 ····································· 52
　　　2.3.3　面向效果的体系能力优势度和劣势度分析 ······················ 56
　　　2.3.4　应用示例 ··· 57
　2.4　体系能力活动属性及指标等级评定 ·· 68
　　　2.4.1　典型体系活动属性分类及度量 ····································· 68
　　　2.4.2　单/多任务-单能力指标的等级评定方法 ·························· 74
　　　2.4.3　单/多任务-多能力指标的等级评定方法 ·························· 76
　　　2.4.4　基于仿真试验的任务效能函数拟合方法 ························· 81
　2.5　体系能力评估中的权重确定 ··· 83
　　　2.5.1　基于依赖和影响关系的权重确定方法 ····························· 84
　　　2.5.2　基于环介数的权重确定评估方法 ··································· 88
　参考文献 ··· 95
第3章　体系能力组合评估及深化分析 ··· 96
　3.1　概述 ··· 96
　　　3.1.1　能力组合的概念 ··· 96
　　　3.1.2　能力组合相关研究 ·· 97
　　　3.1.3　能力组合评估及深化分析问题 ····································· 98
　3.2　体系能力依赖关系分析 ··· 99
　　　3.2.1　体系能力的依赖关系及分类 ·· 99
　　　3.2.2　基于活动环路的能力依赖关系分析 ······························· 103
　　　3.2.3　能力依赖关系与能力等级划分 ····································· 107
　　　3.2.4　能力依赖关系量化与能力重要度分析 ···························· 111
　3.3　体系能力组合的识别、描述与评估 ······································· 115
　　　3.3.1　能力组合的识别 ··· 115
　　　3.3.2　能力组合的描述 ··· 118
　　　3.3.3　能力组合的评估 ··· 120
　3.4　基于能力组合的体系能力评估分析 ······································· 121

3.4.1　基于能力组合的体系能力综合评估 ································· 121
　　　3.4.2　基于能力组合的体系能力应用潜力分析 ··························· 124
　　　3.4.3　基于能力组合的体系核心能力识别与分析 ······················· 124
　3.5　基于能力组合的体系能力评估分析例 ··· 125
　　　3.5.1　案例说明 ·· 125
　　　3.5.2　能力组合识别 ·· 126
　　　3.5.3　能力组合评估 ·· 129
　　　3.5.4　能力应用潜力分析 ·· 131
　　　3.5.5　核心能力识别分析 ·· 132
　参考文献 ··· 133

第4章　体系成熟度评估 ··· 134
　4.1　成熟度概念及等级评估模型 ·· 134
　　　4.1.1　软件能力成熟度 ·· 134
　　　4.1.2　技术成熟度 ·· 136
　　　4.1.3　网络中心战能力成熟度 ··· 136
　　　4.1.4　网络赋能能力指挥控制 ··· 137
　　　4.1.5　指挥控制的成熟度 ·· 143
　4.2　体系互操作概念与互操作性框架 ·· 146
　　　4.2.1　体系互操作性概念 ·· 146
　　　4.2.2　体系互操作性框架 ·· 148
　4.3　体系融合模式与成熟度 ·· 151
　　　4.3.1　体系的适应性 ·· 151
　　　4.3.2　体系融合模式的概念与内涵 ·· 152
　　　4.3.3　基于广义互操作性的体系融合概念模型 ······························· 154
　　　4.3.4　体系融合模式空间与典型模式 ·· 156
　　　4.3.5　体系成熟度概念与等级模型 ·· 159
　4.4　体系成熟度评估方法 ··· 161
　　　4.4.1　面向任务适应性需求的成熟度评估 ···································· 161
　　　4.4.2　面向任务适应性和能力需求的成熟度评估 ··························· 167
　4.5　体系成熟度的可能应用 ·· 172
　　　4.5.1　体系融合模式配置选择 ··· 172
　　　4.5.2　考虑资源消耗的体系融合模式选择 ···································· 174
　参考文献 ··· 175

第5章　体系韧性评估 ··· 177
　5.1　概述 ··· 177

  5.1.1 韧性概念及内涵 177
  5.1.2 韧性与相关体系特性的比较 180
  5.1.3 韧性设计问题及原则 181
 5.2 体系韧性评估的方法论 182
  5.2.1 韧性评估方法概述 182
  5.2.2 体系韧性评估问题分析 185
  5.2.3 基于能力的体系韧性评估方法 188
 5.3 面向韧性评估的体系建模 191
  5.3.1 面向韧性评估的体系能力建模问题 191
  5.3.2 可靠性与维修性概念基础 193
 5.4 体系成员韧性评估模型 196
  5.4.1 体系成员故障及修复的评估 196
  5.4.2 体系成员韧性评估 198
 5.5 基于能力的体系韧性评估模型 200
  5.5.1 面向韧性评估的体系能力综合评估 201
  5.5.2 基于能力下降幅度的韧性评估模型 202
  5.5.3 基于能力下降幅度和恢复及时度的韧性评估模型 204
  5.5.4 示例 204
 5.6 体系韧性影响因素及提升方法 214
  5.6.1 韧性影响因素 214
  5.6.2 韧性提升方法 215
 参考文献 216

第6章 体系贡献度评估 219
 6.1 贡献度的概念内涵 219
  6.1.1 经济学中贡献的概念 219
  6.1.2 体系贡献度 219
  6.1.3 研究现状 220
 6.2 体系贡献度评估的范式 221
  6.2.1 体系贡献度评估范式框架 221
  6.2.2 体系贡献度评估的对象 222
  6.2.3 体系贡献度评估的内容 223
  6.2.4 体系贡献度评估的一般过程 227
  6.2.5 体系贡献度评估的基本方法 228
 6.3 面向体系质量特征的体系贡献度评估 232
  6.3.1 基本步骤 232

  6.3.2　体系成员对体系韧性的贡献度评估示例 …………………………… 235
6.4　无约束条件下体系能力贡献度评估 ……………………………………………… 238
  6.4.1　基本步骤 ………………………………………………………………… 238
  6.4.2　体系成员与能力间的关系 ……………………………………………… 240
  6.4.3　贡献度评估模型 ………………………………………………………… 240
  6.4.4　示例 ……………………………………………………………………… 241
6.5　能力组合约束下体系能力贡献度评估 …………………………………………… 246
  6.5.1　基本步骤与评估模型 …………………………………………………… 246
  6.5.2　基于体系能力贡献度的成员系统方案优选 …………………………… 249
  6.5.3　示例 ……………………………………………………………………… 250
6.6　体系建设项目的贡献度评估 ……………………………………………………… 256
  6.6.1　问题概述 ………………………………………………………………… 256
  6.6.2　评估策略 ………………………………………………………………… 257
  6.6.3　评估指标 ………………………………………………………………… 257
  6.6.4　评估方法 ………………………………………………………………… 259
参考文献 …………………………………………………………………………………… 264

第1章 概 述

本章首先简要介绍体系的概念、分类与主要特征，对比分析了系统工程和体系工程。针对军事领域体系的特点提出一种体系工程过程模型，重点强调顶层设计和评估环节。介绍评估的概念和内涵，梳理总结了评估的范式及发展，并介绍体系评估的概念和主要内容、要求。

1.1 体系与体系工程

1.1.1 体系的定义、特征与分类

IEEE Standard 42010 将系统定义为一个被组织起来实现特定行为以完成一项任务的组件的组合[1]。而体系则通常被认为是由系统构成的复杂系统。构成体系的系统称为成分系统或体系成员系统，本书统一称为体系成员。体系成员组合在一起构成了更大的系统，执行单个体系成员独自完成不了的任务，这种现象就是涌现行为。Jamshid[2]将体系定义为有限个体系成员的集成，这些体系成员各自独立可运行，在一定时间内链接在一起完成特定的高层目标。

Maier 认为体系有 5 个主要特征[3]。

(1) 业务独立性。每一个体系成员独立运行来完成其自身的使命。

(2) 管理独立性。每个体系成员被独立管理，自行决定按被组合时不曾预期的方式进行演进。

(3) 地理分布性。体系成员在地理上是分离的，成员间仅交换信息，不交换物质和能量。

(4) 演进性开发。体系作为一个整体随时间演化，以响应体系成员和业务环境的改变。

(5) 涌现行为。新的行为涌现自体系成员的交互。因为体系成员是独立演化的，因此涌现行为可能是短暂存在的。

按照体系成员的从属等级，体系被分为四类[4,5]。

(1) 受控体系(directed SoS)。体系实施集中管理，体系成员是为满足体系特定目标而采购或开发的。体系成员具备独立运行的能力，但是其实际运行服从体系集中管理。美陆军曾计划开发的未来作战系统(future combat system，FCS)可认为

是一个受控体系。

(2) 普认体系(acknowledged SoS)。体系实施集中管理，但是体系成员在松散从属关系下运行(保留各自独立的所有者关系)。弹道导弹防御系统就是一个普认体系。

(3) 协作体系(collaborative SoS)。体系中没有集中管理，但是体系成员就完成统一使命任务自愿达成一致，在体系统一政策规定下运行。

(4) 虚拟体系(virtual SoS)。体系没有集中管理或一致统一的使命，体系成员在各自(可能共享的)政策约定下运行。美军全球信息栅格(global information grid，GIG)就是一个虚拟体系。

在军事领域，有时也按以下三类对体系进行区分。

(1) 任务体系(mission SoS)。一起工作并提供更广泛能力的系统集合，如作战体系。

(2) 平台体系(platform SoS)。装备了达成平台目标所需的独立系统(如传感器、武器、通信)的军事平台，如舰船、飞行器、卫星、地面车辆等。

(3) 网络化信息系统(IT-based SoS)。支持平台内、跨平台或跨系统方式运行的信息系统，以保障作战、满足任务或平台的目标。

体系成员系统可分解的组成部分称为体系要素，如对作战体系，体系要素包括指挥控制、侦察情报、火力打击、信息对抗及机动、防护和保障等要素；对网络信息体系，体系要素包括条令条例、组织机构、训练教育、基础设施、装备系统、技术、标准规范等。体系要素按功能聚合组成的成员系统称为体系的功能系统，如对作战体系而言其功能系统包括侦察预警系统、指挥控制系统、打击系统、通信系统等。功能系统再分类组织在一起，称为体系的功能子体系。不同类型的体系要素面向任务执行需要组织在一起，形成体系的任务系统，任务系统再进一步分类组织形成任务子体系。体系要素、功能系统、功能子体系、任务系统、任务子体系之间的关系如图1.1所示。

综上，体系从本质上是能够执行一定使命任务的作战要素的集合，在逻辑上按"要素–功能系统–功能子体系"进行规划、设计、构建和管理，运用时按"要素–任务系统–任务子体系"动态组织使用来完成体系任务。体系成员系统既包括功能系统，也包括任务系统。

1.1.2 体系工程概述

不管采用哪种方式进行分类，不同类型的体系有各自的独特性，这些独特性给体系的设计带来了不同的需求，需要遵循不同的步骤、方法和技术来构建和治理体系。因此，抽取体系设计和构建所采用的不同过程的共性，可以形成通用的规范化过程方法。

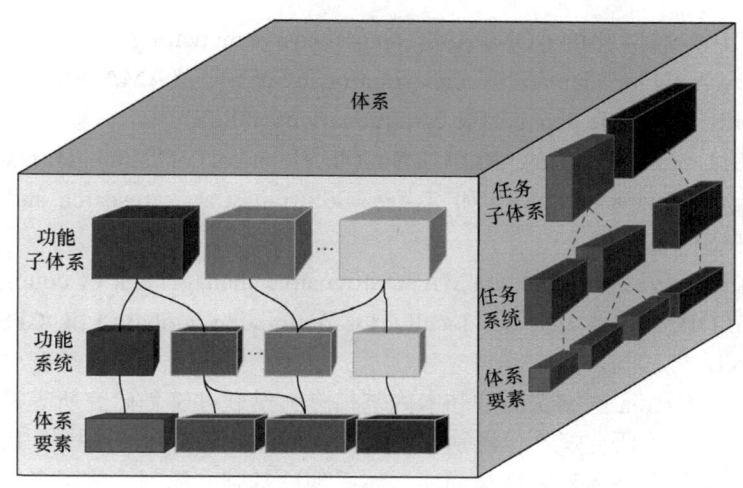

图 1.1 体系组成相关概念示意

对一般系统，这些方法就是系统工程方法。系统工程是一门多学科方法，通过一个迭代过程把用户需求变换为系统定义、系统架构及设计，最终形成一个有效的业务系统。系统工程适用于全生命周期，从概念开发直到最终的报废。由于系统与体系在利益相关者、治理、业务环节、采办、测试、评估、边界、接口、性能、行为等方面存在诸多不同，因此传统系统工程不能满足体系设计与构建的要求，具体体现如下。

(1) 不能处理复杂系统问题中高层次的含糊和不确定性。

(2) 没有完全忽略上下文对系统问题阐述、分析、求解的影响，但把上下文放到了背景中。

(3) 不准备在部署后再交付解决方案，这些解决方案包含迭代设计，或在实现上是不完整的。

针对诸如此类的问题，研究人员提出体系工程的概念来取代系统工程，以处理体系这类对象的建设问题。

关于体系工程的研究由来已久。Keating[6]认为体系工程就是对巨系统的设计、部署、运行和转型，使其如一个集成的复杂系统一样发挥作用并生成期望的效果。DeLaurentis 等[7]认为体系工程是针对体系问题开发设计方案的流程集，应该对已有和新系统能力进行规划、分析、组织、集成，以形成超出单个体系成员能力的体系能力。总的来说，体系工程承认系统层和体系层的不同，在不同层次需要采用不同的系统工程方法，应该实施均衡的技术管理，并使用基于开放系统和松耦合的架构。

欧洲自 2010 年开始资助了一系列体系理论与方法相关的研究，主要项目情况如下。

(1) 2010～2014 年的 COMPASS(comprehensive modelling for advanced SoS)[8]、DANSE(designing for adaptability and evolution in SoSE)[9]及 AMADEOS(architecture for multi-criticality agile dependable evolutionary open SoS)[10]。

(2) 2011～2013 年的 ROAD2SoS(development of strategic research and engineering roadmaps in SoS)[11]和 T-Area-SoS(transatlantic research and education agenda in SoS)[12]。

(3) 2013 年开始资助的 DYMASOS(dynamic management of coupled SoS)、LOCAL4GLOBAL(SoS that act locally for optimizing globally)和 CPSoS(cyber-physical SoS)[13]。

在美国，Sandia 国家实验室和卡内基梅隆大学软件工程研究所等机构也开展了一系列体系相关研究[14-15]，特别是对超大规模体系进行了研究[16]。目前体系研究的挑战主要集中在体系表征与描述、体系理论基础、涌现、体系多层建模、体系评估、体系架构的定义与演化、体系原型化、体系折中等方面。

系统工程过程是一系列的活动与决策，系列活动与决策的目的是解决系统问题。体系工程的研究对象为体系，区别于系统工程所针对的简单系统对象，两者在过程原理上存在本质差异。多年来体系工程过程研究提出了一些模型，但在体现体系的特殊性、解决体系构建与演化等问题方面还存在一些不足。

1.1.3 几种典型的体系工程过程模型

文献[17]将体系工程从内容分为体系需求工程、体系集成与构建工程、体系演化工程，参考 MIL-STD 499B 的系统工程过程模型提出了一种体系工程过程模型(图 1.2)，包含需求分析循环、设计分析循环、设计验证循环、体系环境与边界分析四个子过程，这四个子过程通过体系分析与控制活动进行平衡，通过平衡找到体系设计的合适方案。

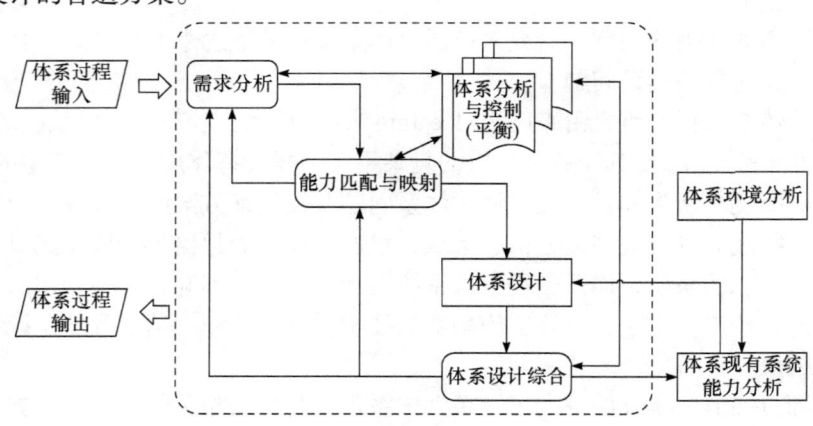

图 1.2 体系工程过程模型[17]

作为系统的体系成员在建设时采用系统工程过程模型，除了 MIL-STD 499B 的模型，图 1.3 所示的"Vee"模型也是一种常用模型。"Vee"模型包含概念开发、需求工程、系统架构、系统设计与开发、系统集成、测试评估、试验维护等阶段。

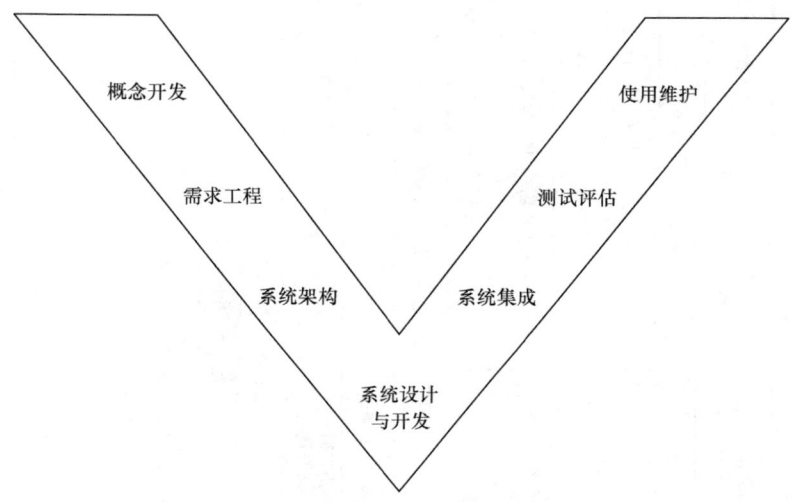

图 1.3　系统工程过程的 Vee 模型

因此体系工程过程与系统工程过程间天然就有紧密的联系，一项复杂的体系工程过程中包含众多的系统工程过程，体系工程与系统工程存在包含与被包含的关系。因此多数研究采用扩展系统工程过程"Vee"模型的方法来建立系统工程过程和体系工程过程的综合模型，如图 1.4、图 1.5 所示。

1.1.4　不足及改进思路

INCOSE 提出了关于体系的七项挑战：体系成员独立运行；体系成员有不同的生命周期；复杂性(随着系统数量的增加，系统交互的复杂性非线性增长；接口标准冲突或缺失使得定义跨体系成员接口的数据交换极其困难)；初始体系需求含糊不清；管理可以使工程黯然失色；模糊边界带来混乱；体系工程永不终结。目前的体系工程过程模型在解决上述挑战、适应体系特点方面还存在不足，主要体现如下。

(1) 能力需求分解时的隐性弱化问题。根据体系需求分析和设计确定体系成员(系统)时，通常采用"能力-功能"映射的系统工程思路，见图 1.4 中体系设计阶段体系工程层面的主要活动和图 1.5 中左上侧的活动。这样的处理实际上隐含了下述假设：具备一定功能(记为 Funcs)的系统能够提供一定的能力(记为 Cap)，而且能够提供能力的系统必然具备功能。按照能力的定义，可能存在不同功能的系统，但是都能够提供能力。按原先的思路进行设计和处理，实际上人为地缩小

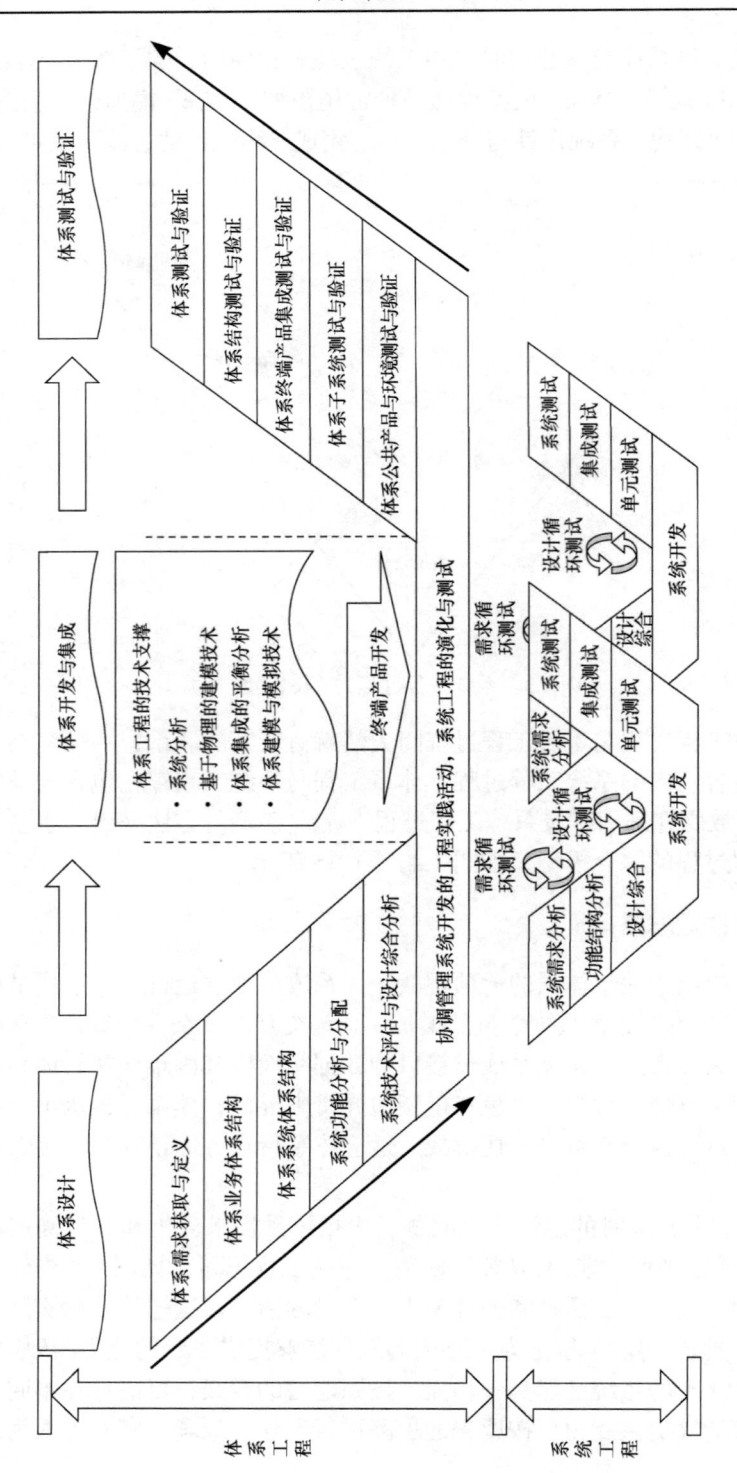

图1.4 体系工程过程与系统工程过程[17]

第1章 概 述

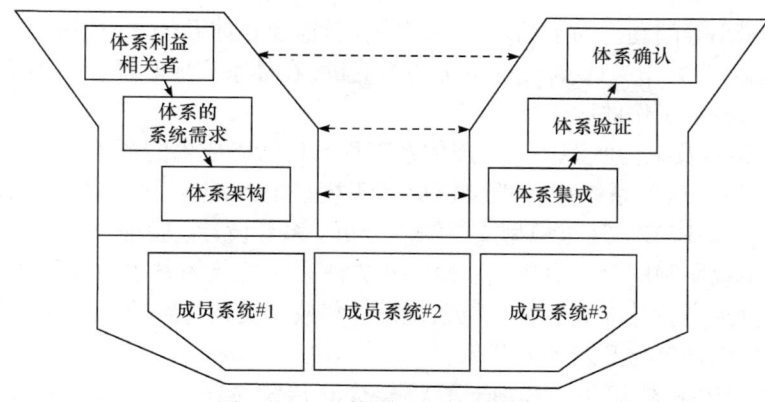

图1.5 一种体系工程过程模型[18]

了体系设计空间，或缩小了能够满足能力要求的体系成员的范围，这就造成了能力需求在分析设计过程中的隐性弱化。

(2) 缺乏统一的抓手衔接和牵引各阶段工作内容。现有体系工程过程模型由传统基于文档的系统工程过程(document based system engineering，DBSE)模型拓展而来，不可避免地会继承传统的基于文档的系统工程方法的部分缺点，也就是通过各种论证报告、设计报告、分析报告、试验报告等文档把体系工程各阶段的信息集成在一起，费时费力且容易出错，关联追踪性差，变更影响分析困难，不便交流。

(3) 过程性的流程模型难以反映体系工程永不终结、体系成员灵活进出等特点。

针对上述问题和不足，结合体系特点和体系工程需求，借鉴基于模型的系统工程、数字孪生等技术和方法，提出改进体系工程过程模型的思路如下。

1) 把能力作为体系需求分析、设计和验证评估的不变量

数学上，不变量用于区分不同的数学对象，刻画对象自身的性质，例如，曲率是等距变换下的不变量，可以区分球面和平面；纽结不变量用于区分纽结；在相似意义下，初等因子组用于区分复方阵等。系统的组成及关系在不考虑更新或升级时，可以认为是系统的不变量，是开展系统分析、设计、评估等研究的基础。对体系而言，物理上的组成显然不再是不变量，因为体系成员可以动态地加入或退出体系。一般系统用系统功能来描述用途或作用，对体系，可以认为体系能力发挥着类似系统功能的作用，也就是把体系能力看作是一种不变量，用于体系的设计、分析、规划、构建等活动。

已有体系工程过程模型的需求隐性弱化问题本质上是没有盯住能力这一不变量，而是在一些环节把能力转换结果(如功能)来代替能力作为不变量。但是在能力转换中却忽视了能力与功能不是一对一的映射关系，从而造成需求隐性弱化、

设计空间缩小等问题。为了消除这一问题，就需要在体系需求阶段转向体系设计阶段时，仍以能力作为选择/设计系统的不变量，在体系集成验证评估和演化阶段，把能力作为各项工作的度量标准。

2) 以架构及架构原型作为勾连体系工程各项活动成果的抓手

2007 年，国际系统工程学会提出基于模型的系统工程(model based system engineering，MBSE)，通过模型支持需求分析、系统设计、验证、确定、评估等活动，覆盖系统研制的全生命周期。MBSE 方法采用规范的方法和过程进行形式化建模，可以提高设计准确性，支持系统设计集成，支持持续验证和确认来降低复杂度，增强设计者与开发者的联系。

借助 MBSE 的思想，Borky 等将架构与传统系统工程过程各阶段关联起来[19]，使架构模型为系统工程各项工作提供支持，如图 1.6 所示。

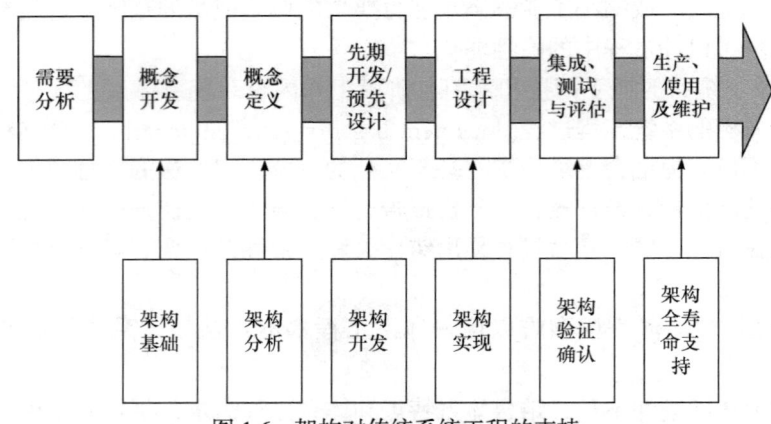

图 1.6　架构对传统系统工程的支持

本章中采用架构模型及孪生模型思想链接体系工程过程各阶段活动，在不同的阶段，采用架构模型及同构一致的架构原型等多种形式，使体系工程过程各阶段成果实现内在关联、一致。

1.2　基于能力、架构中心的体系工程过程

1.2.1　基于能力、架构中心的体系工程活动

1) 体系能力需求分析

需求通常来自作战需要和作战概念，是设计和开发的输入，是验证的主要输入，因为测试必须能够追溯到特定需求，以确定系统是否按期望运行。对体系而言，体系需求主要体现为能力需求，这里的能力需求是支持体系完成使命任务预

期所需要能力的集合。能力需求分析就是根据体系使命任务确定体系能力需求，这些需求是体系规划和设计的基础。能力需求中的能力有些是体系已经具备的，有些则是体系不具备的，需要通过体系规划、设计、建设来补充完善。

能力需求的来源有三条途径：一是来自战争设计，即面向未来可能的作战需要，创新作战概念和装备体系，提出对体系的能力需求；二是来自实际用户，即用户当前在体系运行中遇到的不能满足需要的能力差距；三是来自技术推动，即技术发展引起装备颠覆性变革，进而影响作战样式。

2) 体系规划

体系规划是指综合分析体系能力需求和实现可能性，确定体系发展的能力目标，确定能力发展里程碑并制定能力发展规划。具体工作包括：明确当前体系能力现状，建立体系能力发展的基线；针对能力需求，充分考虑可行性和费效比等因素，确定体系能力目标；分析体系能力目标实现相关的投资管理、资源分类、规划评估等问题，确定大概的体系能力实现方案；确定体系能力发展的里程碑节点，制定体系能力演进规划。

3) 体系设计

体系设计是指根据体系能力目标和发展规划，确定构成体系的逻辑成员系统及其提供的能力，明确逻辑成员系统间可能的交互关系，设计体系成员系统联合完成体系各项使命任务的业务过程。具体工作包括：确定体系包含的逻辑成员系统，这里的逻辑成员系统是指从能力和业务流程的角度定义的系统，通常可以对应到一类实际系统，这些系统组成、功能和性能参数可能有差异，但都具有类似或相同的能力；将体系能力映射关联到体系逻辑成员系统，即根据体系能力与逻辑成员系统的能力进行匹配映射，确定由哪些逻辑成员系统来提供相应的体系能力；根据体系能力与逻辑成员系统的映射关系，分析体系成员间可能的交互关系；设计体系逻辑成员系统完成体系使命任务的典型模式。

4) 体系建设

体系建设就是根据体系设计结果开展体系成员系统的研制、改造等工作，实质上是将逻辑成员系统进行物化落地。主要工作包括：新体系成员系统的论证、设计、研制开发、测试，通常采用系统工程方法完成；遗留系统的匹配、改造和升级，使其具备对应逻辑成员系统的能力；完成体系规章制度拟制、标准规范制定、训练、人才培养教育等非系统研制类工作。

5) 体系集成验证评估

体系集成是协调统一体系成员系统的活动，以实现期望的整体行为，满足预定的需求。体系建设是现有系统的重用与改进及新系统的规划，而体系集成是体系应用的核心工作。体系成员系统的重用性和体系层的涌现性是体系集成重点关注的核心特征。由于体系成员系统的复杂性，体系集成并不是一种简单的即插即用，而是增量式的、循环的迭代过程，在反复迭代过程中，通过测试、调整和改进体系的成员系统及接口，直到实现期望的整体行为结果。

体系验证与确认是评测体系成员系统是否达到逻辑成员系统能力要求、满足体系能力需求、按体系设计的业务模式完成任务的活动。体系验证与确认重视成员系统变化的风险，这些变化或许是为支持体系目标而计划的，也可能是成员系统独自计划的。在测试确认中，要向实际体系进行反馈，以评估体系整体性能，识别作战问题和(非期望的)涌现行为。体系验证确认时通常从真实作战环境中获得数据，但也可以通过体系架构原型来开展工作。体系验证确认需要周期性开展，但未必与体系更新循环绑定。

体系建设阶段提供的各建设内容，必须进行体系评估后，才能正式加入到体系中。体系评估不是对待加入体系对象的性能、效能进行验证评估，而是关注待加入体系对象进入体系后对体系能力的影响和提升。这里体系能力的概念是广义的，不仅包含指挥控制、作战、侦察、保障等功能性能力，也包含韧性、适应性、灵活性、互操作性等非功能性能力。

6) 体系协同演化

体系演化就是对现有体系的改造和调整，使得体系具备新的能力，适应新环境，履行新使命。体系演化的驱动力包括内部因素和外部因素，内部因素主要是体系组成变化，外部变化主要指环境的变化。

体系演化分为成员演化和结构演化。体系能力演化导致体系成员的加入和退出，这些演化之间存在互动联系，高层演化驱动底层演化，底层演化导致高层成员的变化，如体系使命任务的调整，可能需要加入新的成员和淘汰原有成员；预警侦察系统等的加入或退出，会导致防空体系能力、任务的变化。体系运行结构的变化一方面是由于体系成员演化导致体系运行结构的演化；另一方面，虽然体系成员不变，但是任务、环境等变化，也需要体系运行结构发生演化。

1.2.2 体系工程过程环模型

基于前面的分析，给出图1.7所示的体系工程过程环模型。该模型包括体系能力需求分析、体系规划、体系设计、体系建设、体系集成验证评估、体系协同演化六类活动。这六类活动构成一个螺旋式环路，表示体系工程过程永无终结。任何时候根据需要可以启动体系能力需求分析活动，通过增量式的设计、开发和部署运用，实现全部的体系能力目标。

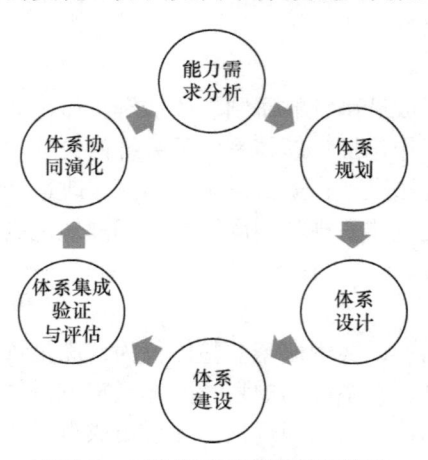

图1.7 一种体系工程过程环模型

1.2.3 体系工程过程环的时间视角分析

当前体系理论已经逐渐用动态、迭代的观点来研究体系工程过程。图 1.8 是史蒂文斯理工学院系统工程研究中心在项目"体系的灵活智能学习型架构"中提出的 Wave 模型[20]。

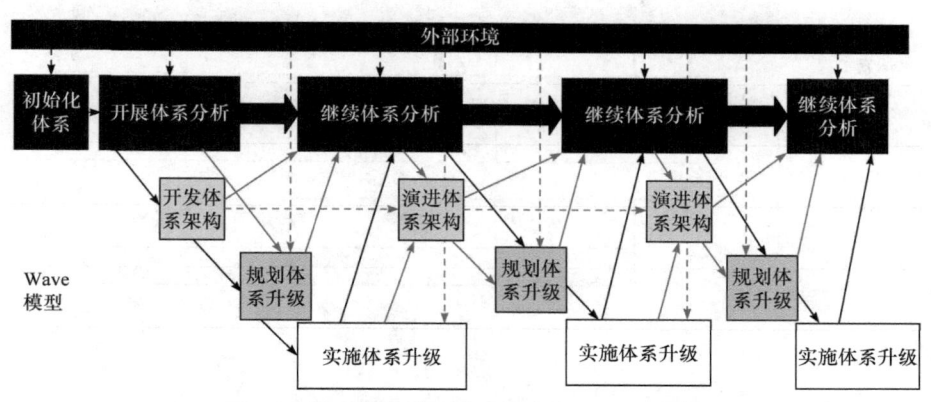

图 1.8 体系初始化、过程与演化的 Wave 模型

DANSE 项目也提出一个体系生命周期模型,如图 1.9 所示[9]。该模型从体系行为建模、运行、能力演进等方面描述了随着时间的变化,体系从初始阶段进入创建阶段再到连续运行阶段的主要活动及其关系,模型也体现了体系工程与成员系统工程的界面关系。能力演进循环反映了 DANSE 模型提出的体系"演进修正"特性,即体系管理者定义对体系的潜在需要,探索可能的架构变更,并将这些变更影响和落实到成员系统的设计中。

从上面两个模型可以看出体系工程过程是一个不断迭代的过程,在体系生命周期内永不终结。将图 1.7 所示的体系工程过程环模型在时间轴上展开,可以得到图 1.10 所示的模型。在初始化阶段后,阶段一是体系首次构建阶段,从阶段二开始体系进入演进和升级阶段。前一阶段的集成验证评估与协同演化控制的结果是后一阶段的规划和设计的输入与需求,因此它们密切相关。体系规划是一项重要的体系工程活动,其结果与体系设计、集成验证评估、协同演化及下一阶段的能力需求分析直接关联。"体系规划-体系协同演化-体系规划-体系协同演化-……"是体系发展的一条重要脉络,体系规划明确体系发展的目标和方向,体系协同演化引导和控制体系向着这个目标发展。

对比分析图 1.8、图 1.9 和图 1.10 的模型,可见它们的基本思路是相似或一致的,区别在于各自强调的重点不同。Wave 模型把架构设计和演化作为主线,把体系规划界定为体系建设升级的规划计划。DANSE 模型强调"演进修正"。本节的过程环模型则强调体系规划与计划在其生命周期中的重要作用。

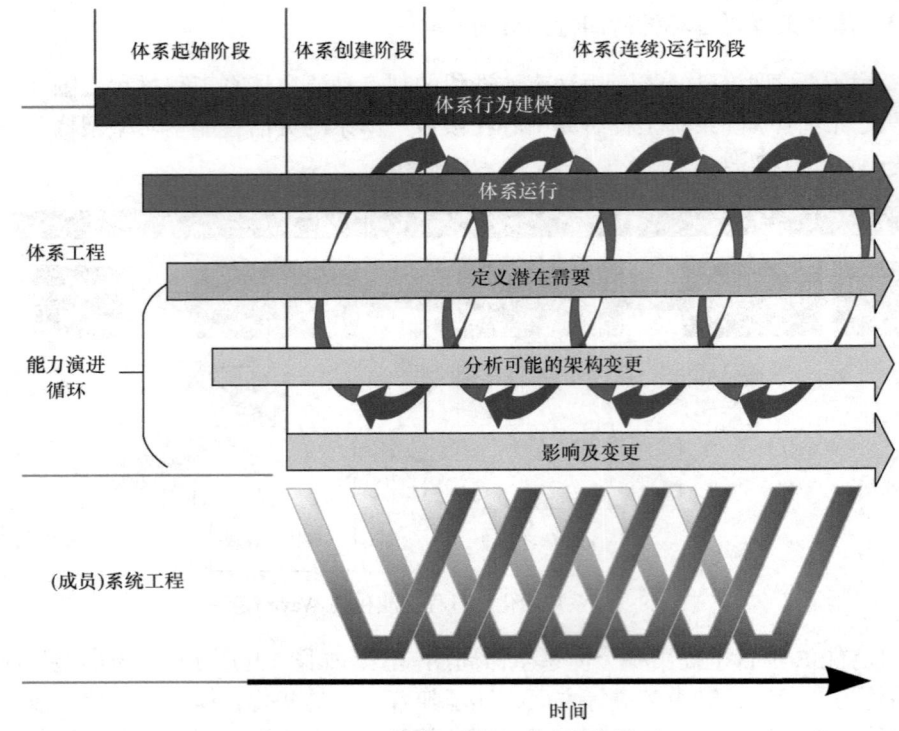

图 1.9　DANSE 体系工程生命周期模型

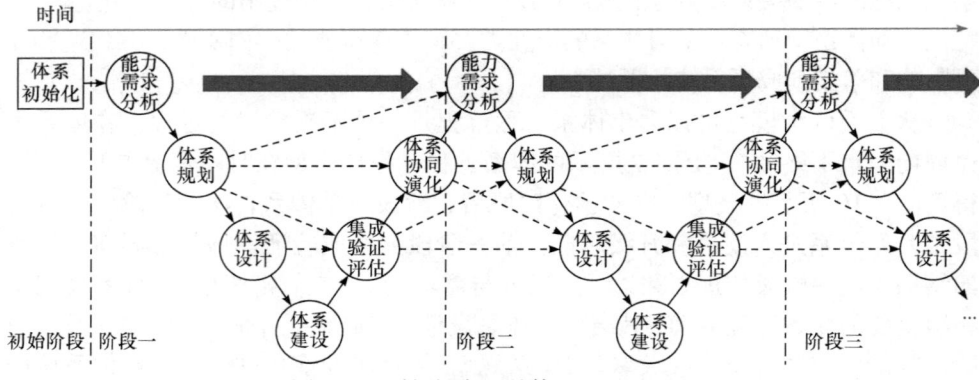

图 1.10　时间视角下的体系工程过程环

1.2.4　体系工程过程环的能力视角分析

能力作为体系设计与建设管理的不变量，在体系工程过程不同活动阶段的具体体现是不同的，具体体现为能力需求、能力规划、能力配置项、成员系统能力、能力评估指标和能力状态等形式。它们间的关系如图 1.11 所示。

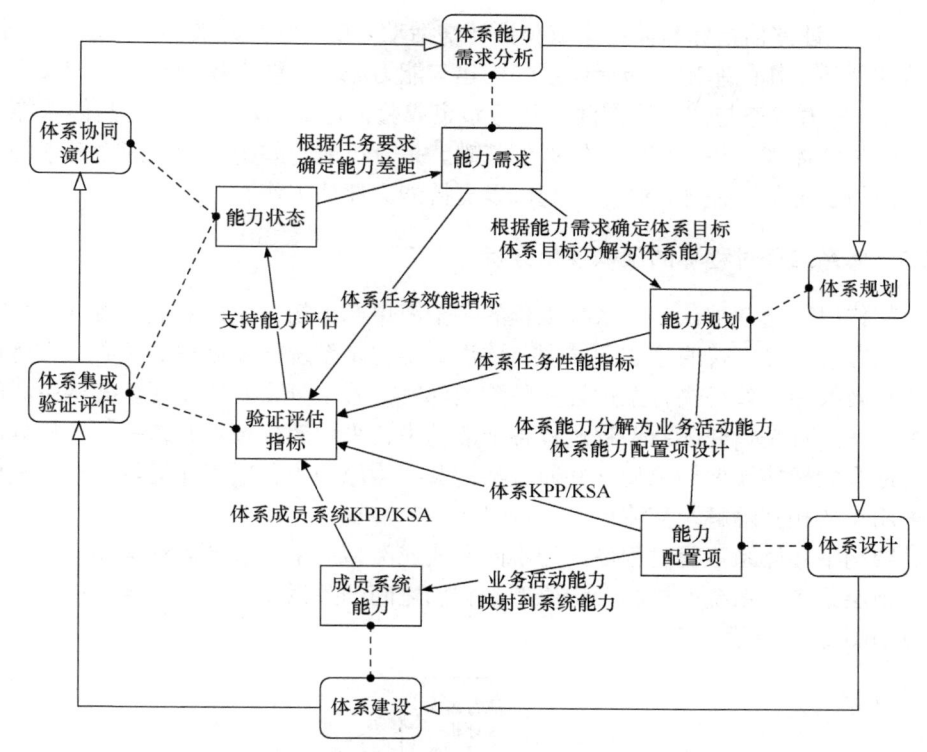

图 1.11 能力视角下的体系工程过程环

能力视角下体系工程过程各环节的具体内涵如下。

(1) 能力需求与体系能力需求分析活动对应。它是后续分析设计的基础。根据能力需求可以确定体系目标，进而将体系目标分解为体系能力，这是开展体系能力规划的输入和基础。根据能力需求还可以确定体系任务效能指标，这是构建体系验证评估指标的一项输入。

(2) 能力规划与体系规划活动对应。它承接自能力需求，一方面可以将能力规划中的能力分解为业务活动能力，支撑体系能力配置项的设计；另一方面能力规划中各里程碑节点的能力要求是确定体系任务性能指标和验证评估指标的输入。

(3) 能力配置项与体系设计活动对应。它是能力及支撑能力实施的规章制度、组织机构、人员力量、基础设施、标准、训练等内容的综合体。能力配置项是提取体系关键性能参数(key performance parameter，KPP)和关键系统/体系属性(key system / SoS attribute，KSA)，建立验证评估指标体系的另一项输入。

(4) 成员系统能力与体系建设活动对应。它与能力配置项中的业务活动能力通过映射建立关联，成员系统能力也是提取成员系统 KPP 和 KSA 以完善验证评估指标的输入。

(5) 验证评估指标与体系集成验证评估活动对应。它是开展体系集成、验证、确认和评估工作的基础，指标体系的构建与能力需求、能力规划等密切相关。

(6) 能力状态与体系协同演化和体系集成验证评估活动对应。它是体系能力水平的具体体现，是预测能力发展的基础，是分析能力差距、确定能力需求的输入；能力状态与验证评估指标一起可以支持能力评估工作。

1.2.5 体系工程过程环的架构视角分析

架构以前通常被认为是系统工程的一个简单产出物，包含的最终设计信息有限。现在大家已经普遍达成了共识，认识到架构是系统开发流程的核心，在将用户需求转换为有效解决方案过程的各阶段都发挥着十分重要的作用。架构中心的体系工程过程是指在体系工程过程各项活动中，采用架构技术和统一的架构规范建立适合的架构及架构原型，并通过架构及架构原型为各项工作提供支撑，辅助各类用户的相互理解及交流。

架构中心体系工程过程设计的不同形式或类型的架构包括需求架构、能力架构、顶层架构、系统架构和架构原型，它们之间的关系及与各项体系过程活动的对应如图 1.12 所示。

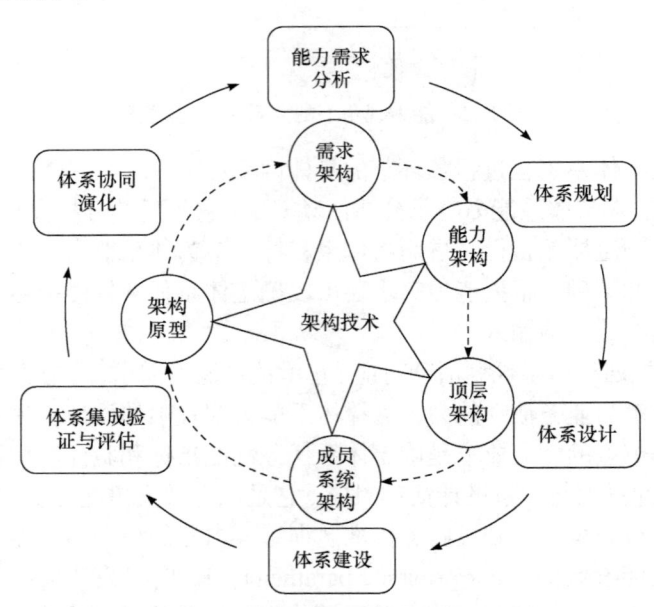

图 1.12 架构视角下的体系工程过程环

架构视角下的体系工程过程各环节的内涵如下。

(1) 能力需求分析活动生成需求架构。需求架构从多个视角描述体系要完成的主要使命任务、典型的完成模式和流程、任务执行中的信息交互，分析体系完成使命任务应该具备的能力和体系当前具备的能力，计算体系能力差距得到体系能力需求，并建立多种形式的架构模型，采用多视图方法组织起来。

(2) 体系规划活动形成能力架构。能力架构是对能力体系组成、能力效果和指标、能力目标、能力关系、能力演进计划及阶段等的描述。需求架构是能力架构的一项输入。

(3) 体系设计活动完成顶层架构开发。顶层架构从体系层面描述体系逻辑成员系统组成、能力、关系、主要业务活动、交互、关键性能参数、接口等内容，并根据能力架构中能力演进计划确定体系逻辑成员系统的演进路径。

(4) 体系建设活动中开发成员系统架构。成员系统架构是对成员系统能力、组成、结构、功能、性能及设计和演进原则的描述。成员系统架构设计的边界和输入来自体系顶层架构。

(5) 体系集成验证评估和体系协同演化活动与架构原型相关。架构原型是采用可执行模型、数字孪生、高性能计算等技术和客观物理原理建立的虚拟原型。架构原型中既包括了体系组成、结构和行为的运行模型，也包括物理作用机理、环境影响、作战任务、体系成员行为的运行模型。通过虚拟的架构原型可以大大扩大架构折中分析空间，更快地探索发现关键性能参数，并支持通过虚拟交战来评估体系任务效能，降低费用、提高效率。

(6) 需求架构、能力架构、顶层架构、体系成员架构和架构原型是遵循统一的架构技术开发的。这里统一的架构技术包括架构框架、通用参考资源、架构框架元模型、架构原型化技术等。

架构中心的体系工程过程能够通过系列架构的开发和转换，实现从用户需求到交付解决方案的严格追踪，实现体系工程各阶段模型的精准化和无二义性。通过不同层次上架构内容抽取和可执行仿真，可以解决设计、评估等用户关心的问题。好的架构模型能够在所有架构方案中使用，因为相对于实际系统其费用更低。架构中心的体系工程过程支持架构演化中架构设计模型、物理原型、虚拟原型的关联，因此成体系的架构模型支持对现有或新设计架构的分析与优化，也支持体系响应未来需求、作战环境等因素变化而发生演化后的评估。

评估是体系工程过程中的一个主要环节，也是体系工程的一项重要活动，相关方法和技术可以为体系工程的各个环节提供支持。下面介绍评估概念、评估范式及体系评估的基本框架。

1.3 评估的概念与一般过程

1.3.1 评估的概念

评估一词来源于拉丁文中的"valor"(价值)和前缀"e"及"ex"(来源)的组合,表示"从某事中获得价值",也就是进行评价。评估是评估主体估测评估对象(客体)达到既定需求的过程,是根据既定准则体系来测评客体各种属性的量值及其满足主体需求的效用,综合评定原定需求满足程度的活动。

Wikipedia 对评估的定义是:使用一组标准指导下的准则,对事物的优势、价值和特性进行系统性的确定(a systematic determination of a subject's merit, worth and significance, using criteria governed by a set of standards)。这里的优势(merit)是与场景无关的评估对象内在的质量和优点;而价值(worth)与场景有关,会随着场景的变化而发生变化。Donna Mertens 教授认为,评估是为了减少做决定时的不确定因素而对客体的优势或价值进行系统地调查研究。评估既可以是对事物优势或价值的确定过程,也可以指这一过程的产品[23]。

图 1.13 是综合上述定义给出的评估的概念模型。

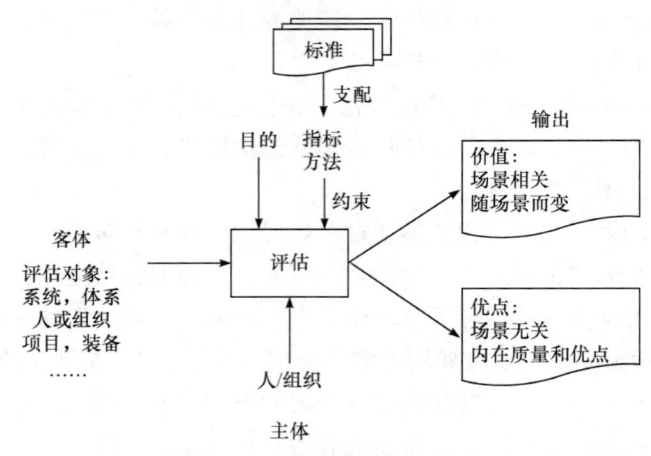

图 1.13 评估的概念模型

从该概念模型可以看出,评估相关的要素主要有主体、客体、目的、指标、方法、标准、输出等。各要素的解释如下。

(1) 主体是评估活动的执行者,通常为人和组织,评估客体是被评估的对象,是评估活动的输入,通常可以是系统、体系、人、组织、装备、项目等。

(2) 评估是为一定目的而开展的,如服务于决策活动的评估,其目的可能是减少决策时的不确定性；服务于项目建设的项目评估，目的是对有关项目的活动、特性和成效的信息进行系统收集，以便对项目做出判断，改进项目的效能和告知未来项目设计的决定。评估目的决定了评估的整体定位和范围。

(3) 评估的指标和方法约束着评估的内容和实施过程，而指标与方法又受一定的标准支配。

(4) 评估的输出分两类：一类是场景相关的，评估结果随评估而变；一类是场景无关的，反映评估对象的内在质量与优点。通常讲的作战效能评估可以认为是场景相关的评估，而性能评估和效能评估是场景无关的评估。

评估并不仅仅是给出一个评估结果，而是尝试寻找假设引导下的潜在影响，具体表现为评估对象的结构、过程或其中个体行为方式的改变。影响分为预期影响和非预期影响。对预期影响通常给予正面评价，对非预期影响的评价可以是正面的，也可以是负面的。

评估适用于了解在既定框架下通过有目的的干预能够产生哪些影响，以便能拟定和转化有效的措施、项目、战略与政策。因此评估可以认为是一种工具和手段，借助它不仅可以对观测到的变化进行终结性的测量、分析和评价，也可以为过程的合理调控生成形成性的数据。评估的这一作用是通过影响分析来实现的。

影响分析一般可以从三个维度入手：①"结构——过程——行为"维度；②"计划——非计划"维度；③"正面(+)——负面(−)"维度。如表1.1所示[23]。

表1.1 评估影响因素

影响维度	计划	非计划
结构	+−	+−
过程	+−	+−
行为	+−	+−

由于影响评估的目的在于尽可能准确地确定一项干预是否可以带来预期的影响。因此，评估中应该排除那些能带来适度变化的其他因素所产生的影响。也就是说，需要对观察到的交织混杂在一起的各种影响进行分离，这是评估面临的巨大挑战，其原因在于各种因素的影响不是独立的、线性的，而是错综复杂的非线性产生的作用。

在证明影响与原因的因果关系时，需要将包含了所有影响的总结果(gross outcome)与仅仅归因于干预的净效果(net effects)区分开来。净效果是指排除了可能影响结果的任何其他因素之外的、由干预引起的结果的测量值的变化。除了净效果，有一些效果是由其他因素带来的(外部干扰因素)，其中包含了附加的、不受干扰影响的所有影响在内。此外，还有些影响是设计效果、测量误差、人和组织因素。因此总结果是净效果、其他因素效果(外部的无关干扰因素)和设计效果的综合。评估的目的就是要将外部的干扰效果和设计效果从总效果中分离出来，为分析净效果及其影响因素做好准备。总效果与干预效果、设计效果等内容之间的关系如图 1.14 所示。

图 1.14 总影响与净影响的关系

1.3.2 评估过程

下面以北约的 C2 评估框架 NATO COBP 为例介绍评估过程。20 世纪 90 年代中期，NATO PANEL7 建立了 RSG-19 研究小组来开发 COBP，全称为 NATO Code of Best Practice for C2 Assessment，后来由 NATO Studies，Analysis & Simulation Panel(SAS-002)继续推进，2002 年 NATO SAS-026 把 COBP 扩展到非战争使命(operation other than war，OOTW)。

COBP 着重强调系统的评估是一个重复的过程，主要过程包括：评估准备、问题描述、制定策略、价值度量、人员和组织因素、想定、工具和方法、数据、风险和不确定性。在专家审定后，主要的产品有问题描述、解决策略及最终研究结果。

COBP 对人员和组织因素对系统的影响格外重视。在价值度量(measure of merit，MOM)方面，对 MORS 原来的指标层次扩展到了政策维，即 MOPE，从更高的层次来看待 C2 的效能。COBP 提出了一个规范的想定框架，对想定的描述更加清晰和完整，便于后续阶段的评估展开。此外还特别强调了评估风险和不确定性，分析了不确定性的来源及处理，及最后评估结果中要对风险和不确定性进行说明的原则。在评估过程方面，突出了非线性的迭代方法及产品的概念。

COBP 评估框架具体包括 10 个步骤[21]。

1) 评估准备

评估准备最终的工作就是建立评估团队。COBP 强调评估团队必须由多学科的人员组成，包括用户、评估人员、决策者、投资方、发起者、数据采集者、数据提供者、想定提供者等。评估团队必须正确地理解关键参与方的需求，在评估开始之前明确与各个部门的关系，并在后续过程中保持和理顺这种关系。

为使评估团队顺利工作，还要完成下述准备工作。

(1) 建立一种评估团队与发起者、投资方都能理解的共同的"语言"，即专业术语，确保评估团队保持定期和公开的交流与对话。

(2) 拟制一份参考条款，包括评估的目标、范围、产品、进度和可用的资源等，以指导评估团队的具体工作过程。

(3) 准备一些长期的经费，用于将来补充、教育、训练人员。

(4) 制定一套职业道德规范和行为标准，确保评估研究的完整和质量。

2) 问题描述

有效的问题描述往往是分析成功的基础。COBP 方法认为问题往往是复杂的，其中包含着许多复杂的因素。因此问题描述应该包括将问题分解为结构、功能、使命范围、指挥层次等尺度，而且问题描述应该是一个贯穿于研究整体进程的不断反复的过程。问题描述的元素包括环境、政治、经济、地理、想定、目标、价值度量、可控及不可控变量、领域等。

问题描述阶段需要确定研究背景及待研究问题的相关议题。

研究背景包括：界定问题空间的地缘地理背景；政治、社会、历史、经济、地理和技术环境；行动者；威胁和隐患；分析目的和目标；通用 C2 问题；相关先期研究；利益相关者及其组织机构。

待研究问题的相关议题包括：要强调的议题；假设；高层度量指标；独立变量(可控和不可控)；对变量取值区域或范围的约束；建议交付决策者的时间约束；单一决策还是系列决策。

问题描述是个递归过程，在评估团队确定问题的所有议题前会一直持续。评估团队首先识别界定问题空间的变量，确定这些变量中哪些是输出(依赖变量)，哪些是输入(度量变量)。反复研究确定这些变量的相互影响关系。

在问题描述的早期阶段，尽可能快地覆盖整个问题并形成初始描述十分重要，如图 1.15 所示。这能预防评估中不成熟的狭隘性并在评估团队中建立共识。

3) 制定策略

问题描述主要是确定该做什么(what)，而制定策略则是研究如何做、怎样做(how)。制定策略是一个反复的过程，在这个过程中要在"小组想做什么"与"小组在给定的技术、数据、工具、时间和资源的情形下可以做什么"之间达到一种巧妙的平衡。问题描述与制定策略间的关系如图 1.16 所示。

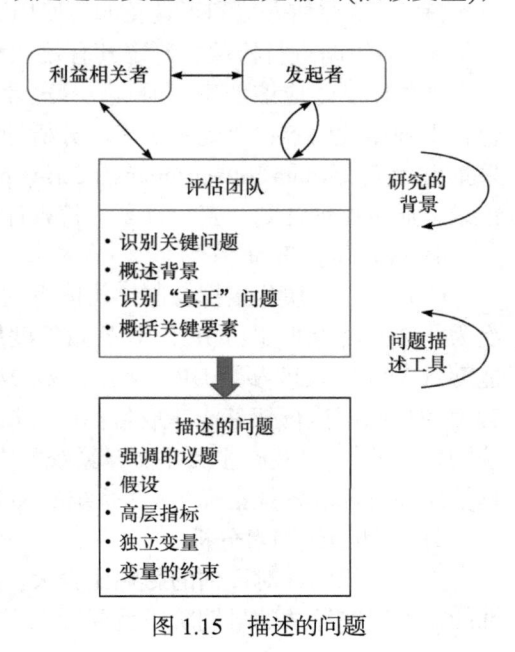

图 1.15 描述的问题

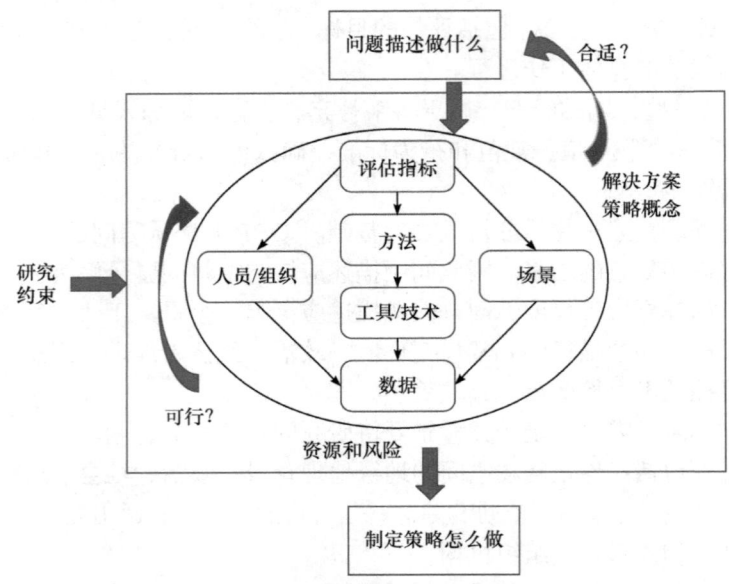

图 1.16 从问题描述到制定策略

制定策略通常按照下述步骤进行。
(1) 详细描述价值度量。
(2) 提出想定。
(3) 规范评估方法和工具及如何使用这些方法和工具。
(4) 对策略进行检验，确定其有效性和适用性。

评估团队还应该创建一项研究管理计划(study management plan，SMP)。SMP 包含下列相关内容：研究术语表、分析计划、工具配置及模拟与仿真计划、数据采集/工程计划(data collection/engineering plan，DCEP)、配置管理计划、研究风险记录、质量保证计划、安全计划、检查计划、供应能力计划。

4) 确定价值度量

COBP 在模块化指挥控制结构体系的基础上采用五层价值度量，从上至下依次为：政策效能度量 MOPE、作战效能度量 MOFE、指挥控制效能度量 MOE、性能度量 MOP、尺度参数 DP。顾名思义，MOPE 主要考虑政治及社会后果，MOFE 考虑的是如何执行任务或达成目标所应执行任务的程度，MOE 考虑指挥控制系统的作战效果，MOP 主要是测量系统的内部结构、特性等，DP 则度量系统的物理性质和特征。各类指标与 C2 系统的关系如图 1.17 所示。

5) 人和组织因素分析

人和组织因素对评估的影响比较大。由于人和组织因素都能影响 C2 系统的性能，所以在评估的早期阶段就要考虑人和组织因素的影响。COBP 认为必须把人和组织因素作为问题描述、选择价值度量、定义想定、制定策略与选择工具这个整体环节中的一个内在部分来考虑。

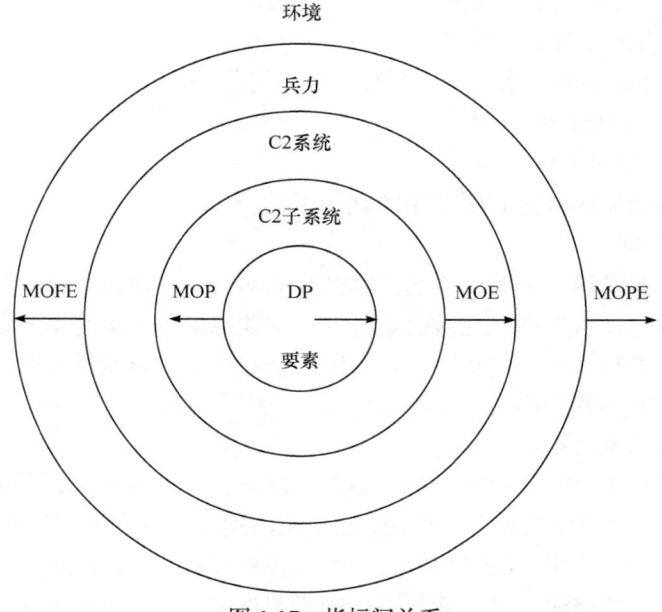

图 1.17　指标间关系

需要考虑的人因通常分为三类。
(1) 人的行为相关的性能退化，如压力、疲劳等。
(2) 包含决策复杂性的决策行为(认知问题)。
(3) 指挥风格。

组织因素通常处理的是组织成员间的相互关系，包括连接性、角色和组织结构等。

6) 想定制定

想定是系统评估需要的外部环境和上下文，确定分析范围和评估的中心，使评估在合适的范围里观察变量及它们的相互关系。想定要有一定的可信性。北约的 Panel7 特别工作组开发出了一套基于三层结构框架制定想定的方法。其中，第一层描述外部因素；第二层描述参与者的能力，这两层包括国家安全利益，政治历史军事形势，行动设定、边界条件，与敌方、威胁、风险、盟友、作战区域相关的一些限制；第三层详细说明使命环境。

评估分析时一般需要使用多个想定，使用想定之前应该设置以下六个先决条件。

(1) 想定应该被评估批准认可。
(2) 想定应该表现出对 C2 需求有重大影响的因素。
(3) 想定应该强调 C2 问题。
(4) 想定应该以武力做保障。
(5) 想定依据的非军事—军事目标应该是可靠的。
(6) 想定应该促进设计过程。

7) 选择方法和工具

确定评估所用的方法和所使用的软件工具。

8) 准备数据

数据经常驱动解决策略，影响工具选择和对关键因素的处理。

数据的角色及重要性往往被决策者和评估团队低估。因为数据的集中性，数据的再使用有着越来越多的重要性。但随着潜在可用数据量的指数级增长，数据的再使用被证明是受限制的。目前美军提出利用分析标准"DODD8260"，用元数据指导关键的数据行动。

数据可以从多个来源获得，最普遍的来源有：官方来源、公开来源、历史研究成果。如果源于经验的数据不可用，应该使用项目领域专家作为来源进行评估。

数据的原始形式很少是可用的，一般要转换和聚合后才能使用。如果数据不可用，而且既不能被聚合又不能从可用的来源得出，可以咨询专家以产生必需的数据。

9) 风险与不确定性分析

COBP 对风险与不确定性进行了大量的探讨，分析了不确定性的来源及处理，及最后评估结果中要对风险和不确定性进行说明的原则。阐述了一系列处理风险和不确定性的经验总结。

10) 形成产品

产品是评估的阶段成果和最终成果。典型的产品有：研究计划、定期的状况/进步报告、最终报告。

1.4 评估范式

1.4.1 科学研究中的范式

范式的概念和理论是美国科学哲学家 Kuhn 在《科学革命的结构》(The Structure of Scientific Revolutions)(1962)中提出并系统阐述的。范式概念是库恩范式理论的核心，而范式从本质上讲是一种理论体系。库恩指出："按既定的用法，范式就是一种公认的模型或模式""采用这个术语是想说明，在科学实际活动中某些被公认的范例——包括定律、理论、应用及仪器设备在内的范例——为某种科学研究传统的出现提供了模型"。范式是一种本体论、认识论和方法论的基本承诺，是科学家集团所共同接受的一组假说、理论、准则和方法的总和，这些东西在心理上形成科学家的共同信念。

Ritzer 认为，范式是存在于某一学科论域内关于研究对象的基本意向。它可以用来界定什么应该被研究，什么问题应该被提出，如何对问题进行质疑，以及在解释研究成果时应遵循什么规则。范式是一种科学领域内获得最广泛共识的单位，可用来区分不同的科学家共同体或亚共同体，它能够将存在于科学中的不同范例、理论、方法和工具加以归纳、定义并相互联系起来。

范式具有以下特点。

(1) 范式在一定程度内具有公认性。

(2) 范例是由基本定律、理论、应用及相关的仪器设备等构成的一个整体，它的存在给科学家提供了一个研究纲领。

(3) 范式为科学研究提供了可模仿的成功的先例。范式归根结底是一种理论体系，范式的突破导致科学革命，从而使科学获得一个全新的面貌。

目前公认的科学研究的范式分为四类。

1) 第一范式 实验科学

描述记录自然现象，方法以基于实验或经验归纳为主，如钻木取火、比萨斜塔实验等。

2) 第二范式 理论科学

在自然现象基础上进行抽象简化，通过构建数学模型进行研究，如相对论、博弈论。

3) 第三范式 计算仿真

用计算机仿真模拟取代实验，如天气预报、核试验模拟等。

4) 第四范式 数据探索

该范式即 data-intensive scientific discovery 范式，从发现因果关系转为研究相关关系，重在解决"是什么"而不是"为什么"，因为有时知道"是什么"比知道"为什么"更重要。

英国科学哲学家 Masterman 统计出在《科学革命的结构》一书中，库恩至少以 21 种不同意思在使用"范式"，Masterman 将其概括为三种类型，分别如下。

(1) 观念范式。作为一种信念、一种形而上学思辨，它是哲学范式或元范式。范式被视为一套根据特有的价值观念和标准所形成的关于外部世界的形而上的信念，包括宇宙的本质是什么，它们如何相互作用，外部世界以何种形式与人的感官联结等。

(2) 规则范式。作为一种科学习惯、一种科学传统、一个具体的科学成就，它是社会学范式，即在观念范式基础上衍生出来的一套概念、定律、定理、规则、学习方法、仪器设备的使用规则和程序等规则系统。

(3) 操作范式。作为一种依靠本身成功示范的工具、一个解疑难的方法、一个用来类比的图像，它是人工范式或构造范式，即一些公认的或具体的科学成就、经典著作、工具仪器、已解决的难题及未解决但已明确了解决途径的问题。

Masterman 的三个归纳虽仍不能用一个概括性的语言对库恩的"范式"做出完全定义，但是清晰的归类已为我们理解"范式"做了一个较为明朗的勾勒。

国内学者以库恩范式为基础，阐述了范式的基本内涵、范式在科学研究中的作用及其发展状况。纪树立在《论库恩的"范式"概念》中阐述了范式在科学研究中的重要性，他认为范式是一种重要的科学研究工具，是展开科学研究的基础；金吾伦对库恩范式概念理论转向和发展有独特见解，他在《托马斯库恩的理论转向》中阐述了这一观点，并且对库恩范式的应用情况作了简要阐述；王纪潮在《为库恩的"范式"申辩》中表明库恩范式理论对传统的科学与理性观念的挑战，他着重强调了不可通约性对科学研究的重要作用，他认为范式准则是科学发展的助力而非阻拦；蒋新苗将库恩范式与人类的日常活动、思维相结合，浅析了库恩范式在方法论研究上的成就与贡献。孙启贵对范式背后更深层次的文化内涵做了深刻的剖析，并将主要观点著于《库恩"范式"的文化内涵》之中；陈俊在认识论方面对库恩范式做了深入的分析与研究，他认为范式是对传统认识论的变革与超越，他在《库恩"范式"的本质及其认识论意蕴》中表示，人们对范式的本质在认识论层面的追溯，对认识科学的本质、了解科学发展的特点具有重要的理论和现实意义[22]。

接下来简要介绍评估的范式分类[23]。

1.4.2 "代"评估范式分类

在不同的社会科学领域(特别是教育学、心理学、社会学和经济学)，评估研究仅仅被理解成某些特定理论和方法的应用，因此被归入现有的学科分类体系中。但在 20 世纪 70 年代和 80 年代初出现了很多分类体系，这些体系从一种跨学科评估研究的视角对各种不同评估范式进行了概括。Guba 等在 1989 年提出的"代"(generation)范式也属于这种早期的分类尝试，他们将复杂的评估世界划分为四个连续的具有鲜明特性(度量、描述、判断、协商)的代。

1) 第一代评估范式——度量

Guba 等用"度量"(measurement)的概念来表示第一代评估并认为评估的早期阶段仅仅是获得(量的)数据。Rice 在 19 世纪 90 年代按照这种以科学为导向的、实证主义教育学的精神在美国的学校系统中进行了大量的调查研究，这些调查研究也包括先前由独立的研究人员进行的对各个学校学习成绩的比较研究。

2) 第二代评估范式——描述

Guba 等对第二代评估方式定义为"描述"。他们引用的唯一例子同样来自于学校教育学的研究，Tyler 因在"八年研究"(开始于 1933 年)计划中的成就而被称为第二代评估的代表人物。Guba 等之所以将 Tyler 作为第二代的代表，理由是可以通过"关于某些陈述性目标的优势和劣势模型的描述"对他的理论范式的特征进行描述，而依据这种理论，描述是评估者的中心任务，度量不再当作评估的同义词，而是被重新定义为在提供服务时可以使用的众多工具之一。

Tyler 在方法上的贡献，一方面是对教育结果分类方法的发展，另一方面是对"结果度量"(outcome-measurement)的研究。这种"结果度量"在今天仍然被当作目标达成评估的一种基本方法。将产出与目标之间的比较作为评估的基本思想，表明将 Tyler 方法归入一种独立的范式是正确的。如果将"第二代评估"的"描述"改为"比量"，则更能体现其核心思想，也能体现其对第一代评估的"度量"模式的继承性。

3) 第三代评估范式——判断

Guba 等将下一代评估范式定义为"判断"。第三代评估范式研究的代表是 Stake。Stake 的研究对那种"运用狭隘的、客观主义的、机械的、呆板的概念和方法的项目评估的优势地位"产生了极大冲击。按照他的观点，任何评估都包含两类工作，即描述和判断。

根据 Stake 设计的矩阵(图 1.18)，可以将预期的价值(意向)与"描述矩阵"中观察到的价值(观察)进行一致性的比较并对项目条件、过程和影响之间的相互关系进行描述(偶然性)，这样就可以理解"判断矩阵"中的判断了。

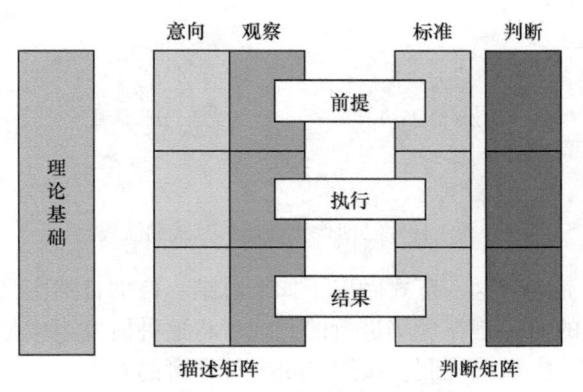

图 1.18　Stake 的描述与判断矩阵

从图 1.18 也可以看出，其方法隐含了第一代和第二代评估范式的基本思想。矩阵中的意向列对应了第二代范式中的目标值，意向列和观察列的比较可以认为是集成了第二代评估范式。

4) 第四代评估范式——协商

Guba 等将他们的范式自称为"第四代评估"的代表。第四代评估范式的主要思路就是深入研究潜在评估对象的信息需求，并在此过程中关注参与者不同的价值观。

第四代评估范式的方法如图 1.19 所示。其中的一些步骤(第 1、2、8 和 11 步)并不是绝对地针对某一种特定形式的评估，它们在其他的范式中同样也可以看到。

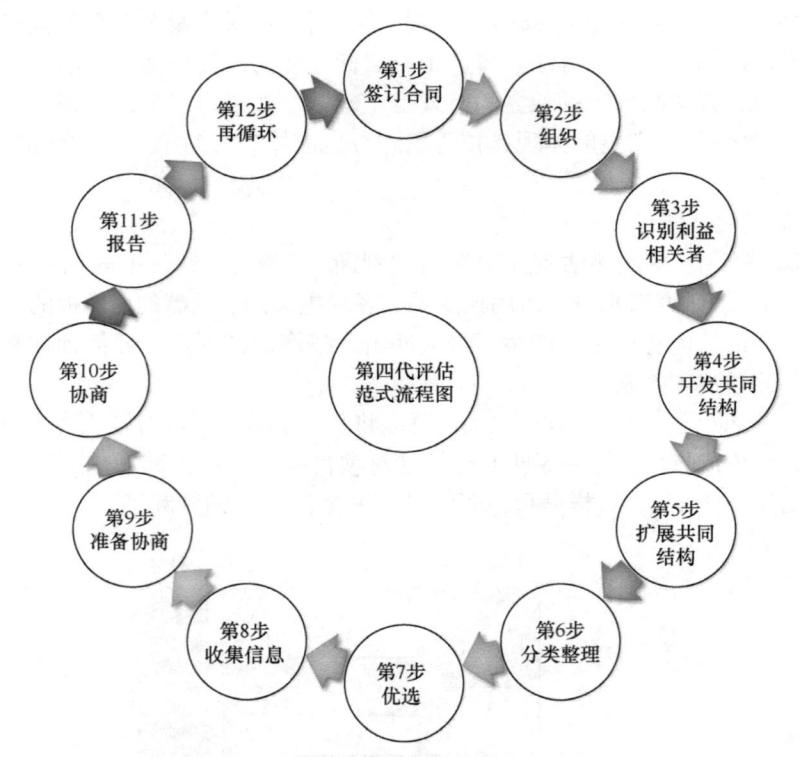

图 1.19 第四代协商评估范式的流程

费茨帕特里克等对这一范式做出了如下总结：借助自然主义的评估方法，评估者对项目活动的研究是在现场进行的，或者将这种研究当作是自然发生的，无须对其进行约束、操纵或控制。按照 Guba 等学者的观点：信息提供者的视角占主导地位，因为评估者了解他们思考问题的角度，熟知用来描述他们所在世界的概念，使用他们对这些概念的定义，熟知"民间理论"的解释，并对他们的世界进行解释，从而能为评估者和其他人所理解。

1.4.3 "树状"评估范式分类

Akin 和 Christie 提出了"树状"评估范式,如图 1.20 所示。

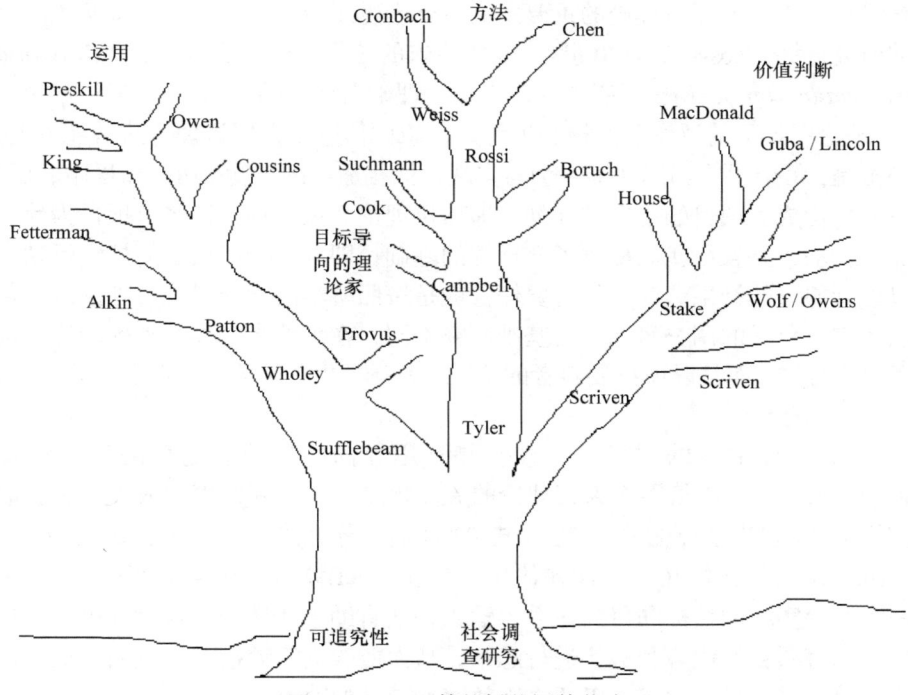

图 1.20 Akin 等的树状评估范式

与 Guba 等不同,Akin 等不是遵循时间顺序的分类原则,而是强调评估理论模式在内容上的相似性。这种直观的树状描述就促使了一种从"下"到"上"生长过程的形成。所谓"下",就是可追究性和社会调查的根源,同时也可以描述为评估树的"树干";所谓"上"就是各个理论束中不断增加的分支,并且可以看到随着这种分支发展相邻理论的差异性不断增强。这一范式分为三个"主要分支":研究方法、实践和赋值过程。它们进一步生长的分支形成各种评估"学派"。

1) 方法分支

Akin 等认为 Tyler 的研究是方法分支的"祖先"。正如前面已经介绍过的,Guba 等将其作为第二代评估范式,也就是描述性评估范式。但 Akin 等将其作为目标导向评估(objectives-oriented evaluation)的理论基础。

Tyler 对结果测量(outcome measurement)的贡献及他对目标导向评估的基本观点,得到了很多学者(Bloom, Hammond, Metfessel 和 Popham)的进一步发展,这些学者可以概括为"目标导向的理论家"并归入方法分支的旁支。Suchman 在其著作《评估研究》(*Evaluative Research*)中将评估范围从理论上进行整合，将日常生活中的评估(作为判断某种目标对象价值的社会过程)与科学意义上的"评估研究"(表现为要运用科学的研究方法和技术)进行了区分，详细研究了科学方法和问题设计。该分支评估理论的重要发展主要产生于 Suchman、Rossi、陈和 Weiss 等的研究，其中 Rossi 等在 20 世纪 70 年代末的著作《评估：系统方法》(*Evaluation: A Systematic Approach*)享有盛誉，被当作"理论引导下的评估"的基础。

"理论引导下的评估"的核心思想是设想评估应该在项目理论的指导下进行，其理由是：每个项目都体现了一个与实现目标相适应的结构、功能和程序的概念，这一概念构成了项目的逻辑和计划，即项目理论。项目理论解释了项目为什么采取那些行动，并且给我们提供了合理性的基础，即只要按照项目的规定行动，就可以得到想要的结果。评估的首要任务就是按照科学的标准对项目理论概念化，并以此进行科学的调查研究。与基础研究不同，在评估中指导行动的理论不是来自于科学标准，而是以项目参与者的认同为基础，并在此基础上拟定出调查设计。

2) 运用分支

Akin 等评估树的"第二主枝"是运用导向的理论。这里的代表学者是 Stufflebeam，他将决策层作为其理论的关注焦点，并将评估理解成决策者获取信息的方法。他提出了评估的 CIPP 模式，将评估区分为四类——背景(context)评估、输入(input)评估、过程(process)评估和成果(product)评估。背景评估可以帮助决策层制定切合实际的目标和目标体系；输入评估有助于战略和项目设计决策；过程评估对已有项目的优势和劣势进行总结，从而能改进行动措施；成果评估对行动措施的效果进行最终调查，以便实现效率和效益的改进。

Stufflebeam 将评估描述成一个过程，是与决策层相互沟通的结果。评估必须适应变化了的需求和决策场景，必须确保能够满足项目决策者的信息需求，而且在数据调查阶段必须再次确保项目决策者对数据的需求。

Patton 引入"发展性评估"的概念，认为：评估者成为项目设计团队或一个组织的管理团队的一部分，充分参与决策并推动讨论如何来对任何已发生的事情进行评估。他提出的"以利用为关注点的评估"(utilization-focused evaluation)模式有突出的价值。该范式的主要特征包括：利益相关者导向、效果导向、用户关系、评估者的创造任务、评估结果的推广等。

3) 价值判断分支

第三个主要分支以价值判断为中心。这一流派的主要代表人物是 Scriven。他详细描述了价值判断的一般理论，认为：评估是确定事物的优点、价值的过程，评估结果是这一过程的产物；评估者的主要任务是判断和弄清楚在一个项目/评估对象中哪些是"好"的，哪些是"差"的；评估的任务不是为决策层获取并处理信息。Scriven 明确表示不同意将项目目标作为评估的方向，他要求实现目标游离的评估(goal-free evaluation)。按照他的观点，评估的任务是对活动所产生的效果进行调查并对其进行判断，局限于或者只是瞄准项目目标就隐含着忽视或低估负效果、非预期的行动效果和副作用的危险。由于所有的项目总是表现为获得某种价值和目标，因此想完全做到"目标游离的项目或者目标游离评估是非常天真的事情"。

1.4.4 面向应用的评估范式分类

另一类评估研究主要是运用了具有实用主义特征的一些思想，侧重评估结果对个别利益相关者有用性的研究，很少将科学理论根源、理论流派和使用方法作为重点。Chelimsky 对比做出了描述：我们今天很少考虑一种方法相对于另一种方法的绝对优势，而是更多考虑是否和如何运用这些方法一起产生具有决定性发现的结果。

基于评估面向实际应用这一特征，Fitzpatrick，Sanders 和 Worthen 将评估范式分为目标导向范式、管理导向范式、顾客导向范式、专家导向范式和参与式评估范式。

1) 目标导向范式

目标导向范式关注项目目标的识别和评价，其重点是要回答项目、计划和行动措施的特定目标是否和能在多大程度上实现的问题。因此，目标导向范式主要服务于监督目的，在这一监督中将检验规定的目标值与相应的实际值之间是否相对应，评估的结果可以用来对目标或者过程进行修订。Sanders 和 Cunningham 认为不仅可以对目标的实现进行经验调查，还可以对目标的逻辑结构和它们相互之间的一致性进行评价。因此要根据现有的论点对目标的关联性进行检验，或者通过更高一级的价值观对目标的一致性进行检验。同时，还可以对目标实现所产生的结果进行逻辑分析，并与竞争性目标的潜在效果进行对比。Provus 开发了一种差距评估模型(discrepancy evaluation model)，这一模型关注追求的项目目标与实际达到的目标之间的差异。

2) 管理导向范式

管理导向范式识别并满足决策者的信息需求，重点关注"为什么"的问题，如果评估目标没有达成，那么哪些内部和外部的原因应该对此负责。这一范式中，项目流程、人员和资源、组织结构等问题也可以是评估关注的焦点。通常，管理导向评估范式的特征可以描述成为决策层提供信息，以使决策建立在理性化基础之上。因此这种评估瞄准的是管理的信息需求，从这种意义上评估为组织决策过程的一个重要组成部分。

Akin 将评估定义为：探寻相关决策范围、选择合适信息、收集和分析信息的过程，目的是为决策者在对各种备选方案做出选择时提供概括性的数据。他以

Stufflebeam 的 CIPP 范式为蓝本，开发了一个包含 5 个评估命题的 UCLA 范式，包括系统评价(system assessment)、项目规划(program planning)、项目实施(program implementation)、项目改进(program improvement)、项目认证(program certification)等阶段。

管理导向范式的主要优势在于评估明确地以满足决策层的信息需求为关注点：关注管理者的信息需求和有待做出的决策限定了相关信息的范围，使评估具有明确的关注点。这一特征避免了评估偏向不相关的研究领域。管理导向范式突出强调评估的有用性，在这种范式中评估与决策要求和信息需求紧密联系在一起。

管理导向范式也有很多不足：过分关注决策层的信息需求可能导致一些重要的主题被有意识地淡化，一些重要观点可能不会引起关注，利益相关者的利益可能被忽视或者被有针对性地打压。这就会带来一定的危险：为了获得任务委托方的好感，评估者可能会变成管理者和项目机构的枪手。

3) 用户导向范式

用户导向范式通过诸如产品清单来提供与产品有关的信息和评价。评估应该优先服务于利益相关者，在这一点上，管理导向和用户导向的评估具有共同性。当管理导向评估范式为管理决策提供充分的信息和价值判断时，用户导向的范式则有助于用户更容易做出决策。因此，这两种范式主要是将关注的焦点指向评估的各个(每次总是不同的)受众群体的信息需求。

4) 专家导向范式

专家导向范式是在对机构、项目、产品或活动进行评价时由专家进行专业化的评定。这种范式认为评估是由精心挑选的某一实践领域的专家实施的。如果前面已经介绍过的其他评估范式没有专业化的专家鉴定就应付不了，那么就可以优先考虑由专家来对真实情况进行判断这样一种范式。由于一个人并不能具备一个范围广泛的评价所必需的所有能力，因此，在多数情况下，都会为评审组成一个具有互补性资格的专家小组。

专家导向范式可以分为正式评审、非正式评审、特别事务委员会、特别评审四类，具体如表 1.2 所示。

表 1.2 专家导向范式的分类

类型	现有结构	公开的标准	规定的周期	多位专家观点	结果产生的影响
正式评审	是	是	是	是	大多数
非正式评审	是	很少	有时	是	大多数
特别事务委员会	否	否	否	是	有时
特别评审	否	否	否	否	有时

5) 参与式评估范式

该范式认为在评估的规划和实施中应该包含参与评估的各种人员或者是有关的利益群体(利益相关者)。评估研究的早期阶段被打上了实证主义方法论的严肃主义的烙印。评估者所要注意的是，不仅要证实项目的影响，而且最重要的是还要阐明各种因果效力之间的"真实关系"，从而保证项目决策不是建立在"错误"命题的基础之上。

Fetterman 创立的赋能(empowerment)范式有意识地抛弃了客观性、有效性和可靠性这些经典的标准，因为科学特别是评估不是"中性的"，而且无论怎样也没有一个科学的真相。相反，评估应该有助于提高参与者的能力，能够让他们对自己的状况进行自我改善。

参与式评估范式的主要优点是在评估的规划和实施中十分重视"人"这一要素，将关注点集中在最终从评估中获得利益的那些人的需求上。这一范式包含了能对不同利益主体的各种观点进行描述的方案。这种范式还运用了多种方法，在评估的实施过程中具有很大的灵活性。

1.4.5　小结

Akin 对评估范式按方法、运用和价值判断进行"树"状分类，方式直观且有助于直接理解。这种分类方法以会计学和经验社会学作为基础。按照 Akin 等的观点，应该将这种评估研究称为"评估理论"。

面向应用的评估范式总结了五种不同的类别：目标导向范式、管理导向范式、顾客导向范式、专家导向范式、参与式评估范式。这种分类模式更关注评估的实际效果而不是评估者的任务，因此其基本思想都与"以利用为关注点的评估"模式相合。目标导向范式体现了效果导向特征，目标最终要用效果指标进行度量；管理导向范式和顾客导向范式体现了管理者和用户这两类利益相关者导向特征；专家导向范式体现了评估者的创造性任务这一特征；参与式评估范式体现了用户关系这一特征。因此面向应用的评估范式分类与 Akin 评估范式树上的运用分支从内涵上是相对应的。

"代"评估范式分类对评估模式各个发展阶段及其核心要素按照历史顺序进行归类。度量、描述、判断及与利益相关群体对评估结论的协商，这些活动实际上在各种评估范式中可以再次以不同的形式和顺序出现。这四类活动本质上也体现了价值判断模式从低到高的变化。对度量范式，可以认为其价值判断直接以度量结果来表示，度量结果越好则价值越高。对描述范式，可以认为是通过度量结果相对目标值的差来反映价值的，度量结果越靠近目标值，则认为其价值越高，反之越低。对判断范式，可以认为是在描述范式的基础上，对目标值和度量值之间的差再利用判断标准定义了一种效用函数，差的大小不直接反映价值，差所反映的内容根据判断标准而定。对协商范式，可以认为是在判断范式基础上的升级，是对判断范式中判断标准从多类利益相关者的角度进行再扩展，以此作为度量差的价值评判依据。

因此，Guba 等的"代"评估范式分类与 Akin 的"树"分类中的价值判断分支对应，但是内涵比价值判断分支丰富，是价值判断分支的拓展，一定程度上体现了效用理论中"效用"的思想。

Akin"树"分类中的方法分支反映的是确定评估依据和准则的方法，体现的是评估范围和具体对象。该分支上"目标导向评估"到项目理论引导下评估范式的变化，体现了确定评估依据和准则细化程度的变化，从根据被评对象的目标来确定准则变化到根据被评对象的逻辑模型或逻辑框架模式来确定准则。如果被评对象是信息系统或体系，那么这里的逻辑模型与逻辑架构、业务架构、能力架构等在本质上是相合的。信息系统或体系的好与坏，从根本上是看系统或体系的解决方案是否与业务架构、能力目标等匹配，是否满足原始的需求。

通过以上分析，可见 Akin"树"分类方式一定程度上涵盖了"代"分类方式和面向应用的分类方式，相对而言更加全面。

三种分类可以统一到"树"分类上，如图 1.21 所示。

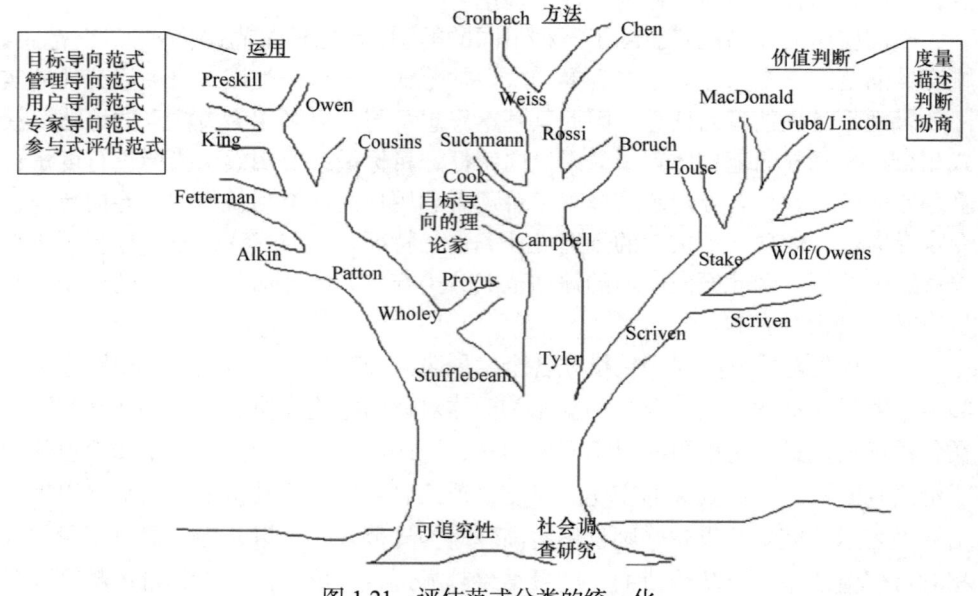

图 1.21 评估范式分类的统一化

1.5 体系评估的层次分类

1.5.1 体系评估问题及层次

体系评估是体系设计、建设和运作的重要环节,是对体系价值的评价和估算,按照一定的标准和方法衡量评估对象所做的价值。如美国《国防部体系的系统工程》文件中,体系工程过程的"评估体系性能匹配目标的程度"(assessing performance to capability objectives)环节明确了体系测试和评估分为开发测试评估(developmental test and evaluation, DT&E)和运行测试评估(operational test and evaluation, OT&E),特别聚焦 OT&E 来确定与体系目标相关的性能指标,采集这些指标随时间变化的数据,并进行分析、演示和检查。其中性能是根据能力目标来衡量的,重点是评估体系能力对用户的效用,度量的重点是运行层面体系的预期综合行为和性能(相对于体系开发项目的进度)。

传统系统评估的内容是系统的功能,具体体现为系统效能、作战效能的评估。效能通常与具体任务或应用场景相关,如系统效能指向具体的操作任务,被定义为达到预定目标的程度,或被定义为完成任务的概率。对体系而言,评估者关心问题发生了变化,因此要转换评估的视角。

可以从体系逻辑组成、物理实现、体系运行、任务需要和贡献效用五个层次来梳理评估者关心的问题,图 1.22 给出了层次划分及一些问题示例。

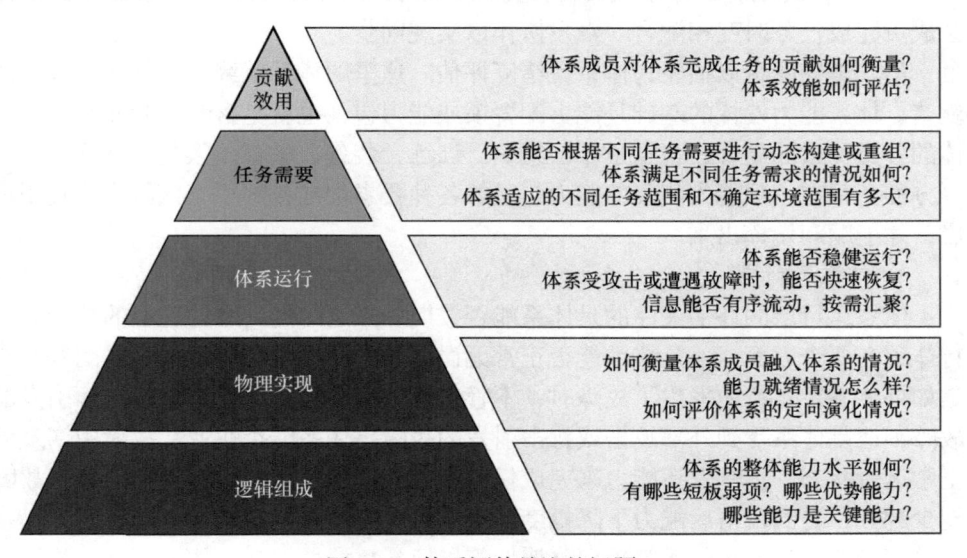

图 1.22 体系评估关注的问题

1) 逻辑组成层

逻辑层面的评估聚焦体系的能力上，主要关心以下问题：体系的整体能力水平怎么样？体系有哪些能力短板弱项，有哪些优势能力？哪些能力是关键能力？等等。因此这一层次的评估既包括体系单项能力的评估，也包括综合能力评估，还包括体系能力多方面分析。

2) 物理实现层

物理实现层关注的是体系层面的物理实现，也就是成员系统能否加入体系并与其他体系成员系统有效合作、联合运行、完成任务。体系层物理实现不关心具体成员系统的研制和建设。

物理实现层问题可以进一步划分为两类：第一类是体系成员能否有机地融为一体并正常运行？第二类问题是体系成员加入体系后，是否真正形成能力了。

第一类问题可以抽象为体系融合度评估，具体考察体系如下四个方面的情况。

(1) 从物理域看，体系成员是否实现了互联通？体系互联通是体系能力发挥的基础。

(2) 信息域看，体系成员之间是否能够互操作，也就是体系成员之间能否做到信息的快速按需共享和精准服务？

(3) 从认知域看，体系成员之间是否能够互理解、互认知？实现互理解和互认知是体系成员统一认识、做出全局最优或较优决策、牺牲局部利益保障全局利益的基础。缺乏互理解的体系成员难以凝聚涌现出优势能力。

(4) 从社会域看，体系成员在执行任务时能否做到互遵循？互遵循指的是体系成员完成任务时互相配合、自发协作以实现同步。

第二类问题可以抽象为体系就绪度评估。这里的体系就绪指的是体系能力的就绪。体系能力发挥的基础是能力配置项或能力包，也就是含装备和非装备于一体的各类要素的集合，包括条令、组织、训练、装备、教育、人员、设施、政策等方面。只有一项能力相关的能力包里的各种要素都准备好了，该能力才真正形成，才能顺利发挥出来。

3) 体系运行层

体系运行层的评估关注的是体系能否按期望来运行的问题。这里的按期望运行体现在两个方面：一是体系能否正常无误运行？能够正常运行多长时间等？二是如果体系在运行中发生了故障时，不管是成员系统自身运行出错等方面引发的故障，还是体系受到外部攻击或打击引发的故障，体系能否快速从故障中恢复到正常运行状态、正常发挥能力来完成任务？一般期望体系抗毁性越强越好，故障越少越好，受到攻击后能力下降幅度越小越好，能力恢复越快越高越好。

度量体系正常运行通常采用鲁棒性等指标，鲁棒性越强，体系正常、连续运行的时间就越长。度量体系抗毁或故障恢复的本领通常采用韧性、保障性、生存性等指标。

4) 任务需要层

任务需要层主要关注体系以下几方面的问题。

(1) 在可能的任务环境下，受到环境影响的能力效果是否能满足任务要求？

(2) 通过对效果影响的量化分析，以及对负面影响的度量，可获得体系对任务的满足性评价。

(3) 体系能否根据任务的变化，灵活地切换指挥控制、信息保障、交互协作等方面的运行模式，使其适应任务需要？

要解决以上问题，体系应支持多种运行模式，且具备以下能力：发现环境/任务变化；快速分析确认任务执行需求；自我选择体系组成方案和运行方式；快速构建所需执行任务的体系；切换到合适的运行模式。体系的这种本领称为体系的成熟度，成熟度评估是体系评估的重要内容。

5) 贡献效用层

贡献效用层主要关注两方面问题：一是体系执行任务、达到目标的程度如何？二是体系在完成任务过程中，各体系成员发挥了多大的作用，体系成员对任务完成的贡献有多少？这里的成员包括硬系统，也包括条令、标准、组织体制、训练等软要素。

第一个问题一般抽象为体系效能评估问题。针对体系现象，一般的效能概念面临诸多问题和不足，例如，对效能的理解过多地受到"现实情况"的影响，而没有依据使命任务关注于未来；效能的评价对象是系统，但信息化转型已经使系统呈现出非固化的形态，未来系统将呈现出随着任务环境融合重构的特征，系统的非实体性特点使得系统效能的概念已经不适合体系现象；效能面对的不确定性任务环境没有得到足够的关注等。所以体系效能的概念要在一般效能概念基础上进行扩展，从内涵上应涵盖体系使命任务的全过程，满足使命任务的未来需要，包括具有更高的体系能力、更敏捷的任务环境适应能力，能够更有效地利用资源，实现体系的融合式运作和持续式演进。

基于这种考虑，可以把体系效能概括为体系执行使命任务的就绪程度，主要回答为执行当前或未来的使命任务，体系是否已经做好了准备，或体系的全面准备程度。体系在承担使命任务过程中将受到体系能力、运作任务环境和体系基础特性等方面的共同影响。这样，三类影响就成为体系效能评估的三个层次。归纳为体系的能力效果、任务满足度和体系质量特征。为满足体系的预期效能，体系设计、体系建设和体系运作全过程实际上都在解决这三个方面的问题。这样体系效能就可以定义为能力效果、任务满足度和体系质量特征的函数，形式化表示如下：

体系效能 = f(能力效果，任务满足度，体系质量特征)

第二个可以抽象为体系贡献度评估的问题。可以在体系能力、体质量特征和任务满足度基础上，开展体系成员或子体系贡献度的评估，也就是评估体系成员加入体系后，在提升体系能力和质量特征、提高任务满足程度中发挥的贡献的大小。

1.5.2 体系评估的分类

综上，可以从逻辑组成、物理实现、体系运行、任务需要和贡献效用五个层次对体系评估进行分类，具体如图 1.23 所示。

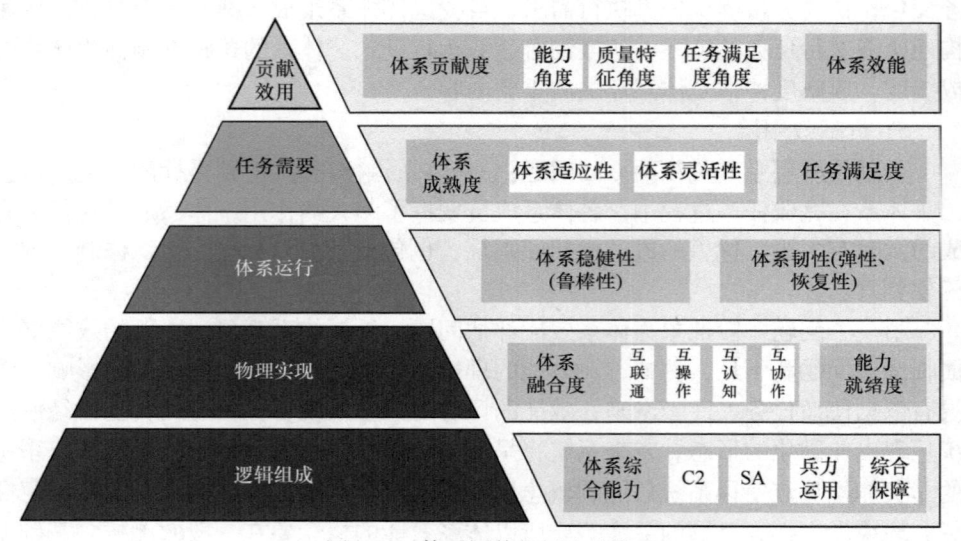

图 1.23 体系评估的层次分类

在逻辑组成层，体系评估涵盖指挥控制、态势感知、兵力运用、综合保障等功能性/领域能力的评估分析，也包括对体系综合能力水平的评估和分析。

在物理实现层，体系评估涵盖体系融合度评估和体系能力就绪度评估。体系融合度评估又包括了体系互联通、互操作、互认知、互协作等方面的水平/本领的评估。

在体系运行层，体系评估涵盖了体系稳健性(鲁棒性)评估和体系韧性(弹性、恢复性)的评估。

在任务需要层，体系评估涵盖了体系成熟度和任务满足度的评估，体系成熟度评估还包括了体系适应性、自组织、灵活性等方面的评估。

在贡献效用层，体系评估涵盖了体系效能评估和体系贡献度评估，其中贡献度评估又进一步从任务满足度、能力和体系质量特征等角度进行区分。

本著作后续各章重点围绕能力综合评估、成熟度评估、韧性评估和贡献度评估介绍一些相关的方法和技术。

参 考 文 献

[1] ISO/IEC/IEEE. Systems and Software Engineering-Architecture Description. Geneva, Switzerland: International Organization for Standardization (ISO)/ International Electrotechnical Commission (IEC)/Institute of Electrical and Electronics Engineers (IEEE), ISO/IEC/IEEE 42010, 2011.

[2] Jamshidi M. Systems of Systems Engineering - Principles and Applications. Florida: CRC Press, 2008.

[3] Maier M W. Architecting principles for system-of-systems. The 6th International Symposium of INCOSE, 1996: 567-574.

[4] Firesmith D. Profiling systems using the defining characteristics of systems of systems (SoS). SEI Technical report: CMU/SEI-2010-TN-001, 2010: 7-40.

[5] Maier M W. Architecting principles for systems-of-systems. Systems Engineering, 1998, 1(4): 267-284.

[6] Charles B K. Research foundations for system of systems engineering. Proceedings of the 2005 IEEE International Conference on SMC, 2005: 1-6.

[7] DeLaurentis, Daniel A, Robert K C. A system of systems perspective for future public policy. Review of Policy Research, 2004, 21(6): 829-837.

[8] COMPASS. Comprehensive modelling for advanced systems of systems. http://www.compass-research.eu[2020-4-12].

[9] DANSE. Designing for adaptability and evolution in system-of-systems engineering. http://www.danse-ip.eu[2020-4-12].

[10] European Commission (EC)-Horizon 2020 Framework Program. H2020 digital agenda on systems-of-systems. https://ec.europa.eu/digital-agenda/en/system-systems[2020-4-12].

[11] FP7 CSA Road2SoS (Roadmaps to Systems-of-Systems Engineering) (2011–2013). Commonalities in SoS applications domains and recommendations for strategic action. http://road2sos-project.eu/[2020-4-12].

[12] FP7 CSA T-AREA-SoS (Trans-Atlantic Research and Education Agenda on Systems-of-Systems) (2011–2013). Strategic research agenda on systems-of-systems engineering. https://www.tareasos.eu/[2020-4-12].

[13] H2020 CSA CPSoS (Roadmap for Cyber-Physical Systems-of-Systems) (2013–2016). Roadmap: analysis of the state-of-the-art and future challenges in cyber-physical systems-of-systems. http://www.cpsos.eu/[2020-4-12].

[14] US Sandia National Laboratories. Roadmap: roadmap for the complex adaptive systems-of-systems (CASoS) engineering initiative. http://www.sandia.gov/[2020-4-12].

[15] US Software Engineering Institute/Carnegie Mellon University. System-of-systems program. http://www.sei.cmu.edu/sos/[2020-4-12].

[16] Peter H F, Kevin S, Kurt C W, et al. Ultra-large-scale systems: the software challenge of the future. https: //resources. sei. cmu. edu/asset-files/Book/2006_014_001_635801. pdf[2022-3-24].

[17] 张维明, 刘忠, 阳东升, 等. 体系工程理论与方法. 北京：科学出版社，2010.

[18] Hoehne O. The SoS‐VEE model: mastering the socio‐technical aspects and complexity of systems of systems engineering (SoSE). INCOSE International Symposium, 2016, 26(1): 1494-1508.

[19] John M B, Thomas H B. Effective Model-Based Systems Engineering. Heidelberg: Springer, 2019.

[20] Cihan H D, David E, Nil E，et al. Flexible and intelligent learning architectures for SoS (FILA-SoS). https://sercuarc.org/wp-content/uploads/2018/08/Dagli_SSRR-DEC-3-2015.pdf[2022-3-24].

[21] DoD CCRP. NATO code of best practice for C2 assessment. http://www.dodccrp.org/files/NATO_COBP.pdf [2022-4-19].

[22] 周晓虹. 社会学理论的基本范式及整合的可能性. 社会学研究, 2002, (5): 33-45, 23.

[23] 赖因哈德·施托克曼, 沃尔夫冈·梅耶. 评估学. 唐以志译. 北京: 人民出版社, 2012.

第 2 章 体系能力评估

能力的概念与活动、效果、活动关系、活动属性等要素密切相关,在能力评估时必须充分利用这些相关信息,而不仅仅是将能力指标进行简单的加权综合处理。本章首先对能力概念进行分析,给出体系能力的规范化描述,在此基础上提出了面向效果的能力评估方法,并分析了能力活动属性等级评定的系列思路。

2.1 能力概念及分类

2.1.1 能力的概念

能力是日常生活和工作中经常用到的词语,如用于评判一个人的学习能力、工作能力、运动能力、交际能力,评判一个公司的可持续发展能力,评判一种武器装备的作战能力,评判一个军事组织的决策能力、指挥控制能力等。

能力的好与坏、强与弱,需要借助一定的效果反映出来。比如评价一个学生学习能力强,可以从以下几方面的效果进行判定:课堂听讲专注度高,课后作业正确率高,课程测试成绩好等。课堂听讲专注度高表明学生接受新知识的本领比较强,课后作业正确率高表明学生理解和掌握新知识的本领比较强,课程测试成绩好表明学生运用知识、解决实际问题的水平高。一个体系的能力也需要用效果进行判定,如一个作战体系的侦察探测能力的评判效果可以是发现目标的种类、数量、及时性、准确性等。

军事领域对能力的内涵有多种认识,下面给出几种典型描述。

定义 2.1 能力是指在特定的标准与条件下,通过不同手段和方法的组合来完成一组任务,以实现预期效果的本领。

定义 2.2 能力是指通过时间上不同的作战/业务过程,实现一类期望效果的本领(如行动的准确性或速度)。

定义 2.3 能力是指对主体内在特征达到一定水平的度量和描述。

第一、二种认识以活动为基础来定义能力,区别在于活动空间的大小不同。第一种认识存在如下的风险,即使命和任务的范围会定义得比较小、比较传统,以至于不具备新的宽泛能力的特征。第二种认识则开放得多,可以在能力描述时考虑可能的作战使命及尽可能多的任务完成方式,在度量指标选择时也可以更加多样化。如果把能力看成一个空间，那么第一种认识最多定义能力空间中的一个点或一组点，而第二种认识则可以给出尽可能多的点，从而可以把一种能力的多维区域刻画出来。第三种认识与活动无关，是主体内在特征的外在反映，如适应性、韧性、灵活性等，这些能力是对任务执行质量和效果的侧面刻画，且不依赖于具体任务，因此没有明确活动与能力对应。

对体系而言，通常讲的能力是指第一、二种认识对应的能力，称为体系的功能性能力或体系核心能力；第三种认识的能力通常称为体系的质量特征，或体系的使能能力。体系核心能力对应一组业务活动，业务活动与完成具体任务直接相关。体系质量特征不对应与任务相关的活动，而是在体系核心能力发挥中起作用，间接影响体系核心能力的发挥，起着催化剂或倍增器的作用。

2.1.2 体系核心能力

体系核心能力与活动、效果、属性、度量、目标、资源等要素相关。后面论述中以体系能力来代指体系核心能力。

能力是为了达成一定使命目标而存在的，目标由期望的效果具体化；活动执行产生能力，活动由属性刻画，活动属性的选择受期望的效果约束，属性与一定的度量关联，度量的确定和定义受期望效果的影响。活动由体系中的成员系统或人、组织来执行，活动在一定的标准和条件下执行，执行时需要消耗资源，也会产生新资源，数据和信息属于资源。为了描述得足够清晰，满足评估需要，能力和活动都可以进行分解。这些要素及其间的关系成为能力概念模型，如图 2.1 所示。

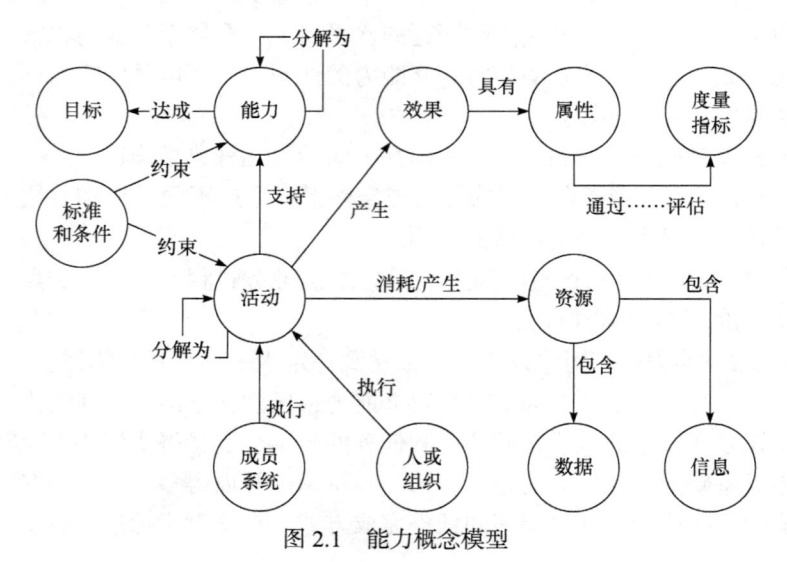

图 2.1 能力概念模型

对体系能力，要进一步明确各能力对应的活动、活动之间的关系、活动的效果及效果的度量指标，才能建立完善、可测、量化的能力体系。在分析能力对应的活动时，可以区分不同能力域来展开，并统一组织实施，以确保形成统一的公共的活动清单，避免活动资源描述的不一致带来的能力定义冲突问题。通常把体系核心能力分为网络联通、侦察情报、指挥控制、攻防行动、综合保障、数据信息、网络安全等能力。

美军在国防建设中提出了联合能力域(joint capability area，JCA)的概念。JCA是一套标准化的定义，涵盖了美军所有军事活动。JCA 最初由参联会与各军种于 2005 年 5 月建立。它的目的是要统一美国防部在政策制定、项目、计划、采办和需求获取等业务流程中使用的不同语言，以实现在整个国防部范围内的基于能力、从战略到任务的沟通交流，建立一个新的框架，为比较各军种在联合作战中的贡献铺平道路，是一个辅助决策者进行军种预算时调配资源的工具。JCA 是美国国防部按功能分组的类似活动的集合，可以用来支持能力分析、战略制定、投资决策、能力组合管理及基于能力的兵力开发和作战规划。美军最初的 JCA 分类如表 2.1 所示。

表 2.1　美军最初的 JCA 分类

序号	能力域名称	中文名称
1	joint battlespace awareness	联合战场空间感知
2	joint command and control	联合指挥控制
3	joint network operations	联合网络行动
4	joint interagency coordination	联合机构间协调
5	joint public affairs operations	联合公共事务行动
6	joint information operations	联合信息行动
7	joint protection	联合防护
8	joint logistics	联合后勤
9	joint force generation	联合兵力生成
10	joint force management	联合兵力管理
11	joint homeland defense	联合国土防御
12	joint strategic deterrence	联合战略威慑
13	joint shaping and security cooperation	联合塑造与安全合作
14	joint stability operations	联合维稳行动
15	joint civil support	联合民事支援

续表

序号	能力域名称	中文名称
16	joint non-traditional operations	联合非传统行动
17	joint access and access denial operations	联合介入和反介入行动
18	joint land control operations	联合陆上管控行动
19	joint maritime/littoral control operations	联合海上/沿海管控行动
20	joint air control operations	联合空中管控行动
21	joint space control operations	联合太空管控行动

目前美军 JCA 分类如表 2.2 所示。

表 2.2 美军现在的 JCA 分类

序号	能力域名称	中文名称
1	force application	兵力运用
2	command and control	指挥和控制
3	battlespace awareness	战场感知
4	net-centric	网络中心
5	building partnerships	建立伙伴关系
6	protection	防护
7	logistics	保障
8	force support	兵力支援
9	corporate management and support	公共管理与支持

2.1.3 体系质量特征

体系质量特征是体系响应可预测及不可预测变化的本领的反映，聚焦于体系应该是怎么样的而不是体系应该做什么。体系质量特征通常包括鲁棒性、韧性、灵活性、适应性、生存性、互操作性、可持续性、可靠性、可用性、可维护性、安全性等。考虑到体系背景、演化周期及新出现的现象，每一种特性都强烈依赖各种因素，因此这些质量特征之间是互相关联影响的。有研究把体系质量特征分为关键使能特征和关键体系性特征两类，如图 2.2 所示。图中关键使能特征包括灵活性和互操作性，关键体系性特征包括鲁棒性和可演化性。

第 2 章 体系能力评估

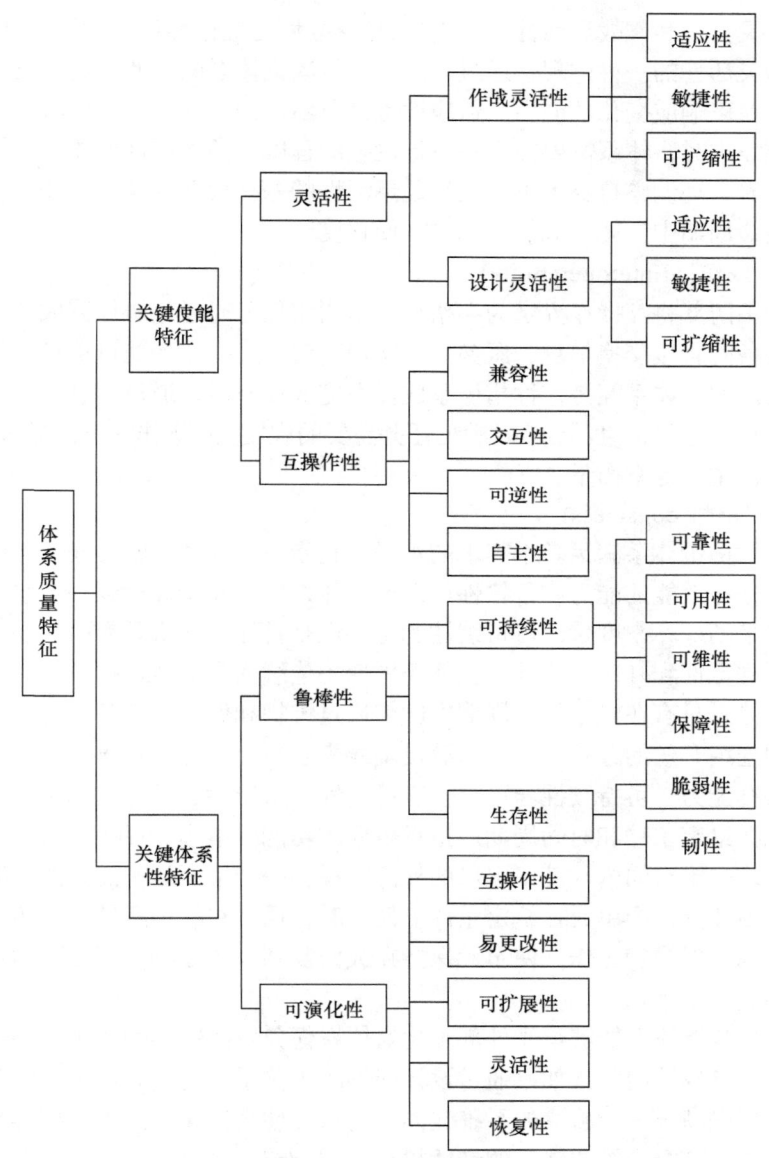

图 2.2 体系质量特征指标的分类

```
体系质量特征 ─┬─ 关键使能特征 ─┬─ 灵活性 ─┬─ 作战灵活性 ─┬─ 适应性
              │                │          │              ├─ 敏捷性
              │                │          │              └─ 可扩缩性
              │                │          └─ 设计灵活性 ─┬─ 适应性
              │                │                         ├─ 敏捷性
              │                │                         └─ 可扩缩性
              │                └─ 互操作性 ─┬─ 兼容性
              │                             ├─ 交互性
              │                             ├─ 可逆性
              │                             └─ 自主性
              └─ 关键体系性特征 ─┬─ 鲁棒性 ─┬─ 可持续性 ─┬─ 可靠性
                                  │          │            ├─ 可用性
                                  │          │            ├─ 可维性
                                  │          │            └─ 保障性
                                  │          └─ 生存性 ─┬─ 脆弱性
                                  │                     └─ 韧性
                                  └─ 可演化性 ─┬─ 互操作性
                                                ├─ 易更改性
                                                ├─ 可扩展性
                                                ├─ 灵活性
                                                └─ 恢复性
```

1) 灵活性(flexibility)

体系的灵活性是体系为保持一定的任务效能,应对外部或内部变化并对体系实施改变的方便程度。体系有两类灵活性:作战灵活性和设计灵活性。作战灵活性衡量体系相对轻松地在不同作战模式之间转换,以满足一系列确定或不确定任务的本领。设计灵活性允许体系合并所需的改变以相对轻松地适应新的需求。

设计灵活性和作战灵活性都可以通过敏捷性、适应性和可扩缩性来细化度量。敏捷性是灵活性的一种体现，通过时间来度量改变体系的方便程度。它反映了体系快速转换以响应变化的能力。适应性也是灵活性的一种体现，反映了适应一种新态势或需求时，体系需要被干预进行调整的程度。高适应性的体系能够尽量在不被干预时自动调整自身。可扩缩性是灵活性的一种表现，反映了在体系任务周期或全生命周期中，体系规模增加的方便程度。

2) 互操作性(interoperability)

美国国防部将互操作界定为在执行一组指定任务时通过协作完成的活动，或系统、装备间直接交换信息、服务。广义地理解，互操作是通过信息交换达成协调工作的能力。体系互操作性指体系成员在完成任务时，通过信息交换来协作其他要素执行相应的信息活动，以满足任务需要的程度。互操作性可以通过兼容性、可逆性、自主性等来衡量。

3) 鲁棒性(robustness)

鲁棒性衡量体系满足基本需求的水平。它指一个体系在整个任务谱中都能维持所需的任务效能的能力。鲁棒性可以通过体系使效能指标达到一定水平或维持在一定水平的好坏来度量。可持续性和生存性是鲁棒性的重要方面，能确保体系在内部不确定性和外部干扰下，在任务周期中连续而有效地运行。

一个体系只有在整个任务周期中能够通过维护和保障为任务执行做好准备，且以一种连续有效的方式来运行以满足基线需求，才能称为是鲁棒的，这就是体系的可持续能力。可持续性与可靠性、可用性、可维性、保障性相关。可靠性指一个单元在给定条件和时间周期内执行需要的功能的本领。可用性指在给定条件、给定时刻或一段时间内，基于提供的外部资源，一个单元处于需要的功能状态的本领。可维性指一个单元在给定条件下使用时，通过在给定条件下按照规定的程序使用资源开展维护工作，使单元保持在或恢复到一个能够执行需要的功能的状态的本领。

生存性是指体系能够承受外部干扰对体系任务效能影响的本领。一个体系生存性越高，鲁棒性越强。如果通过设计能够减少体系的弱点和不足，体系的生存性就能得到提高。一个脆弱的系统或体系的重要性会提高，因为它更容易成为被攻击的对象。一个系统或体系的韧性越高，越能够承受外部攻击。生存性与脆弱性和韧性相关。韧性指体系吸收外部干扰或攻击的影响，并将性能保持在或恢复到一个可接受水平，且维持一段可接受时间周期的本领。韧性可以通过体系受攻击时能力降级的程度和时间长短来度量。体系韧性越好，降级越小，降级持续的时间周期也越短。

4) 可演化性(evolvability)

可演化性衡量体系适应新需求的能力，具体指体系整合所需的设计变更以适合随时间发展而出现的新需求，同时维持一定的与新的演化基线需求相关的鲁棒性的本领。体系可演化性可以通过体系转换的累积费用、工程复杂性和人力成本来度量。体系可演化性评估时需要考虑不同时间节点下的多组需求场景(如2020，2030，2045等)。可演化性进一步可以分解为互操作性、易更改性、可扩展性、恢复性、灵活性等指标。

基于以上体系质量特征指标分析，对军事领域的体系需要重点研究以下两方面的特性。

1) 体系适应性和成熟度

体系作为一类复杂巨系统，任务多样、所处的环境也比较复杂，体系经常会遇到任务变化、环境变化、威胁变化等情况。体系的适应性评估衡量体系调整自身以适应任务和环境变化的能力。体系适应变化的方式既包括改变体系自身的组成结构、信息流程，也包括提升体系的性能等。体系运行模式是相对固定的，在面向不同需求和任务时，体系会切换到更加适合的运行模式。体系支持的运行模式数、识别应该选择什么样的模式以及快速切换到所需模式的能力，可以用体系的成熟度来衡量。从成熟度的角度度量体系的适应性水平，对评判体系的灵活性等整体能力，有重要意义。

2) 体系韧性

韧性与可靠性、抗毁性有联系又有区别。可靠性强调系统无故障运行的时间，抗毁性强调通过预先设计来应对系统威胁，而韧性强调通过自适应调整机制来应对系统故障和威胁，所以说韧性综合了可靠性、抗毁性、鲁棒性、灵活性等设计要求。

系统韧性是指系统在复杂多变的对抗环境下(攻击、失效和偶然事件等)，通过动态调整，提供持续服务，保障任务完成的能力。韧性系统有如下的主要特征。

(1) 主动性(activeness)：系统主动预防和阻止攻击能力。

(2) 识别性(recognition)：系统识别能力，即系统识别攻击和受损程度的能力。

(3) 恢复性(recovery)：在受到攻击时保持核心服务，在攻击后恢复所有服务的能力。

(4) 适应/演进性(adaptation/evolution)：根据受攻击的经验而改进系统生存能力的策略。

体系韧性对体系能力发挥也是至关重要的，由于体系相对系统而言有更多不一样的特性，因此体系韧性的概念、内涵、评估指标和方法也有很大不同。

2.2 体系能力描述

2.2.1 体系能力的规范化描述模型

根据体系能力概念模型,可以把体系能力描述成一个多元组。

定义 2.4 体系能力是一个如下四元组:

$$\text{CAP}_{\text{SoS}} = \langle \text{mission}, \text{cons}, E, R \rangle \tag{2.2.1}$$

各元素具体解释如下。

(1) mission 表示体系要完成的使命任务。

(2) cons 表示体系能力运行或发生作用的环境条件和约束。

(3) $E = \langle S_{\text{cap}}, S_{\text{act}}, S_{\text{attr}}, S_{\text{ind}}, S_{\text{res}}, S_{\text{pfm}} \rangle$ 表示体系能力相关要素的多元组,其中,$S_{\text{cap}} = \{\text{cap}_l \mid l = 1, 2, \cdots, N_C\}$ 是能力的集合,$S_{\text{act}} = \{\text{act}_i \mid i = 1, 2, \cdots, N_A\}$ 是活动的集合,$S_{\text{attr}} = \{\text{attr}_j \mid j = 1, 2, \cdots, N_E\}$ 是活动属性集合,$S_{\text{ind}} = \{\text{ind}_k \mid k = 1, 2, \cdots, N_I\}$ 是能力度量指标的集合,$S_{\text{res}} = \{\text{res}_r \mid r = 1, 2, \cdots, N_R\}$ 是资源集合,$S_{\text{pfm}} = \{\text{pfm}_p \mid p = 1, 2, \cdots, N_P\}$ 是执行者集合。

(4) $R = \langle C_{\text{CA}}, C_{\text{AE}}, C_{\text{EI}}, C_{\text{AR}}, C_{\text{AP}} \rangle$ 是要素之间关系的描述,其中,$C_{\text{CA}} = (f_{li})_{N_C \times N_A}$ 表示能力与活动之间的映射关系,当 act_i 支持能力 cap_l 时,$f_{li} = 1$,否则 $f_{li} = 0$;$C_{\text{AE}} = (a_{ij})_{N_A \times N_E}$ 表示活动与属性之间的关联关系,当属性 attr_j 用于描述活动 act_i 时,$a_{ij} = 1$,否则 $a_{ij} = 0$;$C_{\text{EI}} = \left(C_{\text{EI}}^{(l,i)}\right)_{N_C \times N_A}$ 描述"能力-活动-属性-指标"之间的关系,对映射到能力 $\text{cap}_l (l = 1, 2, \cdots, N_C)$ 和活动 $\text{act}_i (i = 1, 2, \cdots, N_A)$,该活动对应一组属性且每项属性都关联一组度量指标,用矩阵 $C_{\text{EI}}^{(l,i)} = \left(b_{jk}^{(l,i)}\right)_{N_E \times N_I}$ 描述,$b_{jk}^{(l,i)}$ 被用来度量活动 act_i 关联到能力 cap_l 时活动属性 attr_j 对指标 ind_k 的要求;根据分析需要,$b_{jk}^{(l,i)}$ 可以是一个量化的值,也可以是一个向量,表示在多个时间节点上的要求;$C_{\text{AR}} = (h_{ij})_{N_A \times N_A}$ 表示活动与活动间的资源关联关系,h_{ij} 表示活动 act_i 执行时输出到活动 act_j 的资源数量,$h_{ij} \geq 0$ 是一个 N_R 维向量;$C_{\text{AP}} = (u_{ip})_{N_A \times N_P}$ 表示活动与执行者之间的关联关系,当活动 act_i 的执行需要执行者 pfm_p 参与时 $u_{ip} = 1$,否则 $u_{ip} = 0$。

2.2.2 能力关系建模

体系核心能力之间存在着多种关系，包括：能力的泛化关系、能力分解关系(整体部分关系)、能力依赖/影响关系、能力包含关系、资源冲突关系、执行冲突关系等。基于前面体系能力的规范化描述，可以对这些关系进行分析。本节不特别说明时，能力都是指核心能力，而不是指体系的质量特征。

1) 体系能力分解关系

体系能力的分解关系描述能力之间的整体-部分关系。基于体系使命任务分解、任务与活动的映射及活动的分解，可以建立体系能力的分解关系。

体系要完成一定的使命任务，因此针对每一项任务，体系都要有完成该任务的能力，这样根据可能的任务可以确定体系的最高层能力。

每项任务可以分解为一系列作战活动/业务活动，对每项作战活动，体系都要遵循一定的准则或约束，在一定资源的支撑下，完成一系列子活动，并产生预先计划的输出，因此每项作战活动对应着一项体系作战能力。

对作战活动进一步分解分析，可以得到支撑作战活动完成需要实施的信息活动，与作战活动类似，每一项信息活动对应着一项体系的信息能力。分解信息活动直至一定的粒度，则可以得到对应的层次化的体系能力。

上述分析过程示意如图 2.3 所示。

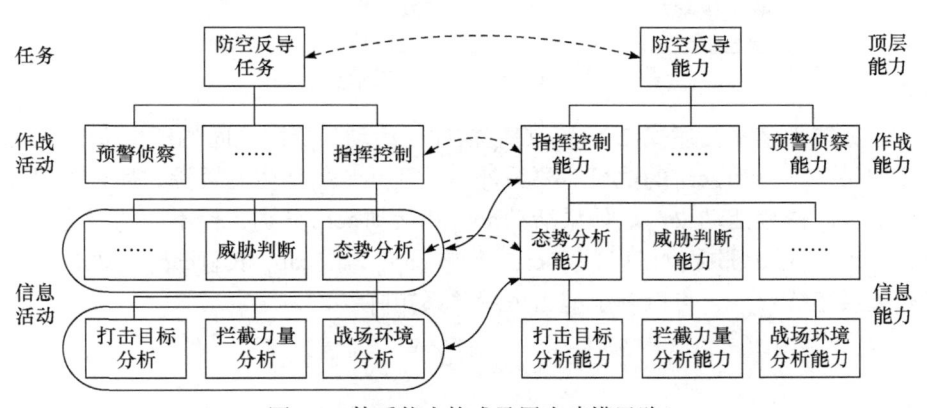

图 2.3 体系能力构成及层次建模思路

可以按照如下所示的步骤来分析体系能力的分解关系。

(1) 对体系的使命进行分解，细化为子任务、活动、子活动(不妨以 IDEF0 方法进行描述)。为了描述方便，把使命任务、子任务、活动、子活动统称为活动，那么可以建立一棵以使命任务为根节点的活动树。

(2) 若活动集合为 $S_{act} = \{act_i\}$，可以将活动分解关系记为 $C_{AA} = (g_{ij})_{N_A \times N_A}$，$g_{ij} = 1$ 表示 act_i 是 act_j 的父活动，$g_{ij} = 0$ 表示 act_i 与 act_j 没有分解关系。

(3) 对每一项活动 act_i，建立一项对应的能力 cap_i，那么能力之间的分解关系矩阵 $C_{CC} = C_{AA}$。

需要指出的是，按照上述方法确定的能力集，由于活动分解粒度的原因，最底层的子能力没有活动与其对应。

2) 体系能力依赖关系

能力依赖关系是指一项能力 cap_B 的执行依赖另一项能力 cap_A 的执行结果，也可以说能力 cap_A 影响能力 cap_B，如图 2.4 所示。图中，带箭头虚线表示能力依赖关系，(箭首)能力依赖于(箭尾)能力。

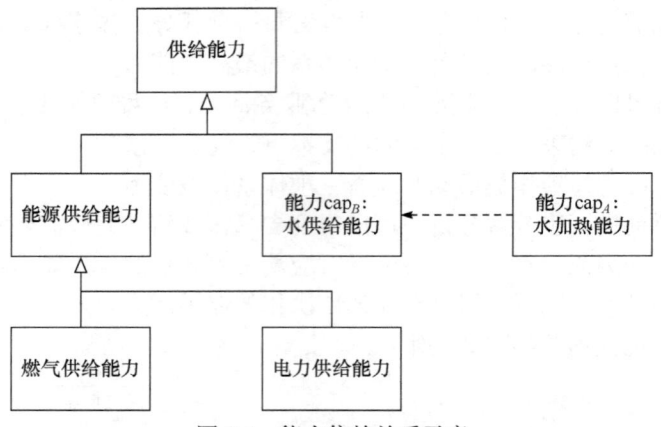

图 2.4 能力依赖关系示意

根据能力定义描述式(2.2.1)，C_{AR} 描述了活动与资源之间的产生/消耗关系，因此如果一项活动 act_B 的执行需要另外一项活动 act_A 产生的资源，那么就可以认为活动 act_B 依赖活动 act_A。如果活动 act_A 和活动 act_B 分别支持不同的能力，假设为 cap_A 和 cap_B，那么就可以判定 cap_A 影响 cap_B，或 cap_B 依赖 cap_A。根据活动与资源关系矩阵 C_{AR}，可以确定能力依赖关系矩阵：

$$C_{\text{depend}} = (d_{ij})_{N_c \times N_c}$$

其中

$$d_{ij} = \sum_{k=1}^{N_A} \sum_{l=1}^{N_A} g_{ik} g_{jl} h_{kl}$$

$$C_{\text{depend}} = C_{CA} C_{AR} C_{CA}^{\text{T}}$$

3) 体系能力包含关系

能力包含关系指的是一项能力完全被另一项能力所覆盖。能力包含关系与能力分解关系是不同的。从支撑的活动角度看，能力包含是指活动集合的包含，而能力与子能力定义时采用的活动集是不同的，因此不能用于定义包含关系。基于活动的能力包含关系示意如图 2.5 所示。

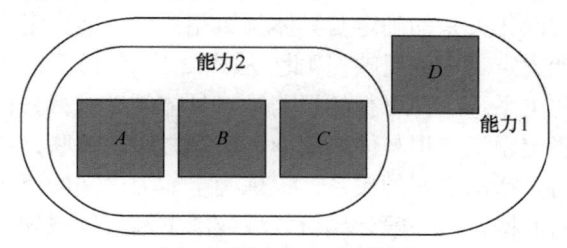

图 2.5 能力包含关系示意

根据式(2.2.1)的体系能力定义，支持一项能力的活动由 C_{CA} 的相应行向量表示，那么定义能力包含关系矩阵 $C_{\text{include}} = (s_{ij})_{N_c \times N_c}$，具体为

$$s_{ij} = \begin{cases} 1, & (f_{i1}, f_{i2}, \cdots, f_{iN_A}) < (f_{j1}, f_{j2}, \cdots, f_{jN_A}) \\ 0, & \text{其他} \end{cases}$$

显然 $s_{ij} = 1$ 表示能力 cap_j 包含能力 cap_i。

4) 体系能力相关关系

能力相关关系是指能力在定义上有关联，但是两者之间并没有绝对的影响依赖关系或包含关系。同样可以根据能力对应的活动集合来分析能力的相关关系，如图 2.6 所示。

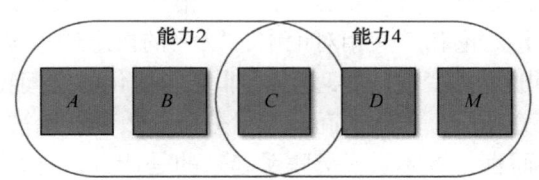

图 2.6 能力相关关系示意

如果两项能力对应的活动集合的交集非空，那么两项能力就是相关的。两项能力对应的活动集合可以矩阵 C_{AC} 的行向量表示，集合非空则对应了两个向量的内积为正。因此，能力的相关关系矩阵可以定义为

$$C_r = (r_{ij})_{N_c \times N_c} = C_{CA} C_{CA}^{T}$$

2.2.3 体系能力建模的难点

在体系能力建模中有很多难点问题，下面对两个重要方面进行说明。

1) 体系能力泛化关系建模

体系能力泛化关系是指能力之间的抽象与特例关系，通常描述一项能力是另

一项能力的一种特例。体系能力的所有泛化关系可以构成一棵能力树,根节点是最抽象、最一般化的能力描述,叶子节点代表各种特殊环境条件和场景下的能力。

体系能力之间泛化关系的确定与具体领域相关,与能力定义也相关,通常是领域知识在体系能力定义中的反映,因此,从式(2.2.1)的体系能力规范化描述中难以得到能力的泛化关系。一种可行的思路是对具体领域进行分析,建立领域知识图谱,并进一步确定领域知识与体系能力、活动之间的关联,这样组合领域知识之间的关系及能力、活动之间的关系,提炼确定能力之间的泛化关系。

领域知识图谱的构建与一般计算机领域或图书情报领域知识图谱构建有所不同。一般领域知识图谱构建是根据公开的领域知识,如著作、论文、网页、标准等,挖掘建立它们之间的关系,形成领域知识及关联关系。在军事领域,很大一部分知识并不是显式地以论文、著作、网页的形式存在的,而是隐式地存在于领域专家脑海中,因此,如何把专家的隐性知识以一种有效的方式转化为显性知识,并建立知识之间的关联,形成领域知识图谱,是构建能力泛化关系的关键,也是能力泛化关系分析的难点。

2) 体系能力空间建模

体系能力建模的另一个难点是从能力空间角度对体系能力的全局状态进行分析和应用。体系能力空间建模和分析的数学基础理论缺乏,但可以与物理学领域进行类比。经典物理学的研究对象一般是离散的对象,这些对象之间的相互作用通过"力"联系起来,如天体运动中借助重力把对象之间的运行规律描述出来,并进一步开展相关的分析、研究和运用,其中用到了微积分等数学知识;在爱因斯坦物理学的狭义相对论和广义相对论中,"力"的概念进一步拓展,把传统的三维物理空间扩展到随重力变化的物理空间(非均匀变化的空间),这样仅仅微积分知识就不够了,微分几何、非欧空间、张量分析等数学理论被用于爱因斯坦物理学的研究。对体系而言,将体系成员联系起来的是什么,能力还是信息力?假设是能力,那么体系的多维能力空间如何描述和建模?能力空间有何特征、有什么特性规律、有哪些不变量?如何设计具备一定特性的能力空间?如何基于能力空间分析体系的演化路径?等等。这些问题都需要创新的数学理论的支持才能展开研究。

2.3 面向效果的体系能力评估

2.3.1 体系能力评估方法概述

体系能力评估主要涉及评估指标、指标权重系数及评估方法等方面。传统的体系能力评估常用三种方法,即数学解析计算法、基于历史数据和实验的统计评估方法、计算机仿真分析评估方法[1,2]。这些方法对解决传统的能力评估问题起到了一定的效果，但随着作战样式的转变，传统的能力评估框架无法描述体系的复杂性特征。

体系规模越来越庞大、关系越来越复杂，体系能力评估面临许多新的困难与挑战[3]：①评估理念方面，固有用于评价的综合指标与体系能力的生成机理不符，应该采用什么样的理念，才能正确反应体系的特征？②评估方法方面，体系的复杂性特征使很多常规指标变得不适用，无法描述体系能力的整体涌现性和动态演化性；③评估平台方面，体系建模的困难性，能力指标分析与设计涉及多个学科领域，如何建设一个满足体系能力评估要求的平台？

面对以上困难与挑战，研究人员在体系能力评估上进行创新和尝试，已取得很多重要的成果。伍文峰针对体系能力的复杂特性，分析传统能力评估框架的不足，构建了一种基于大数据的网络化作战体系能力评估框架[4]。Biltgen 基于能力的思想，聚焦能力、面向对象，提出针对体系中应用的多项技术的评价方法——SOCRATES 方法[5]；裴东等基于证据网络的建模，可在很大程度上处理空间信息支援体系能力评估中各种模糊、不确定的信息[6]。

我国科研人员对体系能力评估的研究，多集中于武器装备体系上，所以在该领域的研究资料较为丰富。胡剑文以武器装备体系能力为背景，基于探索性分析方法，研究武器装备体系能力指标的概念、模型等[7]。罗鹏程针对传统解析法存在的评估缺陷，提出了一种基于指标聚合关系的作战能力评估框架[8]。芦荻以作战网络反映武器装备的交互信息，基于作战环的思想和信息熵的概念，评估反导装备体系作战网络的能力[9]。曹强等基于复杂网络理论，利用矩阵分析装备间关系，对装备网络能力进行评估[10]。

体系能力评估是对体系执行活动能够达到的各种效果的总体衡量，涉及能力、活动、属性和度量(能力指标)等多要素，其中体系能力通常分为多个能力类，每一类能力反映了体系重要和不可或缺的能力特性；活动是实现能力必须实施的行为；体系目标具体化的期望效果可以进一步落实到活动执行的效果要求上，这些要求需要用活动属性来表示，并用属性关联的度量来进行衡量。

体系能力评估分为两种方式：本征能力测度评估和任务能力测度评估。在体系规划、论证和验收阶段，难以区分各项能力活动的相对重要性，此时应开展本征能力测度评估，在各项能力活动重要性相同的情况下，均衡考量能力活动需要达到的效果，并进行综合，得出体系能力评估结论。本征能力测度评估反映的是体系能力的基本水平。能力部署之后，不同的任务背景，能力发挥的作用和效果也不同，此时应开展任务能力测度评估，各项能力活动的权重(重要性)根据任务需求、按照效果等级模型定义，考量能力活动达到的实际效果是否和任务需求一致。任务能力测度评估反映了特定任务下体系能力的实际水平。

本征能力测度评估和任务能力测度评估的思路基本一致，即首先根据能力指标等级评定表确定表征能力相应度量的等级，以消除度量量纲不同的影响，然后统计度量等级的分布情况来综合评估能力水平。两种评估方式的主要区别在于是否采用加权方式统计度量等级分布。权重体现了任务背景对能力度量指标的不同要求。本征能力测度评估方法是任务能力测度评估在所有指标权重相同时的特例。在活动属性度量等级评定表的基础上，研究提出图2.7所示的体系能力评估方法。

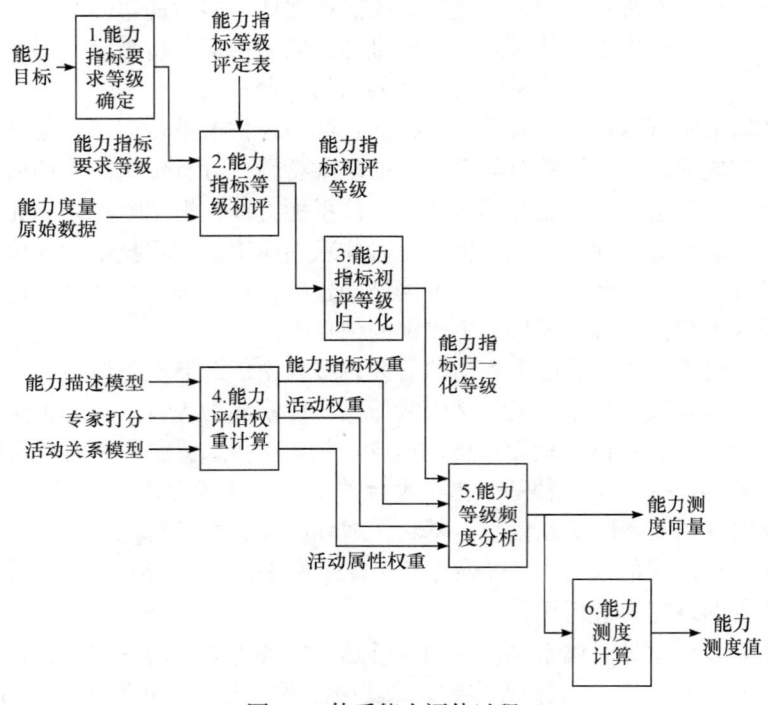

图 2.7 体系能力评估过程

2.3.2 基于效果的体系能力评估过程

为了表述的准确性，在体系能力规范化描述基础上，对问题边界及涉及的要素做出假设。能力活动集合可记为 $S_{\text{act}} = \{\text{act}_i \mid i=1,2,\cdots,N_A\}$，活动属性集合可记为 $S_{\text{attr}} = \{\text{attr}_j \mid j=1,2,\cdots,N_E\}$，度量（简称为能力指标）集合可记为 $S_{\text{index}} = \{\text{index}_k \mid k=1,2,\cdots,N_I\}$。假设共有 L 个能力指标等级，分别是等级1、等级2、$\cdots$、等级 L。

1) 能力指标要求等级确定

对能力指标集合中的每项指标，根据评估需要确定对各能力指标等级的要求，

记为 $R = (r_1, r_2, \cdots, r_{N_I})$，其中，$r_k \in \{1, 2, 3, \cdots, L\}$，$k = 1, 2, \cdots, N_I$。

2) 能力指标等级初评

对每项能力活动的每个能力指标，评估分析人员根据能力指标说明、目标描述和指标值(量化值或定性描述值，这些值可以来自统计、仿真、专家评定等)，以及能力指标等级评定表，确定能力指标取值的等级初评分，用向量 $S = (s_1, s_2, \cdots, s_{N_I})$ 表示，其中，$s_k \in \{1, 2, \cdots, L\}$，$k = 1, 2, \cdots, N_I$。

3) 能力指标等级归一化

根据评估对能力指标的等级要求，对能力指标初评等级进行折算，得到归一化的能力指标等级 $U = (u_1, u_2, \cdots, u_{N_I})$。归一化思路如图 2.8 所示。

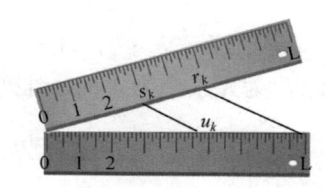

图 2.8 能力指标等级归一化思路示意

归一化公式具体为

$$u_k = \begin{cases} \min\left\{L, \dfrac{s_k(L-1) - L + r_k}{r_k - 1}\right\}, & r_k > 1 \\ L, & r_k = 1 \end{cases}, \quad k = 1, 2, \cdots, N_I$$

4) 能力指标权重计算

这里对基于重要度法的指标权重确定方法进行说明。

首先为能力对应的活动分别确定一个重要程度，明确各活动是关键活动、一般活动还是辅助活动，如分别以 5 表示关键活动(记为 A)、3 表示一般活动(记为 B)、1 表示辅助活动(记为 C)、0 表示活动与能力不关联，用 $Z = (z_1, z_2, \cdots, z_{N_A})$ 表示能力活动的重要度向量，$z_i \in \{0, 1, 3, 5\}$，$i = 1, 2, \cdots, N_A$。

其次，对能力、活动、活动属性、能力指标之间的关系进行描述。每项活动 $\text{act}_i (i = 1, 2, \cdots, N_A)$ 对应一组活动属性，活动与活动属性之间的关联用矩阵 $C_{\text{AE}} = (a_{ij})_{N_A \times N_E}$ 表示。活动属性 attr_j 被用来度量活动 act_i，a_{ij} 取值为 5、3、1 时表示活动属性的重要度为极度重要(记为 A)、一般重要(记为 B)和相对重要(记为 C)，$a_{ij} = 0$ 表示活动属性与活动不相关，$i = 1, 2, \cdots, N_A$，$j = 1, 2, \cdots, N_E$；每一项活动 $\text{act}_i (i = 1, 2, \cdots, N_A)$，其每一个活动属性都对应一组指标，用矩阵 $C_{\text{EI}}^{(i)} = \left(b_{jk}^{(i)}\right)_{N_E \times N_I}$ 描述，指标 index_k 被用来度量活动 act_i 的活动属性 attr_j 时，根据能力指标的重要度等级，即极度重要(记为 A)、一般重要(记为 B)、相对重要(记为 C)，$b_{jk}^{(i)}$ 分别取值 5、3、1，能力指标与活动属性不相关时 $b_{jk}^{(i)} = 0$，$j = 1, 2, \cdots, N_E$，$k = $

$1,2,\cdots,N_I$。

记各能力指标的权重向量为 $W=\left(w_1,w_2,\cdots,w_{N_I}\right)$，$W$ 的计算方式如下。

(1) 根据能力指标 index_k 相对活动 act_i 的属性 attr_j 的重要度 $b_{jk}^{(i)}$，计算归一化权重为

$$\hat{b}_{jk}^{(i)} = \frac{b_{jk}^{(i)}}{\sum_{t=1}^{N_I} b_{jt}^{(i)}}$$

式中，$i=1,2,\cdots,N_A$；$j=1,2,\cdots,N_E$；$k=1,2,\cdots,N_I$。

记 I_x 为元素全为 1 的 x 维列向量($x \geqslant 1$)，则

$$\hat{C}_{\text{EI}}^{(i)} = \left[\text{diag}\left(C_{\text{EI}}^{(i)} I_{N_I}\right)\right]^{-1} C_{\text{EI}}^{(i)}$$

式中，$i=1,2,\cdots,N_A$，$\text{diag}(\cdot)$ 为根据列向量或行向量生成对应对角线矩阵的函数，$\left[\text{diag}\left(C_{\text{EI}}^{(i)} I_{N_I}\right)\right]^{-1}$ 表示矩阵 $\text{diag}\left(C_{\text{EI}}^{(i)} I_{N_I}\right)$ 的逆矩阵。

(2) 根据活动属性 attr_j 相对活动 act_i 的重要度 a_{ij}，计算归一化权重为

$$\hat{a}_{ij} = \frac{a_{ij}}{\sum_{t=1}^{N_E} a_{it}}$$

式中，$i=1,2,\cdots,N_A$；$j=1,2,\cdots,N_E$。

即

$$\hat{C}_{\text{AE}} = \left[\text{diag}\left(C_{\text{AE}} I_{N_E}\right)\right]^{-1} C_{\text{AE}}$$

(3) 计算能力指标 index_k 相对活动 act_i 的权重为

$$p_{ik} = \sum_{t=1}^{N_E} \hat{a}_{it} \hat{b}_{tk}^{(i)}$$

式中，$i=1,2,\cdots,N_A$；$k=1,2,\cdots,N_I$。

记 e_i 为第 i 个元素为 1 其余为 0 的 N_A 维列向量，则

$$P = \sum_{i=1}^{N_A} \text{diag}(e_i) \hat{C}_{\text{AE}} \hat{C}_{\text{EI}}^{(i)}$$

(4) 根据活动 act_i 相对能力的重要度 z_i，计算归一化权重为

$$\hat{z}_i = \frac{z_i}{\sum_{t=1}^{N_A} z_t}$$

式中，$i=1,2,\cdots,N_A$。

即

$$\hat{Z} = \frac{1}{ZI_{N_A}}Z$$

(5) 计算能力指标 index_k 相对能力的权重为

$$w_k = \sum_{i=1}^{N_A}\hat{z}_i p_{ik}$$

式中，$k=1,2,\cdots,N_I$。

即

$$W = \hat{Z}P$$

5) 能力等级频度分析

经过归一化后得到的能力指标等级存在非整数等级的情况(等级转化折算造成的)，因此在将能力指标等级向量转化为频度向量时，定义函数如下：

$$\varphi(x,y) = \begin{cases} 1, & x \in [y-0.5, y+0.5) \\ 0, & x \notin [y-0.5, y+0.5) \end{cases}$$

记能力等级频度向量 $V=(v_1,v_2,\cdots,v_L)$，统计 $U=(u_1,u_2,\cdots,u_{N_I})$ 中值在区间 $[1,1.5),[1.5,2.5),\cdots,[L-0.5,L]$ 的各个分量对应权重的和，得到 V 各个分量为

$$v_m = \sum_{k=1}^{N_I} w_k \varphi(u_k, m)$$

式中，$m=1,2,\cdots,L$。

进一步得到能力等级频度向量为

$$V = \left(\sum_{k=1}^{N_I}w_k\varphi(u_k,1), \sum_{k=1}^{N_I}w_k\varphi(u_k,2), \cdots, \sum_{k=1}^{N_I}w_k\varphi(u_k,L)\right)$$

记

$$\Phi(U) = \begin{bmatrix} \varphi(u_1,1) & \varphi(u_1,2) & \cdots & \varphi(u_1,L) \\ \varphi(u_2,1) & \varphi(u_2,2) & \cdots & \varphi(u_2,L) \\ \vdots & \vdots & & \vdots \\ \varphi(u_{N_I},1) & \varphi(u_{N_I},2) & \cdots & \varphi(u_{N_I},L) \end{bmatrix}$$

则 $V = W\Phi(U)$。

能力等级频度分布向量反映了能力指标等级水平的总体分布情况，从中可以观察到不同等级水平的能力指标占总能力指标数的(权重)比例。

基于能力等级频度分布向量，选取占比最高的等级作为该能力的测度值，记为 EV，即

$$\mathrm{EV} = \max_{m \in \{1,2,\cdots,L\}} \{m \mid v_m = \overline{v}\}$$

其中

$$\overline{v} = \max_{m \in \{1,2,\cdots,L\}} \{v_m\}$$

能力测度值反映了占比最高的能力指标等级水平，是对能力总体水平的近似表达。

2.3.3 面向效果的体系能力优势度和劣势度分析

下面借用误差理论中的粗大误差识别方法，提出体系能力的优势度和劣势度分析方法。对比分析两次评估的结果，可以计算体系能力提升或下降的程度。

1) 能力优势度和劣势度计算

当能力指标数较多时，能力等级频度分布向量不能反映单项能力指标等级的显著变化。为反映优势能力指标和劣势能力指标的比率，基于能力等级频度分布向量，定义能力优势度和劣势度。

定义 2.5 给定优势能力指标等级阈值 θ_t 和劣势能力指标等级阈值 θ_b，定义能力优势度 α_t 为

$$\alpha_t = \sum_{u_k > \theta_t, 1 \leqslant k \leqslant N_I} w_k$$

式中，w_k 的定义同上节。

定义能力劣势度 α_b 为

$$\alpha_b = \sum_{u_k < \theta_b, 1 \leqslant k \leqslant N_I} w_k$$

能力优势度指标反映能力指标中等级水平高的指标数占所有指标数的比例，劣势度指标反映能力指标中等级水平低的指标占所有指标数的(权重)比例。优势度和劣势度反映体系能力指标中水平"好"或特别"差"的指标占总的能力指标的比例。优势度或劣势度高，则反映能力指标等级水平不太均衡。

阈值 θ_t 和 θ_b 可以根据能力指标等级的均值 μ 和均方根偏差 σ 得到，其中

$$\mu = \sum_{k=1}^{N_I} w_k u_k, \quad \sigma = \sqrt{\sum_{k=1}^{N_I} w_k (u_k - \mu)^2}$$

$$\theta_t = \mu + \sigma, \quad \theta_b = \mu - \sigma$$

2) 能力提升度和下降度计算

基于能力指标等级向量可以定义能力提升度和下降度,以反映能力总体水平的变化程度。给定参考的能力指标等级向量 $\tilde{u} = (\tilde{u}_1, \tilde{u}_2, \cdots, \tilde{u}_{N_I})$,$\tilde{u}_k \in \{1, 2, \cdots, L\}$,$k = 1, 2, \cdots, N_I$,能力等级提升阈值为 $\delta_t (\delta_t > 0)$,能力等级下降阈值为 $\delta_b (\delta_b > 0)$,待评的能力指标等级向量为 $u = (u_1, u_2, \cdots, u_{N_I})$,$u_k \in \{1, 2, \cdots, L\}$,$k = 1, 2, \cdots, N_I$。

定义 2.6 定义能力提升度 β_t 为

$$\beta_t = \sum_{u_k - \tilde{u}_k > \delta_t, 1 \le k \le N_I} w_k$$

定义 2.7 定义能力下降度 β_b 为

$$\beta_b = \sum_{\tilde{u}_k - u_k > \delta_b, 1 \le k \le N_I} w_k$$

提升度和下降度依据一定参考标准(体系能力的历史水平或未来期望的能力水平),判断超出/差离标准水平达一定程度的能力指标的比例,是对能力总体水平相对均衡性的侧面表达。

2.3.4 应用示例

1) 能力本征测度示例

对表 2.3 所列的能力-活动-效果-指标示例,假设已经根据所给出的 2025 年和 2030 年两个里程碑节点的指标值确定了相应的能力指标等级(表 2.3 中所示,假设能力指标评分等级分为 5 级)。

表 2.3 能力本征测度评估示例

序号	能力分类	能力名称	活动名称	活动属性	能力指标	能力指标值 2025 年	能力指标值 2030 年
1	战场感知能力	态势感知能力	探测获取	覆盖范围	陆海目标范围(距离和区域)	3	4
2	战场感知能力	态势感知能力	探测获取	覆盖范围	空中目标范围(距离、区域、高度)	4	4
3	战场感知能力	态势感知能力	探测获取	覆盖范围	天际目标范围(高度、区域)	3	4
4	战场感知能力	态势感知能力	跟踪监视	及时性	陆海目标数据更新周期/分钟	3	4

续表

序号	能力分类	能力名称	活动名称	活动属性	能力指标	能力指标值 2025年	能力指标值 2030年
5	战场感知能力	态势感知能力	跟踪监视	及时性	空中目标数据更新周期/秒	4	4
6	战场感知能力	态势感知能力	跟踪监视	及时性	天际目标数据更新周期/秒	2	3
7	战场感知能力	态势感知能力	跟踪监视	准确度	位置误差半径	2	4
8	战场感知能力	态势感知能力	跟踪监视	持续性	海上目标数据丢失率	2	3
9	战场感知能力	态势感知能力	跟踪监视	持续性	空中目标数据丢失率	4	4
10	战场感知能力	态势感知能力	跟踪监视	持续性	天际目标数据丢失率	5	5
11	战场感知能力	态势感知能力	数据融合	信息完整性	目标信息完整程度(已有属性数/必要属性数)	3	3
12	战场感知能力	态势感知能力	数据融合	信息可信度	目标信息可追溯程度(可追溯信息/信息总数)	4	4
13	战场感知能力	态势感知能力	数据融合	模型完整度	用标准模型识别目标的程度	2	4
14	战场感知能力	态势感知能力	情报侦察	信息可信度	可印证信息比例	4	4
15	战场感知能力	态势感知能力	情报侦察	信源关联性	结论与信源关联度	2	3
16	战场感知能力	态势感知能力	情报侦察	信息满足度	信息需求满足度	2	2
17	战场感知能力	态势感知能力	情报侦察	持续性	重大事件跟踪机制	3	3
18	战场感知能力	态势感知能力	情报侦察	持续性	情报数据积累机制	3	4
19	战场感知能力	态势感知能力	情报侦察	及时性	情报信息平均更新周期	2	3
20	战场感知能力	态势感知能力	情报侦察	表示一致性	目标标识唯一性	4	4

续表

序号	能力分类	能力名称	活动名称	活动属性	能力指标	能力指标值 2025年	能力指标值 2030年
21	战场感知能力	态势感知能力	情报侦察	表示一致性	符号表示一致性	5	5
22				服务就绪度	情报信息资源服务就绪程度	4	4
23			战略预警	报知准确度	预警中心报知的综合虚警率	2	3
24				持续性	可持续监视区域	3	4
25					不间断跟踪目标持续时间	3	3
26		战场环境感知能力	地理战场环境感知	信息完整度	地理信息需求满足程度	5	5
27				及时性	我方重点区域地理状态变化数据更新周期	5	5
28					非合作方重点区域地理状态变化数据更新周期	2	2
29				服务就绪度	地理信息资源服务就绪程度	4	4
30			气象水文感知	信息完整度	气象水文信息内容需求满足程度	3	4
31				及时性	我方气象水文数据更新周期	4	4
32					非合作方重点区域气象水文数据更新周期	2	3
33				服务就绪度	气象水文信息资源服务就绪程度	4	4
34			电磁战场环境感知	监视覆盖度	我方可监视范围	5	5
35					非合作方可监视范围	4	4

续表

序号	能力分类	能力名称	活动名称	活动属性	能力指标	能力指标值 2025年	能力指标值 2030年
36	战场感知能力	战场环境感知能力	电磁战场环境感知	及时性	电磁环境数据更新周期	4	4
37				服务就绪度	电磁信息资源服务就绪程度	4	4
38		传感器组网能力	传感网监控	信息完整度	传感网监控信息需求满足程度	3	3
39				及时性	传感网状态数据更新周期	3	4
40			传感网	……	……	4	4

依据 2.3.1 节的评估方法，计算得到各分能力在两个里程碑节点的本征测度如表 2.4 和表 2.5 所示。

表 2.4　分能力的本征测度评估结果(2025 年节点)

分能力	本征测度向量	总体评级
态势感知能力	(0,0.32,0.32,0.28,0.08)	3
战场环境感知能力	(0,0.167,0.083,0.5,0.25)	4
传感器组网能力	(0,0,0.67,0.33,0)	3

表 2.5　分能力的本征测度评估结果(2030 年节点)

分能力	本征测度向量	总体评级
态势感知能力	(0,0.04,0.32,0.56,0.08)	4
战场环境感知能力	(0,0.083,0.083,0.584,0.25)	4
传感器组网能力	(0,0,0.33,0.67,0)	4

三个分能力指标在 2 个时间节点评估值的对比如图 2.9～图 2.11 所示。

对三个分能力的本征测度向量求均值，得到战场感知能力的本征测度评估结果如表 2.6 和图 2.12 所示。

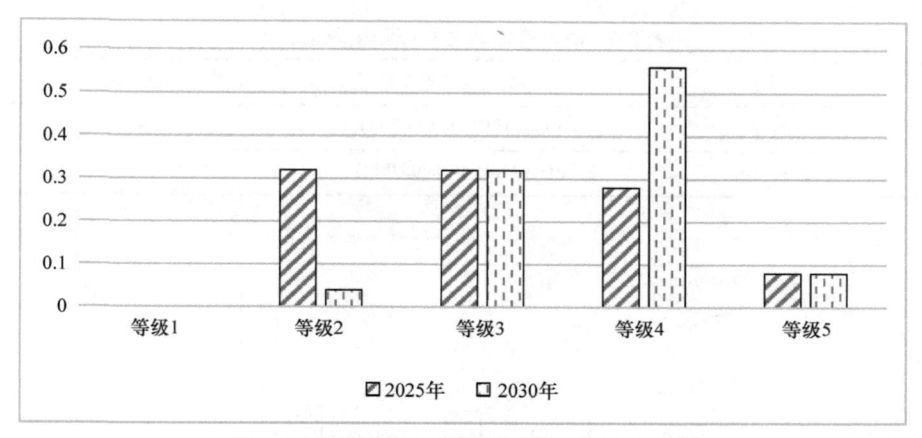

图 2.9　态势感知能力本征测度评估结果对比

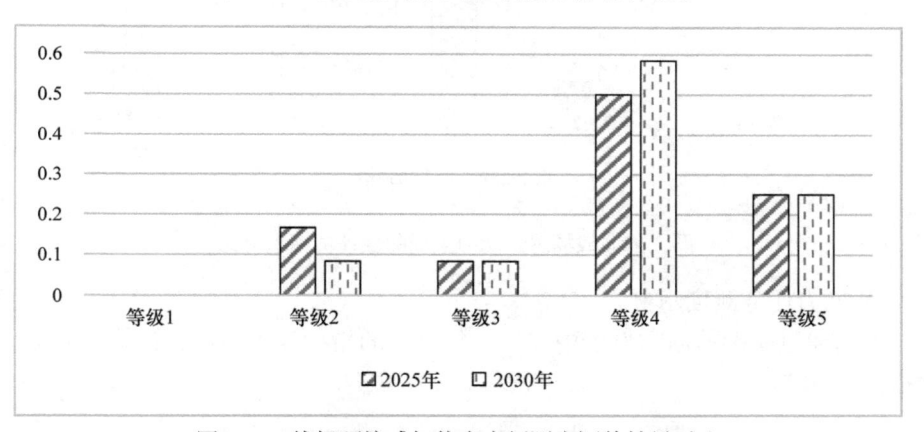

图 2.10　战场环境感知能力本征测度评估结果对比

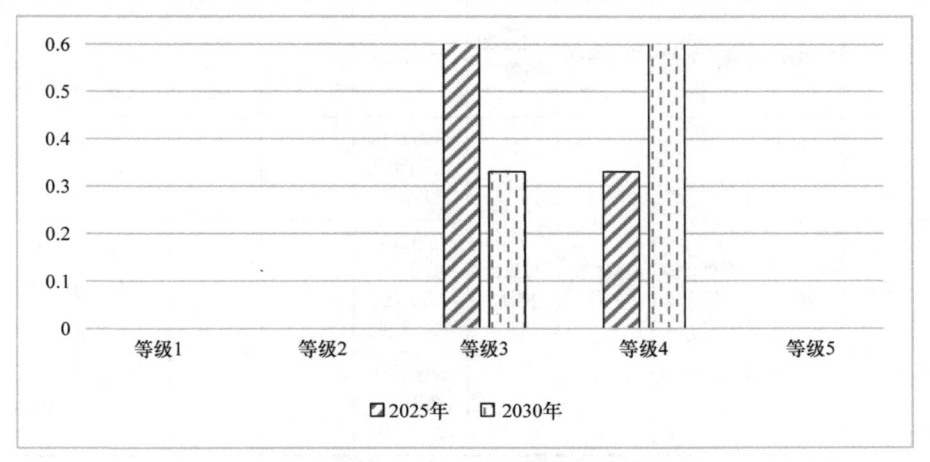

图 2.11　传感器组网能力本征测度评估结果对比

表 2.6 战场感知能力本征测度评估结果

时间节点	本征测度向量	总体评级
2025 年	(0,0.162,0.358,0.37,0.11)	4
2030 年	(0,0.041,0.244,0.605,0.11)	4

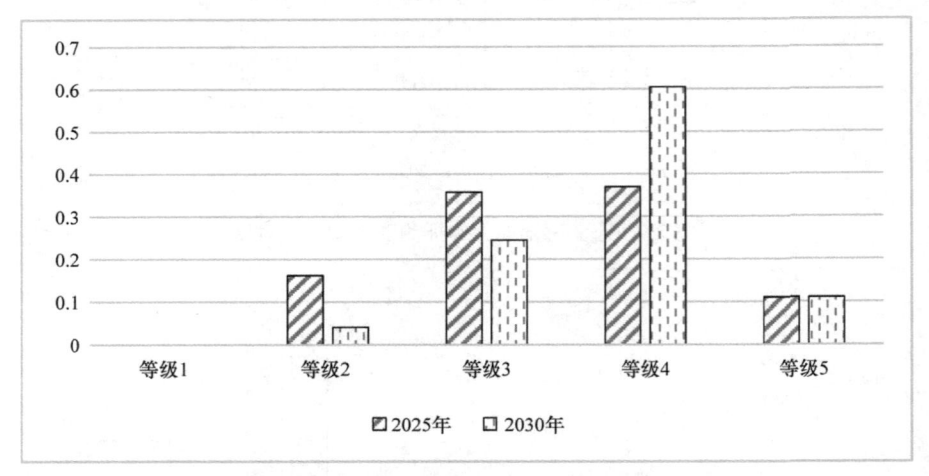

图 2.12 战场感知能力本征测度评估结果对比

2) 能力任务测度示例

下面通过明确前面的例子中 2025 年节点的指标等级要求，计算任务能力测度指标(表 2.7)。

表 2.7 任务能力测度评估示例

序号	能力分类	能力名称	活动名称	能力效果(属性)	能力指标	2025 年	要求等级	折算等级	综合权重
1	战场感知能力	态势感知能力	探测获取(A)	覆盖范围(A)	陆海目标范围(距离和区域)	3	5	3	0.079
2					空中目标范围(距离、区域、高度)	4	5	4	0.132
3					天际目标范围(高度、区域)	3	5	3	0.026

续表

序号	能力分类	能力名称	活动名称	能力效果(属性)	能力指标	能力指标值 2025年	要求等级	折算等级	综合权重
4	战场感知能力	态势感知能力	跟踪监视(A)	及时性(A)	陆海目标数据更新周期/分钟	3	5	3	0.031
5					空中目标数据更新周期/秒	4	5	4	0.051
6					天际目标数据更新周期/秒	2	3	3	0.010
7				准确度(A)	位置误差半径	2	4	2.33	0.092
8				持续性(B)	海上目标数据丢失率	2	3	3	0.018
9					空中目标数据丢失率	4	4	5	0.030
10					天际目标数据丢失率	5	5	5	0.006
11			数据融合(A)	信息完整性(C)	目标信息完整程度(已有属性数/必要属性数)	3	3	5	0.034
12				信息可信度(A)	目标信息可追溯程度(可追溯信息/信息总数)	4	3	5	0.034
13				模型完整度(C)	用标准模型识别目标的程度	2	3	3	0.170
14			情报侦察(B)	信息可信度(A)	可印证信息比例	4	5	4	0.030

续表

序号	能力分类	能力名称	活动名称	能力效果(属性)	能力指标	2025年	要求等级	折算等级	综合权重
15	战场感知能力	态势感知能力	情报侦察	信源关联性(B)	结论与信源关联度	2	5	2	0.018
16				信息满足度(C)	信息需求满足度	2	5	2	0.006
17				持续性(B)	重大事件跟踪机制	3	5	3	0.018
18					情报数据积累机制	3	5	3	0.018
19				及时性(A)	情报信息平均更新周期	2	5	2	0.030
20				表示一致性(B)	目标标识唯一性	4	5	4	0.007
21					符号表示一致性	5	5	5	0.011
22				服务就绪度(C)	情报信息资源服务就绪程度	4	5	4	0.006
23			战略预警(B)	报知准确度(A)	预警中心报知的综合虚警率	2	3	3	0.079
24				持续性(B)	可持续监视区域	3	4	3.67	0.048
25					不间断跟踪目标持续时间	3	3	5	0.016
26		战场环境感知能力	地理战场环境感知(B)	信息完整度(B)	地理信息需求满足程度	5	5	5	0.143
27				及时性(A)	我方重点区域地理状态变化数据更新周期	5	5	5	0.198

续表

序号	能力分类	能力名称	活动名称	能力效果(属性)	能力指标	2025年	要求等级	折算等级	综合权重
28	战场感知能力	战场环境感知能力	地理战场环境感知(B)	及时性(A)	非合作方重点区域地理状态变化数据更新周期	2	3	3	0.040
29				服务就绪度(C)	地理信息资源服务就绪程度	4	5	4	0.048
30			气象水文感知(C)	信息完整度(B)	气象水文信息内容需求满足程度	3	5	3	0.048
31				及时性(A)	我方气象水文数据更新周期	4	4	5	0.066
32					非合作方重点区域气象水文数据更新周期	2	3	3	0.013
33				服务就绪度(C)	气象水文信息资源服务就绪程度	4	4	5	0.016
34			电磁战场环境感知(B)	监视覆盖度(B)	我方可监视范围	5	5	5	0.119
35					非合作方可监视范围	4	4	5	0.024
36				及时性(A)	电磁环境数据更新周期	4	5	4	0.238
37				服务就绪度(C)	电磁信息资源服务就绪程度	4	4	5	0.048

续表

序号	能力分类	能力名称	活动名称	能力效果(属性)	能力指标	能力指标值 2025年	要求等级	折算等级	综合权重
38	战场感知能力	传感器组网能力	传感网监控(A)	信息完整度(B)	传感网监控信息需求满足程度	3	5	3	0.234
39				及时性(A)	传感网状态数据更新周期	3	5	3	0.391
40				传感网(B)	……(C)	……	4	5	4	0.375

计算得到各分能力的任务测度如表 2.8 所示。

表 2.8 分能力的任务测度评估结果

分能力	任务测度向量	总体评级
态势感知能力	(0,0.146,0.449,0.274,0.131)	3
战场环境感知能力	(0,0,0.101,0.285,0.614)	5
传感器组网能力	(0,0,0.625,0.375,0)	3

对比表 2.5 和表 2.8 可以看出,随着任务对能力指标等级要求的变化,其评估结果也变化,如战场环境感知能力的总体评级由 4 升为 5。三个分能力的本征测度与任务测度(2025 年节点)的比较如图 2.13～图 2.15 所示。

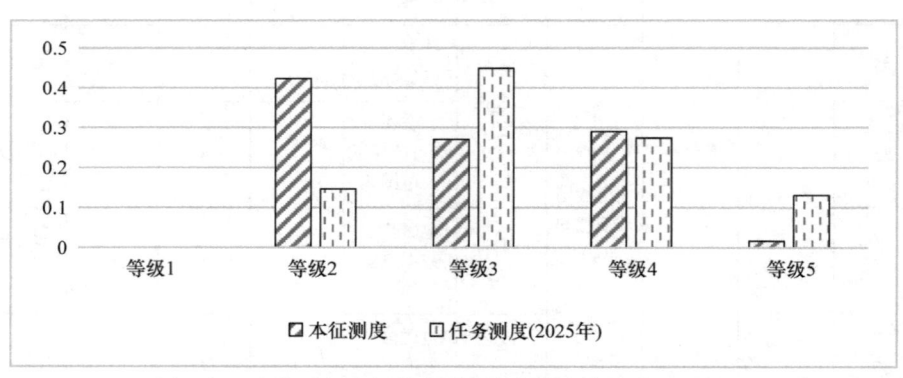

图 2.13 态势感知本征能力测度与任务测度评估结果对比

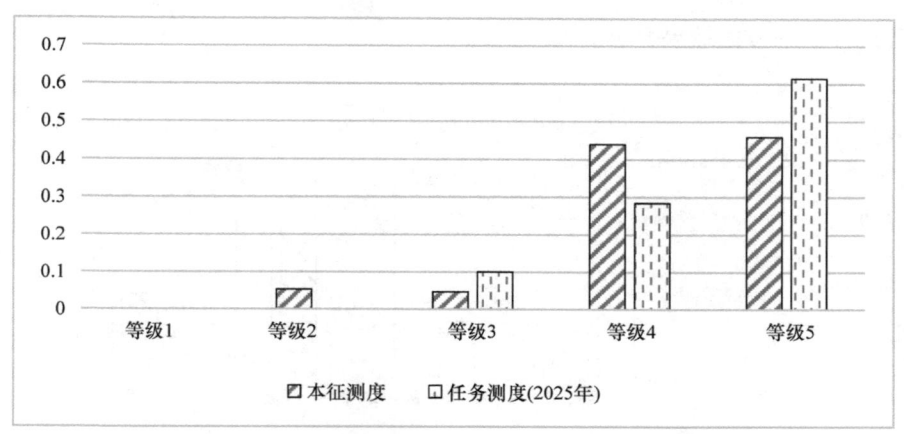

图 2.14 战场环境感知本征能力测度与任务测度评估结果对比

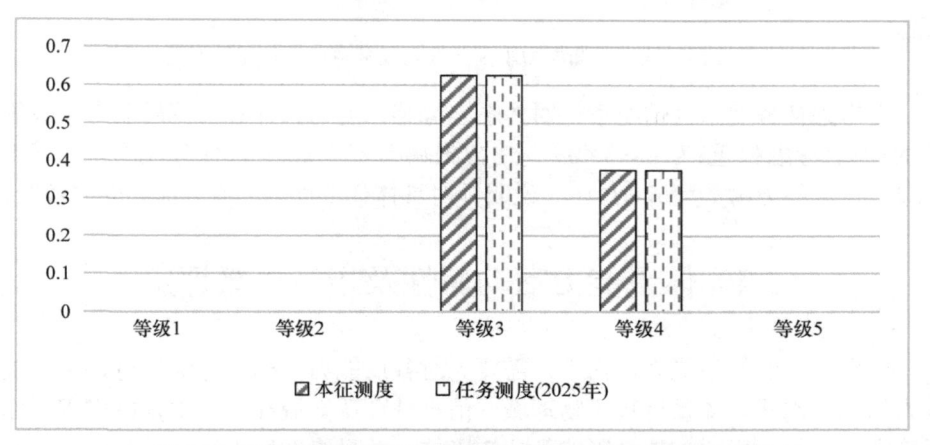

图 2.15 传感器组网本征能力测度与任务测度评估结果对比

综合三项分能力的任务测度，可得战场感知能力的任务测度为(0，0.049，0.392，0.311，0.248)，综合等级评定为 3。

对比任务测度与本征测度，如图 2.16 所示，任务测度整体等级水平升高，但采用单一量化值时，总体等级反而降低。

3) 能力优势度劣势度分析

在上面的例子中，对体系态势感知能力，计算能力指标等级分(2025 年)的均值为 $\mu = 3.12$，均方根偏差 $\sigma = 0.95163$，本征能力优势度 $\alpha = 0.08$，本征能力劣势度 $\beta = 0.32$。说明 2025 年体系能力指标中优势度指标不多，而劣势指标较多。对 2030 年节点的能力指标等级分，仍采用 2025 年节点指标等级分的均值和均方根偏差确定优势指标和劣势指标阈值，计算得到本征能力优势度 $\bar{\alpha} = 0.08$，本征能力劣势度 $\bar{\beta} = 0.04$。可见，相对 2025 年节点，2030 年节点所设计体系的能力在提高劣势指标水平方面效果显著。

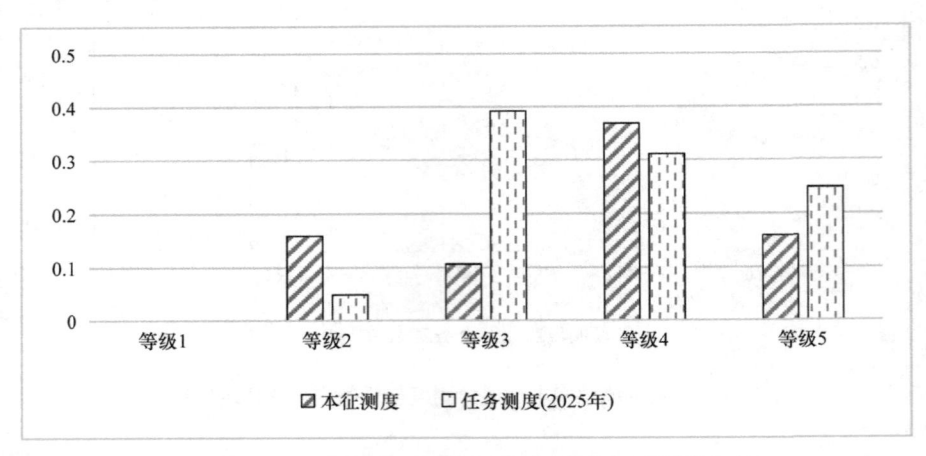

图 2.16　战场感知能力本征测度与任务测度评估结果对比

在考虑任务要求的情况下，对体系态势感知能力，计算折算后能力指标等级分的均值(考虑权重)为 $\mu = 3.405$，均方根偏差 $\sigma = 0.838$，任务能力优势度 $\alpha = 0.24$，任务能力劣势度 $\beta = 0.16$，说明针对具体任务而言，能力优势度比较明显。

2.4　体系能力活动属性及指标等级评定

面向效果的体系能力评估中，需要先对各项能力指标的等级进行评定，确定能力指标的水平。体系运行于物理域、信息域和认知域并在其中发挥作用。体系活动会带来物理影响、信息影响及认知影响，并最终在组织域、社会域等产生效果。下面先分析典型体系活动属性，然后区分多种情况给出指标等级评定的方法。

2.4.1　典型体系活动属性分类及度量

1) 活动属性确定的基本原则

在确定活动属性时，要注意把握以下原则。

(1) 简单性原则。确保活动属性的简单性。简单的活动属性只需要一个量度(如制定作战命令所用的小时数)，且对应用者来说可能是最易理解的。一个比较复杂的效果可能涉及比率(如被摧毁敌目标与己方损失的比率)。这种复杂的活动属性更有意义，但实际上往往反映了不止一项活动的作用(例如，被摧毁的敌目标数量与攻击敌目标有关，而己方损失与保护己方部队与系统有关)。

(2) 有效性原则。活动属性应反映活动对达成使命任务的作用。选择活动属性，是要基于使命的背景来确定指标。使命确立执行活动的需要，并提供活动执行的背景(包括活动必须在何种条件下执行)。它决定活动必须在何时与何地执行(一个或多个地点)。最后，它决定活动必须执行到何种程度，并且提供一种准确理解一项活动的执行对达成使命有何作用的方法。

(3) 灵敏性原则。活动属性应能灵敏地反映条件对活动执行的影响。考察在执行使命的过程中可能对活动执行产生不利影响的条件，可以为应予以衡量的活动执行的关键方面提供线索。

(4) 区分性原则。活动属性应能区别开多个执行程度。好的活动属性应能区别开多个执行程度，而不是一个两分化的活动属性。这通过使用绝对数值尺度(如适用于数量、时间或距离的绝对数值尺度)或相对尺度(如数量、时间或距离的比例)最容易做到。

(5) 结果优先原则。活动属性应聚焦于活动执行的结果或者聚焦于完成活动的步骤。

(6) 灵活度量原则。活动属性应设法利用绝对度量和相对度量两者的长处。绝对度量是那些从一个起点(通常是零)开始，衡量发生数量、时间长度或移动距离的指标。绝对度量的优点是执行的结果得到明确说明，缺点是(仅仅查看活动属性难免)缺乏关于任何特定值是否适当或足够的信息。相对度量是那些将特定值与总数进行比较的指标，常常表示为比例或百分比(如完成的百分比)。相对活动属性的优点是可以清楚表明活动的完成程度，主要缺点是不能说明在活动上所作努力的规模或范围。

2) 活动属性分类

体系典型活动属性分类研究思路如图 2.17 所示。首先分析活动在不同域中可能产生的影响及可能的效果。在此基础上，参考通用联合任务清单 UJTL 中各项任务的度量指标及描述方法，从时空维度(时间、空间)、内容维度(数据、信息、知识)、形式维度(比率、等级)和质量维度(一致性、正确性、合理性等)等方面入手进行效果分析，提出效果初始集，合并近似效果并分类，给出效果的定义和计算方法。

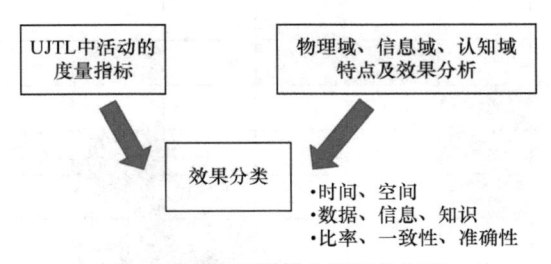

图 2.17 活动效果分类研究思路

在参考美军联合能力集成开发系统(joint capabilities integration and

development system，JCIDS)的能力与分类基础上，梳理提出能力活动属性，如表 2.9 所示。

表 2.9　体系能力的典型活动属性

能力分类 活动属性	兵力支持	战场感知	兵力运用	保障	指挥控制	网络中心	综合防护	建立合作	合作管理
可访问性					■				■
可追究性				■					
准确性	■	■	■	■	■				■
适应性	■	■	■						
敏捷性					■	■			
可获得性				■					
可审核性									■
可用性						■			
幅度，广度								■	
容量			■			■			
完整性					■				
全面性	■	■							
可控性									
可信性	■	■							
深度								■	
经济性									
效能					■		■		
效率									■
耐久性				■					
灵活性			■						
创新性		■							
一体化	■	■				■		■	
互操作性		■				■		■	
延迟					■				
可维护性									

续表

活动属性＼能力分类	兵力支持	战场感知	兵力运用	保障	指挥控制	网络中心	综合防护	建立合作	合作管理
机动性			■						
网络能力						■			
持续性	■	■	■						■
精度				■					
相关性					■	■			
可靠性			■	■	■				■
敏感性		■			■	■			
健壮性			■						
可扩展性			■						
安全性			■	■	■		■		■
简单性				■	■				
生存性	■	■	■				■		
可持续性									
可裁剪性									
吞吐量									
及时性	■	■	■		■				
理解力					■				
可用性								■	■
实用性							■		
速度				■	■				
可见性				■	■			■	

分析各项活动属性的具体内涵，可以将它们所度量的活动角度的不同分为以下几类。

(1) 时空维度效果。从时间、空间等方面描述活动处理对象或处理后对象特性的指标。

(2) 内容维度效果。对活动所处理内容的容量、范围的度量。

(3) 形式(作用)维度效果。对活动执行结果描述形式的度量，刻画执行结果作用的度量指标，如比率、等级等。

(4) 质量维度效果。对活动执行所获得结果质量的度量，如一致性、正确性、合理性、准确性等。

(5) 过程维度效果。度量活动执行过程好坏的指标。

分析表 2.9 中的活动属性，确定各活动属性的分类如表 2.10 所示。

表 2.10　能力活动属性的分类

属性	时空类	内容类	作用类	质量类	过程类
可访问性				是	
可追究性					是
准确性				是	
适应性			是		
敏捷性			是		
可获得性		是			
可审核性					是
可用性				是	
幅度，广度	是				
容量		是			
完整性				是	
全面性				是	
可控性					是
可信性				是	
深度	是				
经济性			是		
效能			是		
效率			是		
耐久性				是	
灵活性					是
创新性			是		
一体化			是		
互操作性					是
延迟	是				
可维护性				是	

续表

属性	时空类	内容类	作用类	质量类	过程类
机动性	是				
网络能力		是			
持续性	是				
精度	是				
相关性				是	
可靠性				是	
敏感性				是	
健壮性			是		
可扩展性				是	
安全性				是	
简单性				是	
生存性			是		
可持续性					是
可裁剪性				是	
吞吐量		是			
及时性	是				
理解力		是			
可用性				是	
实用性			是		
速度	是				
可见性				是	

3) 活动属性的度量方式分类

对时空维度活动属性，通常采用的度量是时间、距离、速度、面积、体积等，如小时、km、km/小时、平方公里等。有时也用种类进行简单度量。

对内容维度活动属性，主要从信息、数据等方面进行度量，如比特/s、GB、条、概率值等。

对形式(作用)维度活动属性，通常是用比率、等级等进行度量，也可用度量费用、资源等的万元、数量、重量等来刻画。

对质量维度活动属性主要用比率进行度量。

对过程维度活动属性，可以用比率指标进行度量，也可用时间进行度量。

4) 能力指标等级评定的基本思路

不同能力指标内涵不同，取值范围也各不相同，因此对能力指标进行等级评定，统一到一致的度量框架下，是开展后续能力综合评估的前提和基础。能力指标等级评定的基本过程如图 2.18 所示。从任务要求入手，建立任务要求、能力需求、效果要求和能力指标等级之间的关系，提出根据任务要求等级逐层映射到能力指标等级的方法，为建立能力指标等级评定表打下方法基础。其中可以依据典型作战样式，通过仿真试验建立能力指标与任务要求等级之间的关系。在上述过程中，根据任务和能力指标数量的不同，可以分别提出能力指标等级评定方法。

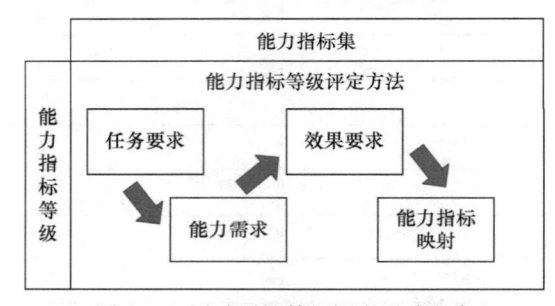

图 2.18 活动属性等级评定思路示意

2.4.2 单/多任务-单能力指标的等级评定方法

1) 单/多任务-单能力指标的等级评定方法

如果体系任务是唯一的，而且衡量体系能力活动的能力指标也是唯一的，那么可以根据任务完成效果的等级，确定各等级对应的能力指标的值，指定能力指标的等级。当然这种情况是理想的情况，一般体系是多任务、多能力指标的。对这种理想的简化情况，可以按照图 2.19 所示的思路确定能力指标的等级。

具体步骤如下。

(1) 根据任务要达到的目标的整体要求，确定不同任务效能等级 L_i 对应的任务效能值 d_i。

(2) 根据任务效能与能力指标之间的映射函数，确定任务效能取值 d_i 时能力指标的值 l_i。通过合理假设和规范化处理，可以保证 $l_1 \leqslant l_2 \leqslant \cdots \leqslant l_n$。

(3) 定义能力指标等级评定函数如下：

$$l(x) = \begin{cases} 0, & x \leqslant l_0 \\ i, & x \in (l_{i-1}, l_i] \\ n, & x > l_n \end{cases}$$

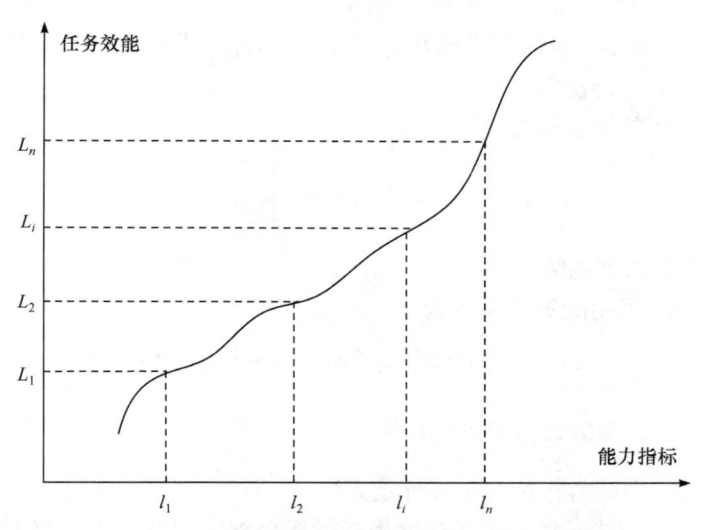

图 2.19 能力指标与任务效能等级对应关系示意

2) 多任务-单能力指标的等级评定方法

对一组任务 $\text{mission}_j (j=1,2,\cdots,m)$,设各任务的任务效能等级值为 $E_i^{(j)}$ $(i=1,2,\cdots,n)$,对应的能力指标等级值为 $e_i^{(j)} (i=1,2,\cdots,n)$。

设各任务的重要度为 $w_j (j=1,2,\cdots,m)$,满足:

$$\sum_{j=1}^{m} w_j = 1$$

那么给定能力指标的取值 x,可按如下的方法确定能力指标的等级。

(1) 对每一项任务 $\text{mission}_j (j=1,2,\cdots,m)$,令

$$l^{(j)} = \max\left\{i | e_i^{(j)} \leqslant x, \quad 1 \leqslant i \leqslant n\right\}$$

(2) 定义函数

$$s(x,y) = \begin{cases} 1, & x = y \\ 0, & x \neq y \end{cases}$$

令

$$\omega_i = \sum_{j=1}^{m} w_j s(i, l^{(j)}), \quad i=1,2,\cdots,n$$

(3) 定义 $\omega(x) = (\omega_1, \omega_2, \cdots, \omega_n)$ 为能力指标的等级分布向量,易证

$$\sum_{i=1}^{n} \omega_i = 1$$

(4) 能力指标取值 x 时的等级 $l(x)$ 可以通过 $\omega(x)$ 来确定，具体有多种思路，如均值法和最大可能法等。

均值法采用的等级函数为

$$l(x) = \left\lfloor \sum_{i=1}^{n} i\omega_i \right\rfloor$$

其中，$\lfloor \ \rfloor$ 为下取整函数。

最大可能法采用的等级函数为

$$l(x) = \max_{1 \leq i' \leq n} \{i' \mid \omega_i \leq \omega_{i'}\}, \quad i = 1, 2, \cdots, n$$

2.4.3 单/多任务-多能力指标的等级评定方法

1) 单任务-多能力指标的等级评定方法

前面提出的方法是针对理想情况下指标等级评定问题，实际使用时，通常是一项任务受多项能力指标的影响，也就是一个任务效能等级对应一组能力指标的配置，如表 2.11 所示。

表 2.11 任务效能等级对应一组能力指标示意表

任务效能等级	指标 1 取值	指标 2 取值	指标 3 取值
L_1	x_1	y_1	z_1
	x_2	y_1	z_1
	x_1	y_2	z_1
	x_1	y_1	z_2
L_2	x_2	y_2	z_2
	x_3	y_2	z_2
	x_2	y_2	z_3
…	…	…	…

如果此时测得指标 2 的取值为 y_2，那么此时等级应该评定为多少呢？对这类情况，很难用一个确定级别来衡量指标取特定值时的等级，因为可能对应任务效能的多个等级，而且所对应等级的可能性是不一样的，所以更应该用一个等级分布向量来表示。

为了建立等级分布向量的计算模型，首先做下述合理假设。

假设 1(H_1)：能力指标都是效益型指标，也就是说如果以能力指标和任务等级的映射关系看，能力指标的取值越大，对应的任务等级值越高。

假设 2(H_2)：能力指标间是相互独立的，即一个指标值的变化不会影响另一个指标的取值。

假设 3(H_3)：能力指标取值是连续的(取值不连续的指标有类似的结论，此处不讨论)。

假设 4(H_4)：任务效能是关于能力指标的连续非降函数。

首先考虑两个能力指标的情况。设这两个指标是 X 和 Y，任务效能指标设为 E，那么有 $E = E(X,Y)$。当 E 取值在 $(d_{i-1}, d_i]$ 时，定义任务效能的等级为

$$\deg(E) = L_i$$

再定义

$$\text{Reg}_i = \{(x,y) | \deg(E) = L_i\}$$

那么在给定 X 和 Y 的取值范围后，Reg_i 在平面坐标系上有如图 2.20 所示的分布。

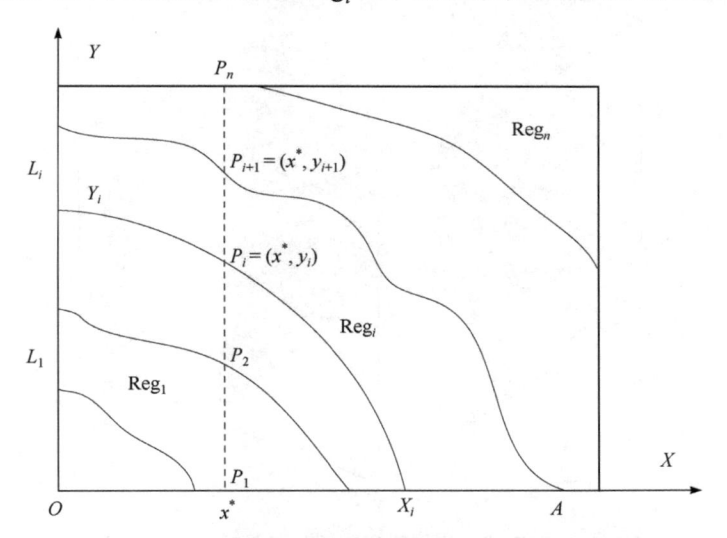

图 2.20　两个能力指标取值区域与任务效能等级的关系

根据假设 $H_2 \sim H_4$，Reg_i 在平面坐标系上的边界呈现等高线形式，而且等高线对应的 X 和 Y 的取值满足 $\deg(E(x,y)) = L_i$。易证在 L_i 对应的等高线上，y 是 x 的非增函数，记这条曲线为 S_i (图 2.20 中 S_i 对应曲线 Y_iX_i 和线段 X_iA)。

给定 X 的一个取值 x^*，此时 X 评定等级可以按照下述方法确定。

(1) 计算直线 $x = x^*$ 与曲线 S_i 的交点，记为 $P_i = (x^*, y_i)$，$i = 1, 2, \cdots, n$；$P_0 = (x^*, 0)$。

(2) 令

$$\omega_i' = y_{i+1} - y_i, \quad i = 1, 2, \cdots, n$$

(3) 定义 $\omega(x) = (\omega_1, \omega_2, \cdots, \omega_n)$ 为能力指标 X 取值为 x^* 的等级分布向量，其中 ω_i 定义为

$$\omega_i = \frac{\omega_i'}{y_n - y_0}, \quad i = 1, 2, \cdots, n$$

当有三个能力指标时，不妨设为 X、Y、Z，那么任务效能等级与能力指标取值间的关系如图 2.21 所示。

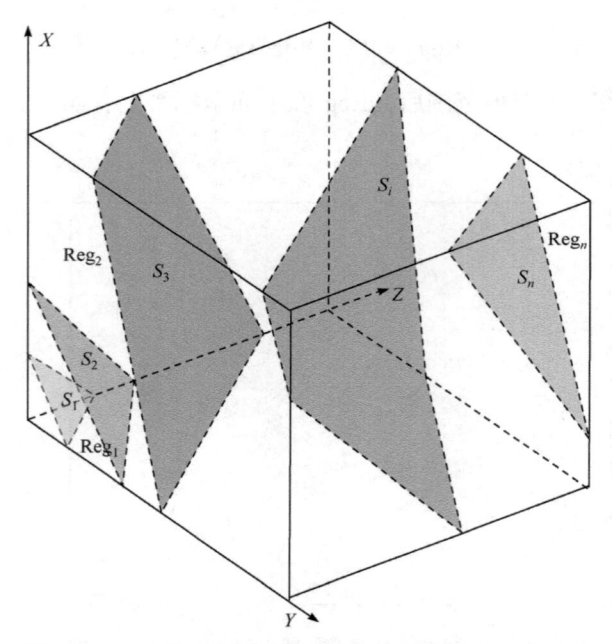

图 2.21　三个能力指标取值区域与任务效能等级的关系

从图 2.21 可以看出，此时 S_i 从曲线变为了曲面(图中为绘制方便简化为平面)，Reg_i 从平面上的区域变为了三维空间中的区域。从图 2.21 还可以看出，曲面 $S_i(i=1,2,\cdots,n)$ 在 X、Y、Z 的取值区域(长方体区域)中是不相交的，且理论上会把取值长方体区域分成 $n+1$ 个子区域，分别对应任务效能的 $n+1$ 个等级(含等级 0)。每个子区域体积的大小就对应了能力指标取值符合相应任务效能等级的可能性。体积越大，可能性越大。

当给定一个能力指标(假设为 X)的取值时，相当于在 XYZ 长方体取值区域中沿 X 取值做出一个与 YZ 面平行的剖面，如图 2.22 所示。这个剖面与之前的 $n+1$

个子区域相交，在剖面上形成 $n+1$ 个区域，每个区域表示相应任务效能等级对应的 Y、Z 的取值(在 X 取定值时)，这个区域的面积就对应了 Y、Z 取值符合相应任务效能等级的可能性。

假设给定指标 X 的取值 x^*，此时 X 评定等级的思路与两个能力指标时的情况类似，也就是在给定 X 的取值 x^* 后，根据 Y 和 Z 在取值范围内取任意值时任务效能等级的可能情况，计算指标 X 等级评定的概率，最后得到 X 的等级分布向量。具体思路如图 2.22 所示。

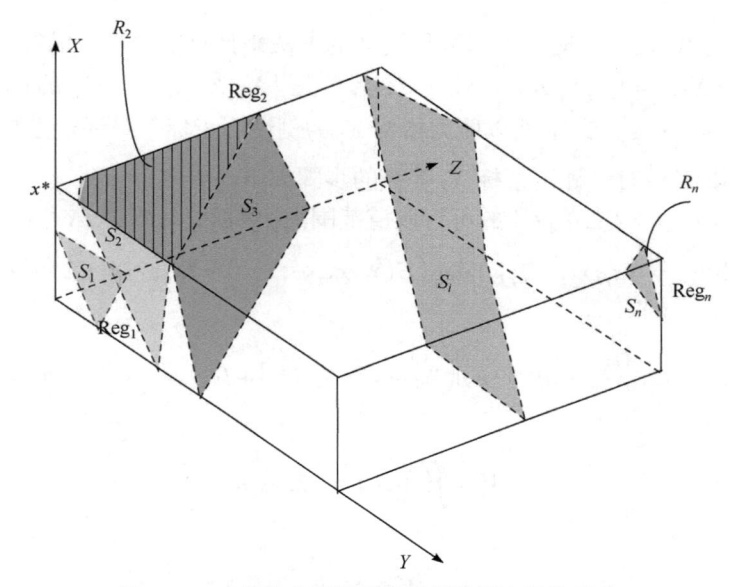

图 2.22 三个能力指标时指标等级评定思路示意

等级评定的计算步骤如下。

(1) 令计算平面 $x = x^*$ 与曲面 S_i 的交线 P_i，P_{i-1} 和 P_i 所围的区域为 R_i，$i=1,2,\cdots,n$；$P_0 = (x^*, 0, 0)$，图 2.22 中给出了 R_2 和 R_n 的示意。

(2) 计算 $R_i (i=1,2,\cdots,n)$ 的面积 $S(R_i)$，易知

$$S(R_i) = \iint_{\Omega_i} \mathrm{d}s$$

其中

$$\Omega_i = \left\{ (y,z) \mid \deg\left(E\left(x^*, y, z\right)\right) = L_i \right\}$$

则 $S(R_i)$ 的大小代表了 X 取值为 x^* 时，任务效能等级为 L_i 的可能性。

(3) 计算
$$S = \sum_{i=1}^{n} S(R_i)$$

(4) 定义 $\omega(x) = (\omega_1, \omega_2, \cdots, \omega_n)$ 为能力指标 X 取值为 x^* 的等级分布向量，表示为
$$\omega_i = \frac{S(R_i)}{S}, \quad i = 1, 2, \cdots, n$$

当能力指标比较多时，可以采用同样的方法来计算能力指标的等级。假设能力指标为 $\{X_k, k = 1, 2, \cdots, K\}$，任务效能 E 是 $\{X_k, k = 1, 2, \cdots, K\}$ 的函数，记为 $E = E(X_1, X_2, \cdots, X_K)$。下面以能力指标 X_1 为例说明指标等级评定方法。

当 X_1 取值 x_1^* 时，评定指标 X_1 等级的步骤如下。

(1) 在 $\{X_k, k = 1, 2, \cdots, K\}$ 的可行取值范围内，根据 $E = E(X_1, X_2, \cdots, X_K)$，定义
$$\text{Reg}_i = \{(x_1, x_2, \cdots, x_K) | \deg(E(x_1, x_2, \cdots, x_K)) = L_i\}, \quad i = 1, 2, \cdots, n$$

(2) 定义
$$\Omega_i = \{(x_2, x_3, \cdots, x_K) | (x_1^*, x_2, \cdots, x_K) \in \text{Reg}_i\}, \quad i = 1, 2, \cdots, n$$

(3) 计算
$$V_i = \iint_{\Omega_i} \mathrm{d}s, \quad i = 1, 2, \cdots, n$$
$$V = \sum_{i=1}^{n} V_i$$

(4) 定义 $\omega(x) = (\omega_1, \omega_2, \cdots, \omega_n)$ 为能力指标 X 取值为 x_1^* 的等级分布向量，其中
$$\omega_i = \frac{V_i}{V}, \quad i = 1, 2, \cdots, n$$

2) 多任务-多能力指标的等级评定方法

最常见的是多任务与多能力指标的情况，可以参考多任务-单能力指标和单任务-多能力指标两种情况下的评定方法，建立多任务-多能力指标的等级映射方法。

对一组任务 $\text{mission}_j (j = 1, 2, \cdots, m)$，设各任务的任务效能等级值为 $E_i^{(j)}$ ($i = 1, 2, \cdots, n$)，设能力指标为 $\{X_k, k = 1, 2, \cdots, K\}$，任务效能 E 是 $\{X_k, k = 1, 2, \cdots, K\}$ 的函数，记为 $E^{(j)} = E^{(j)}(X_1, X_2, \cdots, X_K)$。

以能力指标 X_1 为例说明指标等级评定方法。当 X_1 取值 x_1^* 时，评定指标 X_1 等级的步骤如下。

(1) 对每项任务 $\text{mission}_j (j=1,2,\cdots,m)$，按照单任务-多能力指标情况下的等级评定方法，计算得出能力指标等级评定向量：

$$\omega^{(j)}(x) = \left(\omega_1^{(j)}, \omega_2^{(j)}, \cdots, \omega_n^{(j)}\right)$$

(2) 评定各任务的重要度，记各任务的重要度为 $w_j(j=1,2,\cdots,m)$，满足：

$$\sum_{j=1}^m w_j = 1$$

(3) 定义 $\omega(x) = (\omega_1, \omega_2, \cdots, \omega_n)$ 为能力指标 X 取值为 x_1^* 的等级分布向量，满足：

$$\omega_i = \sum_{j=1}^m w_j \omega_i^{(j)}, \quad i=1,2,\cdots,n$$

显然

$$\sum_{i=1}^n \omega_i = 1$$

2.4.4 基于仿真试验的任务效能函数拟合方法

前述能力指标评定的基础是任务效能函数。任务效能函数一般很难确定，通常采用仿真试验方法获得特定配置下的体系任务效能值，在累积了一组配置下的任务效能值后，通过拟合或逼近得到任务效能函数的近似表征。

1) 任务效能函数概述

任务效能与能力指标之间的关系函数是开展多任务能力指标等级评定的基础和前提。可以认为任务效能和能力指标都是体系基本属性配置的度量函数。虽然体系属性的取值范围各不相同，但可以进行规范化处理，使得各属性的取值范围均为[0, 1]，且 0 对应最差，1 表示最好。因此，度量函数 F 满足下述三个公理。

公理 1 $F(0,0,\cdots,0) = 0$。

公理 2 $F(1,1,\cdots,1) = 1$。

公理 3 单调性，即如果 $X \geqslant Y$，则 $F(X) \geqslant F(Y)$。

为方便起见，假设度量函数是连续可微的。

由于基本属性规范化向量 X 总满足：

$$(0,0,\cdots,0) \leqslant X \leqslant (1,1,\cdots,1)$$

故

$$0 \leqslant F(X) \leqslant 1$$

常用的两个度量函数是线性函数和 S 型函数。线性函数有如下形式：

$$F(X)=\sum_{i=1}^{n}w_i x_i$$

其中

$$\sum_{i=1}^{n}w_i=1, 0\leqslant w_i\leqslant 1, \quad i=1,2,\cdots,n$$

S 型函数有如下形式：

$$F(X)=\frac{A}{1+e^{-\lambda\sum_{i=1}^{n}w_i x_i}}+\frac{A}{2}$$

设 $e_1,e_2,\cdots,e_m$ 是 m 个任务分能力指标，$p_1,p_2,\cdots,p_n$ 是 n 个属性参数，则 $e_i(i=1,2,\cdots,m)$ 是 $p_1,p_2,\cdots,p_n$ 的度量函数，即

$$e_i=e_i(p_1,p_2,\cdots,p_n), \quad i=1,2,\cdots,m$$

综合 $e_1,e_2,\cdots,e_m$ 可得到综合能力 E 为

$$E=G(e_1,e_2,\cdots,e_m)=F(p_1,p_2,\cdots,p_n)$$

称 $E=G(e_1,e_2,\cdots,e_m)$ 为能力度量函数.

2) 任务效能综合模型

设在体系典型属性配置 $p^0=(\alpha_1^0,\alpha_2^0,\cdots,\alpha_n^0)$ 时，能力指标 $c^0=(c_1^0,c_2^0,\cdots,c_m^0)$，方便起见，设 G 在 c^0 附近对 $e_1,e_2,\cdots,e_m$ 是连续可微的。将 G 在 $(c_1^0,c_2^0,\cdots,c_m^0)$ 附近展开，近似有：

$$G=E^0+\sum_{i=1}^{m}\frac{\partial G}{\partial e_i}\bigg|_{c^0}(e_i-c_i^0)\triangleq E^0+\sum_{i=1}^{m}u_i(e_i-c_i^0)$$

其中

$$E^0=G(c_1^0,c_2^0,\cdots,c_m^0)$$

因此在 $(c_1^0,c_2^0,\cdots,c_m^0)$ 附近，可以用上式近似计算。问题的关键是确定 u_i，$i=1,2,\cdots,m$ 和 E^0。

体系的任务效能是对体系能力的综合衡量，因此下述假设是合理的：在系统任务基本确定时，体系能力在 p^0 附近的变化趋势与任务效能的变化趋势应该是一致的。

根据上述假设，对任意一组体系配置，近似有：

$$E^0+\sum_{i=1}^{m}u_i(e_i-c_i^0)\propto v$$

其中，ν 是体系任务效能指标，$\propto$ 表示两个量是正比关系。

如果对 p^0 附近的多组系统配置，任务效能指标和能力指标可以通过仿真或其他手段获取，则可以采用回归分析方法求出能力度量函数 G 在 p^0 附近的近似表达式。为此，取 n 组性能配置向量：

$$p^i = \left(p_1^i, p_2^i, \cdots, p_n^i\right), \quad i = 1, 2, \cdots, n$$

其中

$$p_j^i = \begin{cases} p_j^0, & i \neq j \\ p_j^0 + \lambda p_j^0, & i = j \end{cases}, \quad i = 1, 2, \cdots, n, \quad j = 1, 2, \cdots, n$$

借助仿真或其他手段获得相应的能力指标 $c^j = \left(c_1^j, c_2^j, \cdots, c_m^j\right)$ 和任务效能指标 ν^j，则各组配置下的能力为

$$e^j = E^0 + \sum_{i=1}^{m} w_i \left(c_i^j - c_i^0\right), \quad j = 1, 2, \cdots, n$$

为保持任务效能和体系能力评估结果的一致性，不妨设

$$e^j = \nu^j + \varepsilon^j, \quad j = 1, 2, \cdots, n$$

其中，$\varepsilon^j (j = 1, 2, \cdots, n)$ 为误差，满足：

$$E(\varepsilon) = 0, \quad \mathrm{cov}(\varepsilon, \varepsilon) = \delta^2 I_{n \times n}$$

综合上述分析，有：

$$E^0 + \sum_{i=1}^{m} w_i \left(c_i^j - c_i^0\right) = \nu^j + \varepsilon^j, \quad j = 1, 2, \cdots, n$$

用最小二乘法或其他回归分析方法求解上式得到 $w_1, w_2, \cdots, w_m$ 和 E^0，则在 $\left(c_1^0, c_2^0, \cdots, c_m^0\right)$ 附近，体系能力综合模型为

$$E \triangleq E^0 + \sum_{i=1}^{m} w_i \left(e_i - c_i^0\right)$$

可用该式作为任务效能函数。

2.5 体系能力评估中的权重确定

在从能力指标到效果、活动和子能力的评估，以及根据子能力计算综合能力的评估中，因为难以确定评估过程中相关因素和变量之间的解析关系，通常用定

性定量相结合的方式来进行自底向上的综合评估,所以不可避免地会遇到权重确定的问题。

能力、活动、效果、能力指标等评估时的权重确定方法可以分为主观法和客观法两类,如图 2.23 所示。

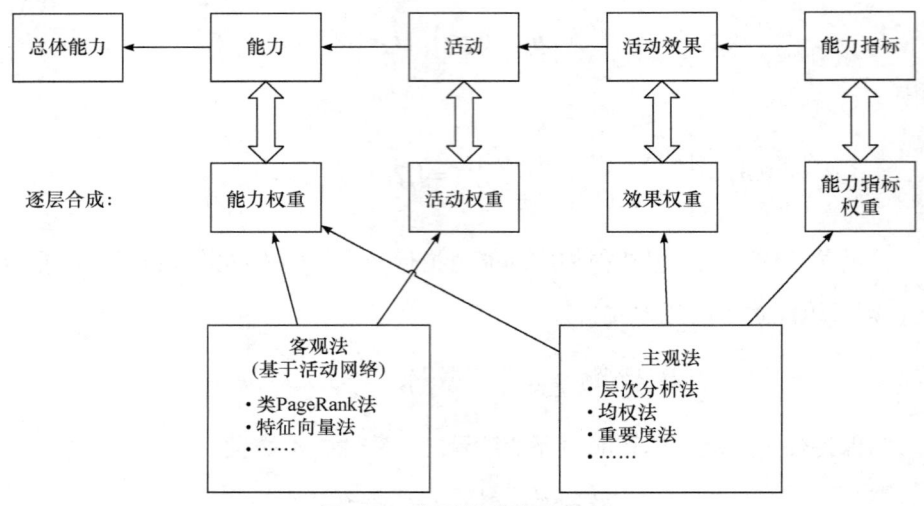

图 2.23 权重计算方法示意

对能力、效果、能力指标间的权重关系,采用主观法(如层次分析法、等权法、重要度法等)进行计算。对活动相对能力的权重,可以基于活动间关系建立活动有向网络,参考 PageRank 法、特征向量法等,提出活动权重计算方法。根据能力、活动、效果、能力指标间的逻辑关系,可以提出从效果指标到能力,逐层综合集成相关权重,最终得到能力指标相对总体能力的全局权重的方法。接下来介绍两种客观法。

2.5.1 基于依赖和影响关系的权重确定方法

活动与活动之间存在着信息、资源等的交互,因此把活动作为节点,活动之间的关系作为边,可以得到活动关系网络。每个活动节点入边对应的活动节点是该活动节点所依赖的节点,入边越多,该节点对其他节点的依赖性越强。一个活动节点的出边则影响着与之相连的其他活动,出边越多,该活动节点越有影响力。因此,一个活动的权重体现在两个方面:依赖权——对其他节点的依赖程度,影响权——影响其他节点的程度。活动权重是这两方面的综合。由于能力对应到一组活动,因此活动之间的关系可以抽象为能力之间的关系,基于活动关系网络图可以得到能力关系图,对每一项能力对应的节点,同样可以定义其影响权和依赖权,确定权重的方法是一致的。下面描述基于网络图模型的活动权重确定方法。

对一个网络图 $G=(V,E)$，$V=\{I_i\,|\,i=1,2,\cdots,n\}$ 是节点集，对应活动；E 是图的边集。G 的邻接矩阵记为 C。节点 $I_i(i=1,2,\cdots,n)$ 的权重内涵分为两个方面：一是依赖权 d_i，刻画该活动对其他活动的依赖程度；二是影响权 f_i，刻画该活动对其他活动的影响程度。依赖权和影响权是衡量活动重要程度的基础。

为了后续研究的方便，给出下述假设。

假设 1：任何两个活动之间存在直接或间接的关系。

假设 2：活动的依赖权依赖于影响它的所有活动的影响权。

假设 3：活动的影响权依赖于它所影响的所有活动的依赖权。

假设 1 要求评估活动集不能分成没有依赖或影响关系的两个子集合，从图论的观点来看，若去掉依赖或影响关系的方向，则假设 1 约定了任何两个活动对应的节点应该是连通的。若评估活动集可以分成没有关系的几个子集，则对每一子集进行处理，子集之间的关系则需要附加的背景信息才能确定它们的重要程度。

假设 2 和假设 3 刻画了活动依赖权和影响权之间的关系。对体系活动或能力来讲，它们之间的依赖和影响关系是复杂、非线性的，但是依赖权和影响权的变化规律是可以描述的。可以认为，活动的影响权增加时，则它所影响的活动的依赖权也增加；活动的依赖权增加时，影响它的活动的影响权也增加。为了分析问题的方便，进一步假设如下。

假设 4：活动权重的依赖或影响关系是线性关系。

假设 5：活动权重的依赖或影响关系的依赖或影响变化率在整个模型范围内是一致的。

根据上述假设，活动的依赖权和影响权之间的关系可以形式化描述为以下两式。

(1) $d_i = \alpha \sum_{i=1}^{n} c_{ji} f_j$，$i=1,2,\cdots,n$，$\alpha > 0$。

(2) $f_i = \beta \sum_{i=1}^{n} c_{ij} d_j$，$i=1,2,\cdots,n$，$\beta > 0$。

其中，α 是依赖因子，β 是影响因子。

定义 $d=(d_1,d_2,\cdots,d_n)^{\mathrm{T}}$ 为依赖权向量，$f=(f_1,f_2,\cdots,f_n)^{\mathrm{T}}$ 为影响权向量，则有：

$$d = \alpha C^{\mathrm{T}} f \tag{2.5.1}$$

$$f = \beta C d \tag{2.5.2}$$

从而有：

$$d = \alpha\beta C^{\mathrm{T}} C d \tag{2.5.3}$$

$$f = \alpha\beta CC^{\mathrm{T}}d \tag{2.5.4}$$

根据矩阵特征值和特征向量的定义，可知式(2.5.3)和式(2.5.4)表述了如下的含义。

(1) 活动的依赖权向量 d 是 $C^{\mathrm{T}}C$ 正特征值 $\dfrac{1}{\alpha\beta}$ 对应的正特征向量。

(2) 活动的影响权向量 f 是 CC^{T} 正特征值 $\dfrac{1}{\alpha\beta}$ 对应的正特征向量。

因此，可以通过求解 $C^{\mathrm{T}}C$ 和 CC^{T} 的正特征值对应的正特征向量来确定活动的依赖权向量和影响权向量。但是对于满足前述假设的活动影响关系矩阵 C，$C^{\mathrm{T}}C$ 和 CC^{T} 不一定存在正特征值和正特征向量。为了解决这一问题，再给出下面的假设条件。

假设 6：活动的依赖权对自身的影响权有依赖关系，活动的影响权对自身的依赖权有依赖关系，且这两种依赖关系满足假设 4 和假设 5。

基于这一假设，式(2.5.1)和式(2.5.2)可以变为

$$d = \alpha(E+C)^{\mathrm{T}}f \tag{2.5.5}$$

$$f = \beta(E+C)d \tag{2.5.6}$$

从而式(2.5.3)和式(2.5.4)变为

$$d = \alpha\beta(E+C)^{\mathrm{T}}(E+C)d \tag{2.5.7}$$

$$f = \alpha\beta(E+C)(E+C)^{\mathrm{T}}f \tag{2.5.8}$$

对活动影响关系矩阵 C，下面证明 $(E+C)^{\mathrm{T}}(E+C)$ 和 $(E+C)(E+C)^{\mathrm{T}}$ 是存在正特征值和正特征向量的。

引理 2.5.1 设有向图 G 的邻接矩阵为 $A = (a_{ij})$，记 $A^k = \left(a_{ij}^{(k)}\right)$，则 G 是强连通的当且仅当对每个 (i,j)，存在一个正整数 k，使得 $a_{ij}^{(k)} > 0$。

定理 2.5.1 如果有向图 G_1 是弱连通的，它的邻接矩阵为 A，则以 $(E+A)^{\mathrm{T}}(E+A)$ 为邻接矩阵的有向图 G_2 是强连通的。

证明：设 $G_1 = (V, X)$，其中 V 为顶点集，X 为边集。记 $D = A^{\mathrm{T}} + A$，设图 $G_3 = (V, Y)$ 是以 D 为邻接矩阵的图。对任意 $u, v \in V$，因为 G_1 是弱连通的，根据定义可知存在一条以 u 为起点以 v 为终点的半途径，设为 $ux_0v_1x_1\cdots x_{k-1}v_kx_kv$，其中 $v_1, v_2, \cdots, v_k \in V$，$x_0, x_1, \cdots, x_k \in X$，$x_l$ 以 v_l 和 v_{l+1} 为端点，$l = 0, 1, \cdots, k$，$v_0 = u$，$v_{k+1} = v$。根据 D 的定义可知 $y_l = (v_l, v_{l+1}) \in Y$，$l = 0, 1, \cdots, k$，即 $uy_0v_1y_1\cdots y_{k-1}v_ky_kv$

$uy_0v_1y_1\cdots y_{k-1}v_ky_kv$ 是一条有向途径，从而可知 G_3 是强连通的。

记 $B=(E+A)^{\mathrm{T}}(E+A)$，则

$$B^k = \left(E+A^{\mathrm{T}}+A+A^{\mathrm{T}}A\right)^k \geqslant \left(A^{\mathrm{T}}+A\right)^k = D^k$$

因为 G_3 是强连通的，根据引理 2.5.1 可知对任意 (i,j)，存在一个正整数 k，使得 $d_{ij}^{(k)}>0$，因此对任意 (i,j)，存在正整数 k，使得 $b_{ij}^{(k)} \geqslant d_{ij}^{(k)}>0$。再根据定理 2.5.1 可知 G_2 是强连通的。证毕。

引理 2.5.2(Perron-Frobenius)　如果有向图 G 是强连通的，则它的邻接矩阵 A 有一个唯一的元素全为正实数的特征向量 ν，且该特征向量属于模最大的特征值 λ（这里的唯一性是在忽略常数因子意义上的唯一性）。

引理 2.5.3　若赋范线性空间 $\left(C^n, \|\cdot\|_2\right)$ 中每一个向量 $x=(\xi_1,\xi_2,\cdots,\xi_n)^{\mathrm{T}}$ 的范数定义为

$$\|x\|_2 = \sqrt{\sum_{i=1}^n |\xi_i|^2}$$

则每一个 $A=(a_{ij}) \in C^{n\times n}$ 关于 C^n 上的向量范数 $\|\cdot\|_2$ 的算子范数：

$$\|A\|_2 = \sqrt{\rho\left(A^{\mathrm{H}}A\right)}$$

其中，C^n 表示 n 维复空间；A^{H} 为 A 的共轭转置矩阵；$\rho(\cdot)$ 为方阵的谱半径，即若 $\lambda_1,\lambda_2,\cdots,\lambda_n$ 为 n 阶方阵 M 的 n 个特征值，则

$$\rho(M) = \max\left\{|\lambda_1|,|\lambda_2|,\cdots,|\lambda_n|\right\}$$

引理 2.5.4　设 $M \in C^{n\times n}$，则

$$\|M\|_2 = \|M^{\mathrm{H}}\|_2 = \|M^{\mathrm{T}}\|_2 = \|\bar{M}\|_2$$

定理 2.5.2　对满足假设 1~6 的活动影响关系模型，存在满足式(2.5.7)、式(2.5.8)的正的活动依赖权向量和影响权向量，其中活动依赖权向量是 $(E+C)^{\mathrm{T}}(E+C)$ 的模最大特征值对应的特征向量，活动影响权向量是 $(E+C)(E+C)^{\mathrm{T}}$ 的模最大特征值对应的特征向量。

证明：根据假设 1 可知，活动影响关系矩阵 C 对应的有向图是弱连通的，根据定理 2.5.1，可知以 $(E+C)^{\mathrm{T}}(E+C)$ 为邻接矩阵的有向图是强连通的。再根据引理 2.5.2，可知存在一个唯一的元素全为正实数的特征向量 d，且 d 对应模的最大特征值为 λ，也即

$$(E+C)^{\mathrm{T}}(E+C)d = \lambda d \qquad (2.5.9)$$

易知以 $C^{\mathrm{T}}C$ 为邻接矩阵的有向图也是弱连通的，同理可证存在一个唯一的全为正实数的特征向量 f，且 f 对应的模的最大特征值为 ν，满足：

$$(E+C)(E+C)^{\mathrm{T}}f = \nu f \qquad (2.5.10)$$

下面证明 λ 和 ν 是相等的。由方阵谱半径的定义及 λ 和 ν 模最大的特性，有：

$$\lambda = \rho\big((E+C)^{\mathrm{T}}(E+C)\big), \quad \nu = \rho\big((E+C)(E+C)^{\mathrm{T}}\big)$$

根据引理 2.5.3，有：

$$\|E+C\|_2 = \sqrt{\rho\big((E+C)^{\mathrm{T}}(E+C)\big)} = \sqrt{\lambda}$$

$$\|(E+C)^{\mathrm{T}}\|_2 = \sqrt{\rho\big((E+C)(E+C)^{\mathrm{T}}\big)} = \sqrt{\nu}$$

再根据引理 2.5.4，有：

$$\|E+C\|_2 = \|(E+C)^{\mathrm{T}}\|_2$$

从而可得 $\sqrt{\lambda} = \sqrt{\nu}$，也即 $\lambda = \nu$。证毕。

综上所述，可以根据活动影响关系模型求出活动的依赖权向量和影响权向量。对依赖权向量和影响权向量进行综合及归一化可以得到节点的权重向量。

2.5.2 基于环介数的权重确定评估方法

近年来，国内外的学者对复杂网络节点的重要度评估提出了许多有价值的方法，如节点删除法[11]、节点收缩法[12]、介数法、效率矩阵法[13]、度中心性指标等，综合节点的局部重要度和全局重要度来评价节点在网络中的重要性。节点删除法是通过比较删除节点前后网络性能的变化情况，进一步评价节点的重要程度。节点收缩法是假设在节点正常工作的情况下，通过收缩与该节点相连的边，定义网络的凝聚程度，认为收缩后得到的网络凝聚程度越高则该节点越重要，但评估算法的时间复杂度为 $O(n^3)$。节点删除法和节点收缩法通常用于无向网络。介数法的基本思路是节点介数越大越重要，即经过该节点的最短路径越多，该节点越重要，但是计算复杂这一瓶颈限制了该方法在大规模网络中的应用，而且无法有效反映局部的连通细节。度中心性指标可以判定节点在邻域范围内的直接影响力，但是缺乏考虑节点在网络中的全局重要性，忽视了节点的间接影响，故不能完全准确地对其重要度进行判断。效率矩阵法综合考虑了节点效率、节点度值和相邻节点的重要度贡献，用节点度值和效率值来表征其对相邻节点的重要度贡献，但对于节点数量巨大的网络会导致计算量较大。介数法、效率矩阵法、度中心性指标这三种方法既可以用于无向网络，又可以用于有向网络。

网络中的最关键节点往往不是网络的几何中心，所以网络节点的重要性评估问题不仅仅是发现网络图形的几何中心，更为重要的是发现在人们所关心的几个状态上表现特别的节点。通过节点重要性评估找出那些重要的"核心节点"，一方面可以重点保护这些"核心节点"提高整个网络的可靠性，另一方面也可以攻击这些"薄弱环节"达到摧毁整个网络的目的。

对军事领域的体系特别是作战体系而言，作战过程是以指挥控制为核心的一个迭代过程，所有作战活动在运行时会形成一系列作战环，环路的长短和节奏的快慢反映了体系作战能力的强弱，因此最终会影响到作战结果。

在图论中，一个节点的介数指标度量了经过该节点最短路径的数目，该指标越大说明节点越重要。对军事体系，一项作战活动包含于越多的作战环路，说明该活动的重要性越大。基于这一朴素的认识，在图介数指标基础上进行扩展，提出环介数的概念来度量作战活动的重要度。

定义 2.8 一个作战活动网络定义为 $G=(V,E)$，其中 $V=(v_1,v_2,\cdots,v_n)$ 是网络的顶点集，$E=(e_1,e_2,\cdots,e_m)$ 是网络边的集合。G 相对应的邻接矩阵用 0-1 矩阵 $A=(a_{ij})_{n\times n}$ 表示，其中

$$a_{ij}=\begin{cases}1, & v_i 到 v_j 有连接边\\0, & v_i 到 v_j 无连接边\end{cases} \quad (2.5.11)$$

介数反映了相应的节点或者边在整个网络中的作用和影响力，是一个重要的全局几何量，具有很强的现实意义。通常网络的节点介数定义为网络中所有最短路径中经过该节点的路径数占最短路径总数的比例，边介数定义为网络中所有最短路径中经过该边的路径数占最短路径总数的比例。

定义 2.9 设作战活动网络 $G=(V,E)$，则节点 v_i 的介数指标定义为

$$\text{BC}(i)=\sum_{s<t}\frac{\sigma_{st}(i)}{\sigma_{st}} \quad (2.5.12)$$

其中，σ_{st} 表示任意节点 v_s 和节点 v_t 之间的最短路径数，$\sigma_{st}(i)$ 表示节点 v_s 和节点 v_t 之间经过节点 v_i 的最短路径数。

类似定义 2.9 可定义网络的边介数。

定义 2.10 设作战活动网络 $G=(V,E)$，定义作战活动 v_i 的作战环路数为网络中经过 v_i 的环路的总数，记为 L_i。

作战活动网络中环路的总数用 L_{total} 表示。用阶数 k 来表示环路的规模，如某

一由三条边构成的环路称之为 3 阶环，具有 n 条边的环路就称为 n 阶环。

将作战活动网络用邻接矩阵表示，根据布尔运算规则，邻接矩阵乘幂表达的是矩阵的可达信息，可利用可达矩阵判断任意两节点之间是否有环路。当邻接矩阵的 k 次幂的主对角线上第 i 行的值不为 0 时，表示第 i 个节点存在 k 阶环，若为 0，则表示不存在 k 阶环。矩阵的主对角线上各个元素之和被称为矩阵的秩，而矩阵的迹就等于 A 的特征值的总和。由此可推算作战活动的环路数。

记作战活动网络的邻接矩阵为 A，$\dim(A) = n$，则易知以下结论成立。

(1) 作战活动 i 的环路数 L_i 为

$$L_i = \sum_{k=1}^{n} a_{ii}^{(k)} \tag{2.5.13}$$

其中，$A^k = \left(a_{ij}^{(k)}\right)$，$k = 1, 2, \cdots, n$，即邻接矩阵 A 的 k 次幂，$a_{ii}^{(k)}$ 表示节点 i 存在 k 阶环的数目。

(2) 记 A 的特征根为 $\lambda_1, \lambda_2, \cdots, \lambda_n$（含重根），可知：

$$\operatorname{tr}(A^k) = \sum_{i=1}^{n} \lambda_i^k, \quad k = 1, 2, \cdots, n \tag{2.5.14}$$

则在作战活动网络中所有的环路总数 L_{total} 为

$$L_{\text{total}} = \sum_{k=1}^{n} \left(\frac{1}{k} \sum_{i=1}^{n} a_{ii}^{(k)}\right) = \sum_{k=1}^{n} \frac{1}{k} \operatorname{tr}(A^k) = \sum_{k=1}^{n} \left(\frac{1}{k} \sum_{i=1}^{n} \lambda_i^k\right) \tag{2.5.15}$$

其中，$\operatorname{tr}(\cdot)$ 表示矩阵的迹函数，即矩阵对角线元素之和。

定义 2.11 设作战活动网络 $G = (V, E)$，定义作战活动 v_i 的环介数为通过该节点的环路数占 G 中环路总数的比例，记为 BL_i。

显然作战活动 v_i 的环介数 BL_i 为

$$\mathrm{BL}_i = \frac{L_i}{L_{\text{total}}} = \frac{\sum_{k=1}^{n} a_{ii}^{(k)}}{\sum_{k=1}^{n} \left(\frac{1}{k} \sum_{i=1}^{n} \lambda_i^k\right)} \tag{2.5.16}$$

式中 $L_{\text{total}} \neq 0$。本方法是在作战活动网络存在环路的情况下展开研究的，若 $L_{\text{total}} = 0$ 说明作战活动网络中无环路，无法开展环介数分析。环介数的值域为 $[0,1]$，环介数值的大小代表作战活动的重要程度，环介数值越大表示作战活动越重要。当作战活动的 $\mathrm{BL} = 0$ 时，表示作战活动网络中所有的环路都不经过该节点；当作战活动的 $\mathrm{BL} = 1$ 时，表示作战活动网络中所有的环路都经过该节点。

对于具有 n 个作战活动的作战活动网络，在不考虑自环条件下，最多只能构成 C_n^2 个 2 阶环，若考虑自环则最大数为 $C_n^2 + C_n^1$；只有两个节点时，不需要考虑节点的排列，而大于两个节点时就需要考虑节点的排列组合，因为节点的排列不同形成环路的性质可能不同。从 n 个节点任取 3 个有 C_n^3 种取法，3 个节点有 A_{3-1}^{3-2} 排列，则网络最多构成 $C_n^3 A_{3-1}^{3-2}$ 个 3 阶环，同理，网络能构成 $C_n^i A_{i-1}^{i-2}$ 个 i 阶环 ($2 \leqslant i \leqslant n$)，$n$ 个作战活动最多构成 $C_n^n A_{n-1}^{n-2}$ 个 n 阶环。综上，n 个作战活动不考虑自环最多构成 $C_n^2 A_{2-1}^{2-2} + C_n^3 A_{3-1}^{3-2} \cdots + C_n^i A_{i-1}^{i-2} + \cdots + C_n^n A_{n-1}^{n-2}$ 个环路，即

$$L_{\text{total}} = C_n^2 A_{2-1}^{2-2} + \cdots + C_n^i A_{i-1}^{i-2} + \cdots + C_n^n A_{n-1}^{n-2} L_{\text{total}}$$

$$= \sum_{i=2}^{n} C_n^i A_{i-1}^{i-2}$$

$$= \sum_{i=2}^{n} \frac{n!}{i \cdot (n-1)!}$$

对于单个作战活动，其环路数最大值为环路总数 L_{total}，即作战活动网络中所有的环路都经过该节点，此时该作战活动的环介数 BL = 1；其环路数的最小值为 0，即作战活动网络中所有的环路都不经过该节点，此时该作战活动的环介数 BL = 0。

作战活动网络的邻接矩阵是一个 0-1 矩阵。0 表示作战活动 i 到作战活动 $i+1$ 没有信息和数据的传递；1 表示作战活动 i 到作战活动 $i+1$ 存在信息和数据的传递。若要找到作战活动网络中所有的环路，必然要遍历整个作战活动网络。可以采用深度优先遍历算法对所有作战活动进行遍历。核心思想是从第一个作战活动开始遍历，找出与第一个作战活动存在信息和数据传递的作战活动，然后从该作战活动开始遍历，找出与该作战活动存在信息和数据传递的作战活动，再接着遍历，若能遍历回到最开始的作战活动，则所有遍历的作战活动形成了一个环路，然后输出。如不能回到最开始的作战活动则说明没有环路，然后从下一个作战活动开始遍历，此时不再遍历第一个作战活动所在行，若有环路则输出，若无环路接着往下遍历。依此规律进行遍历，直至遍历到最后一个作战活动，结束算法。

利用环介数评估作战活动的重要度是全局性的，要对所有的作战活动进行深度遍历。对单一作战活动进行深度遍历时，要将邻接矩阵中所有的点遍历一次，邻接矩阵中共有 n^2 个点，故每个作战活动的计算复杂度为 O(n^2)。当遍历完 n 个作战活动时，总的计算复杂度为 O(n^3)。

基于环介数的作战活动重要度评估算法如下。

(1) 将作战活动网络图转换成邻接矩阵 A 输入，同时输入作战活动数 n。

(2) 从邻接矩阵的第一个点开始进行深度遍历，有环路则输出，无环路则往下遍历。直至遍历完所有节点。

(3) 计算每个作战活动经过的环路数 L，计算作战活动网络总的环路数 L_{total}。

(4) 计算每个作战活动的环介数 BL。

(5) 将作战活动的环介数从小到大排序，从而确定网络中每个作战活动的重

要程度。

虽然大部分作战活动网络比较复杂,但有一些作战活动网络节点之间存在由其结构所决定的规律性连接关系。作战活动之间连接关系存在一定的规律,其环介数也具有类似的规律可循。这里主要介绍几种特殊的作战活动网络,探究作战活动数目 n 与其环介数 BL 的关系。

1) 中心指挥网络

具有 n 个节点的中心指挥网络如图 2.24 所示。该网络中共有 $n(n \geqslant 4)$ 个节点,每个节点都与中心的指挥节点 1 有相互连接关系,再与左右两个邻居节点有相互连接关系。由于节点的连接关系相同,故每个节点(除中心指挥节点 1 外)的环路数相同。每个节点分别与左右两个邻居节点构成一个 2 阶环,所有除指挥节点外的节点构成一个逆时针的 n 阶环和一个顺时针的 n 阶环,k ($2 \leqslant k \leqslant n-2$) 个相邻节点都能与指挥节点 1 构成一个逆时针的 $k+1$ 阶环和一个顺时针的 $k+1$ 阶环,故节点 i(除中心指挥节点 1 外)的环路数 $L_i = n^2 - n + 3$,中心指挥节点 1 的环路数 $L_1 = 2n^2 - 5n + 3$,网络总的环路数 $L_{\text{total}} = 2n^2 - 4n + 4$,则节点 i (除中心指挥节点 1 外)的环介数

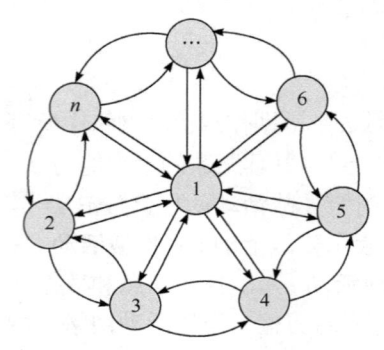

图 2.24 中心指挥网络

$$\mathrm{BL}_i = \frac{n^2 - n + 3}{2n^2 - 4n + 4}$$

节点 1 的环介数

$$\mathrm{BL}_1 = \frac{2n^2 - 5n + 3}{2n^2 - 4n + 4}$$

结果如图 2.25 所示,横轴表示中心指挥网络的节点数目,纵轴表示节点的环介数。由图 2.25 可知,当网络中节点数目足够多时,中心节点的环介数趋近于 1,其余节点的环介数趋近于 0.5。

2) 全连接网络

全连接网络中共有 $n(n \geqslant 2)$ 个节点,每个节点与其余节点都有相互连接关系,如图 2.26 所示。由前面的方法可知,从 n 个节点中任取 $k(2 \leqslant k \leqslant n)$ 个节点,节点的排列方式不同会形成不同性质的环,k 个节点有 A_{k-1}^{k-2} 种排列方式,则全连接网络有 $C_n^k \cdot A_{k-1}^{k-2}$ 个 k 阶环。全连接网络总的环路数为

$$L_{\text{total}} = C_n^2 A_{2-1}^{2-2} + C_n^3 A_{3-1}^{3-2} + \cdots + C_n^i A_{i-1}^{i-2} + \cdots + C_n^n A_{n-1}^{n-2}$$
$$= \sum_{i=2}^{n} C_n^i A_{i-1}^{i-2}$$
$$= \sum_{i=2}^{n} \frac{n!}{i \cdot (n-1)!}$$

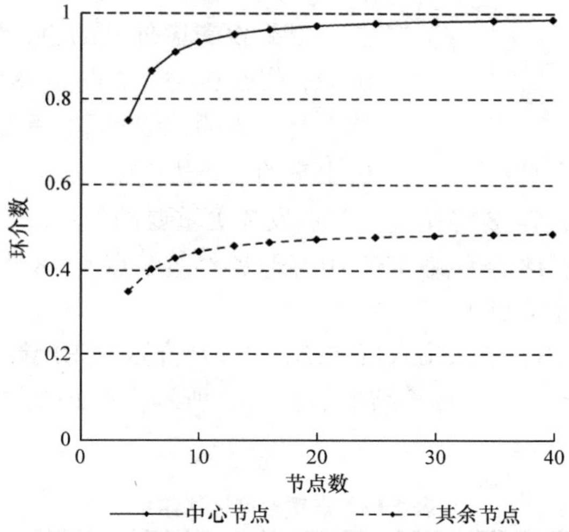

图 2.25 中心指挥网络节点的环介数

由于各个节点的连接关系相同,故每个节点的环路数相同。每个节点都能与任意 k 个节点构成 A_k^{k-1} 个 $k+1$ 阶环,则经过节点 i 的环路数

$$L_i = C_{n-1}^1 A_1^{1-1} + \cdots + C_{n-1}^i A_i^{i-1} + \cdots + C_{n-1}^{n-1} A_{n-1}^{n-2}$$
$$= \sum_{i=1}^{n-1} C_{n-1}^i A_i^{i-1}$$
$$= \sum_{i=1}^{n-1} \frac{(n-1)!}{(n-1-i)!}$$

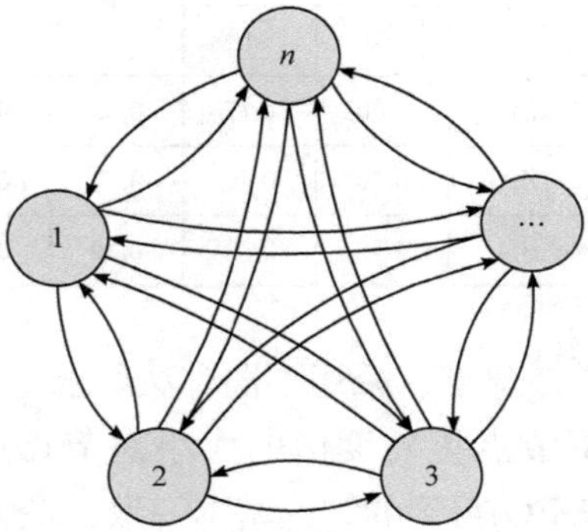

图 2.26 全连接网络

故节点 i 的环介数

$$\text{BL}_i = \sum_{i=1}^{n-1} \frac{(n-1)!}{(n-1-i)!} \bigg/ \sum_{i=2}^{n} \frac{n!}{i \cdot (n-1)!}$$

对于作战活动网络来说,利用环介数来确定作战活动的重要度是一个很好的衡量标准。

3) 小世界网络

小世界网络如图 2.27 所示。图中节点可分为 3 类，一类是快捷边的起点，如节点 0；一类是快捷边的终点，如节点 3、5、8；还有一类是普通节点，如节点 1、2、4、6、7、9。

如果仅考虑外圈的边，即不考虑边"节点 0→3，节点 0→5，节点 0→8"，则所有节点在结构上是对称的，因此同等重要。但是考虑从节点 0 出来的三条边(节点 0→3，节点 0→5，节点 0→8)，节点 0、3、5、8 将比其他节点发挥更重要的作用。

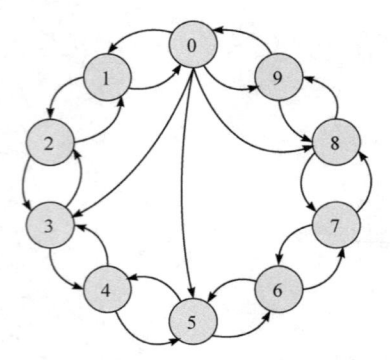

图 2.27 小世界网络

图 2.27 中共有 18 条环路，有 10 条环路经过节点 0，8 条环路经过节点 3、5、8，7 条环路经过节点 1、2、4、6、7、9。

采用介数法(BC)、节点出入度法(DEG)和环介数法(BL)计算该网络节点的重要度，并进行归一化处理，计算结果如表 2.12 所示。表 2.12 的数据可以直观展现为图 2.28。

表 2.12 点重要度评估结果

方法	节点									
	0	1	2	3	4	5	6	7	8	9
BC	1.00	0.17	0.00	0.31	0.10	0.47	0.10	0.05	0.26	0.06
DEG	0.70	0.40	0.40	0.50	0.40	0.50	0.40	0.40	0.50	0.40
BL	0.56	0.39	0.39	0.44	0.39	0.44	0.39	0.39	0.44	0.39

显然，采用不同方法所求得的节点重要度结果存在差异，但是根据各种方法下节点重要度值的大小对节点进行排序，可知本节方法(BL)与节点出入度法(DEG)得到的结论基本一致：最为重要的节点是节点 0，其次是节点 3、5、8。

上述研究表明，利用环介数这一指标可以分析作战活动的重要程度。因为指标值与作战环相关，因此本节方法计算得到的结果反映了实际物理意义。通过确定作战活动网络中关键的作战活动，既可以针对敌方的关键作战活动进行破坏，影响敌方的作战活动网络，又可以对我方关键作战活动进行强化和防护，以提升体系作战能力。

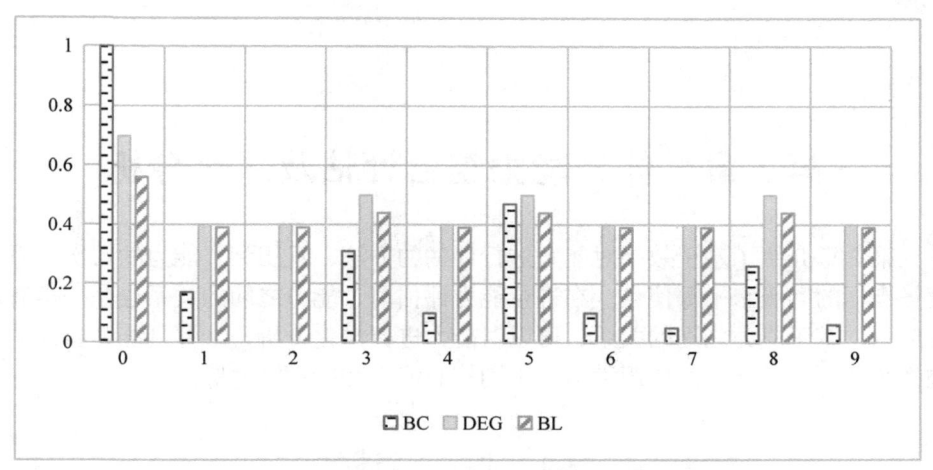

图 2.28　不同算法下小世界网络各节点的重要度

参 考 文 献

[1] 李昂, 刘辉建, 沈闽锋, 等. 反舰导弹远程作战体系能力评估. 舰船电子工程, 2008, 28(1): 52-54.
[2] 帅勇, 宋太亮, 王建平, 等. 装备保障能力评估方法综述. 计算机测量与控制, 2016, 24(3): 1-3.
[3] 胡晓峰, 张昱, 李仁见, 等. 网络化体系能力评估问题. 系统工程理论与实践, 2015, 35(5): 1317-1323.
[4] 伍文峰, 胡晓峰. 基于大数据的网络化作战体系能力评估框架. 军事运筹与系统工程, 2016, 30(2): 26-32.
[5] Biltgen P T. A methodology for capability-based technology evaluation for systems-of-systems. Georgia Institute of Technology, 2007.
[6] 裴东, 秦大国, 卜广志. 基于证据网络的空间信息支援体系能力评估模型构建. 装备学院学报, 2017, 28(2): 52-57.
[7] 胡剑文. 武器装备体系能力指标的探索性分析与设计. 北京:国防工业出版社, 2009.
[8] 罗鹏程, 傅攀峰, 周经伦. 武器装备体系作战能力评估框架. 系统工程与电子技术, 2005, 27(1): 72-75.
[9] 芦荻, 商慧琳. 基于反导作战环的装备作战网络能力评估. 太赫兹科学与电子信息学报, 2016, 14(3): 372-377.
[10] 曹强, 荆涛, 周少平. 武器装备体系能力矩阵评估方法. 火力与指挥控制, 2016, 41(2): 142-147.
[11] Nardelli E, Proietti G, Widmayer P. Finding the most vital node of a shortest path. International Conference Cocoon, 2001: 278-287.
[12] 谭跃进, 吴俊, 邓宏钟. 复杂网络中节点重要度评估的节点收缩方法. 系统工程理论与实践, 2006, 26(11): 79-84.
[13] 范文礼, 刘志刚. 基于传输效率矩阵的复杂网络节点重要度排序方法. 西安交通大学学报, 2014, 49(2): 337-342.

第 3 章　体系能力组合评估及深化分析

第 2 章介绍了基于效果对能力进行评估的方法，只用到了能力的层次关系及度量指标的等级水平等信息。在进行能力评估时，能力之间的关系也是一类有用的信息。基于能力之间的关系，可以对能力进行深化分析，如评判能力整体的优势劣势度，分析能力的应用潜力，识别核心能力和瓶颈能力等。

3.1　概　　述

3.1.1　能力组合的概念

体系能力用来支撑体系使命任务的完成，在体系实际运行时能力的水平发挥是互相影响依赖的。对体系能力的研究不能拿简单系统静态、分解、孤立的方式来进行，必须用动态、整体、联系的方式来开展。

体系能力间的关联关系表明，体系完成某一特定的任务或使命，通常是联合多项能力来完成的。可以将实现同一任务或使命的具有关联关系的一组能力称为能力组合，其中能力的关联关系是指能力间的依赖、影响、交互等关系。

在体系化作战中，需要不同的能力组合才能适应不同背景下的任务需求变化。当确定作战任务及其能力需求后，可以灵活组合体系具备的多项能力来完成任务。传统模式下，体系能力组合较为固定，能力组合仅限于同一作战单元或者处于同一指挥链路上的不同单元，没有实现不同作战单元间的能力组合。在信息化和智能化条件下，体系应该具备根据任务需求动态组合能力来执行任务的本领。体系能力可组合性越强，体系整体能力水平或潜力越大，适应性越高。

一个能力组合的多项能力在完成任务时，满足任务需求的程度是受能力短板制约的，也就是能力组合中水平最低的那项能力会限制其他高水平能力实际作用的发挥。例如，防空体系的预警侦察能力、指挥控制能力和武器拦截能力是相互影响的，它们整体上反映了体系防空能力。如果拦截武器作用距离很远，远远超出了预警探测范围，那么在防空作战中武器系统的拦截能力肯定不可能全部发挥出来，其效能受预警探测能力的制约。这时就要从能力组合的角度来评估体系的整体水平。因此在体系能力评估中，有必要识别出所有可能的能力组合，根据每组能力组合中的能力短板来评估组合能力的水平，最后基于各能力组合的评估结果对体系能力进行综合评估。

先对能力组合进行定义。

定义 3.1 能力组合是为实现同一作战任务且具有强影响依赖关系的一组能力形成的集合。

从理论上说，能力体系就是一个巨大的组合，它将不同类别、性质的能力组建成一个集合，为实现体系的顶层目标而服务。体系中的任何一个能力都应能与其他能力构成能力组合，不会存在孤立的能力。但是实际上这是不会发生的，因为并不是任意两项能力组合起来都有实际意义，而且任何能力都可以组合的情况对应了全连接网络，从成本上考虑这也是难以承受的。定义中特别强调"强依赖关系"，意在说明紧密联系的能力在水平发挥时的相互影响较大，联系不紧密的能力虽然都对某一任务执行相关，但是其作用的发挥并不会相互影响。

设 $S_{cap} = \{cap_l | l = 1, 2, \cdots, N_C\}$ 是能力集合，能力强依赖关系图为 N，C_D 为其邻接矩阵，那么一个能力组合是指 S_{cap} 的一个子集 $sc = \{cap_{sc,i} \in S_{cap} | i = 1, 2, \cdots, N_{sc}\}$。根据定义 3.1 易知，sc 中能力所确定的能力强依赖关系图 N 的子图是连通的。

能力强依赖关系图是基于活动网络中的活动环路来确定的，因此通过寻找作战活动环路，并根据能力与活动的映射关系，通过查找作战环路，可以找到可能的能力组合。

3.1.2 能力组合相关研究

2003 年，美国国防部在基于能力分析方法的基础上衍生了基于能力的规划(capabilities-based planning，CBP)[1]。随着时代的进步，CBP 经过不断发展，已演化成为能力组合管理(capability portfolio management，CPM)[2]，CPM 的长远计划是同步、整合和协调与能力投资相关的工作，以满足联合作战人员和支持防务实体的需求。2005 年美国国防部发布信息技术组合管理文件，侧重改进国防部能力和任务的投资组合[3]；2009 年发布的美国国防部体系结构框架 2.0 版(DoDAF 2.0)中增加了支持能力组合管理的元数据模型[4]；2012 年美国发布的陆军装备现代化计划中，提出士兵组合、任务指挥组合、情报组合、地面机动组合、空中机动组合、火力组合、空中和导弹防御组合、武力防卫组合、持续运输组合和保障组合十大装备能力组合[5]；同年，美国海军研究处发布关于未来海军能力组合的文件，从顶层来规划其海军技术装备组合的发展[6]。

CBP 和 CPM 的基础是组合决策(portfolio decision-making)分析方法。组合决策是将经济领域的投资组合分析(portfolio analysis)理论应用到决策分析领域中，解决在经费和其他约束条件下，如何从备选方案中筛选出多个备选方案的优化组合。兰德公司的 Davis 等学者开展了一系列基于组合决策的应用研究[7,8]，包括《新国防战略的资源分配：DynaRank 决策支持系统》《能力选项评估的组合分析方法》《导弹防御的组合分析工具 PAT-MD：方法论与用户手册》等，提出了支持国防部和其他组织开展能力组合分析的分析框架和方法论，开发了初始选项生成与筛选工具 BCOT(building blocks to composite options tool)[9]和在组合分析框架内评估选项的分析工具 PAT(portfolio analysis tool)[10]。这三者构成了较为完善的武器装备体系组合分析方法及工具支撑，如图 3.1 所示。

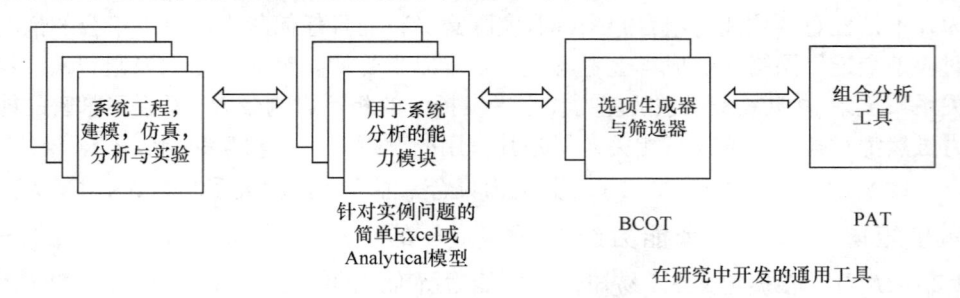

图 3.1 组合分析方法论和支撑工具

国内学者针对武器装备规划、建设等问题，以基于能力规划的最新发展理念——能力组合管理(CPM)为指导思想，从项目组合视角和顶层规划角度，研究提出了基于能力的武器装备组合规划方法，以解决武器装备规划的多目标决策和不确定性决策的优化问题[11]。在民用领域，有关能力组合开展的探究集中在企业和组织能力方面，组织应当对能力组合的整体效果进行关注。史会斌等通过分析组织能力组合对组织运转产生的绩效影响，探索组织发挥能力创造价值的方法[12]。尹育航等以企业生命周期理论为基础，研究民营企业的核心能力组合模式，分析在不同阶段有效的能力组合[13]。企业能力组合的不断演变支撑着企业的发展和进步，余伟萍从能力系统的角度出发，归纳出企业持续发展的能力组合模型，科学分析能力组合模型，以提升企业能力，保持竞争优势[14]。

综上分析，可见能力组合相关研究主要聚焦在实现能力投资选项的组合分析研究上，目的是通过生成尽可能多的组合选项，分析效费比最优的选项，为决策者提供决策依据。

3.1.3 能力组合评估及深化分析问题

体系能力评估解决的是判断体系执行规定任务和活动达到什么水平的问题。基于体系能力评估结果及评估过程结果(能力间关系等)可以开展更多的分析，例如，根据体系能力等级向量的分布情况，分析各项分能力水平的分布情况，以此为基础，可以判断出哪些能力是体系的优势能力，哪些能力是劣势能力，并判断体系能力整体水平的优势度和劣势度等。

本章主要介绍如下几方面的能力深化分析方法。

(1) 体系能力组合评估。基于能力影响和依赖关系,可以得到能力影响链路或能力环路,以此为基础可以得到体系能力组合。能力组合更加真实地反映了体系能力的整体水平,如果共同完成任务的多项能力有的水平高有的水平低,那么由于木桶效应或短板效应,某些体系能力实际上不能发挥出全部本领。

(2) 基于能力组合的体系优劣势能力识别。可以通过能力组合的评估和各项能力包含于能力组合的情况,分析体系优势能力和劣势能力。一项能力在能力组合中的水平发挥程度越低(有 100 分的水平,实际只发挥出 50 分甚至更低)则为优势能力;水平发挥程度越高,如 100%发挥,则可能为瓶颈能力,因为其可能制约了其他能力的发挥;所有能力发挥水平相近,则体系能力整体比较均衡,这是最理想的情况。

(3) 基于能力组合的体系核心能力识别。基于能力组合的分析评估结果,还可以识别体系的核心能力,具体思路是:如果一项能力在越多的能力组合出现,说明该能力越关键,可以定义该能力为关键能力。如果一项能力既是劣势能力,又是核心能力,那么该能力就成为体系的瓶颈能力。提升体系瓶颈能力的水平显然是体系建设的首要任务。

(4) 基于能力关系的体系能力增值评估。体系能力关系反映了体系能力组合在一起涌现出更高层次能力的本领,因此基于体系单项能力评估结果,考虑能力间关系,可以分析能力关系对体系整体能力水平的涌现和提升作用。

下面从能力依赖关系分析入手,定义能力组合并提出能力组合识别与评估的方法,提出基于能力组合和能力关系对能力进一步分析的技术。需要说明的是,本章的分析方法以能力之间的逻辑关系为基础,在实际运用中还要结合能力内涵来具体问题具体分析,并尽可能消除能力和活动建模颗粒度等因素对评估的影响,因为对同样的体系和评估问题,不同的能力和活动的颗粒度会造成分析结果的不同。

3.2 体系能力依赖关系分析

3.2.1 体系能力的依赖关系及分类

2.2.2 节中将能力依赖关系定义为一项能力的执行依赖另一项能力的执行结果的情况,是对能力间依赖与影响作用的抽象描述,且可以通过能力所对应活动间的资源交互关系进行分析。

图 3.2 描述了一个体系的能力及能力所映射活动的网络。

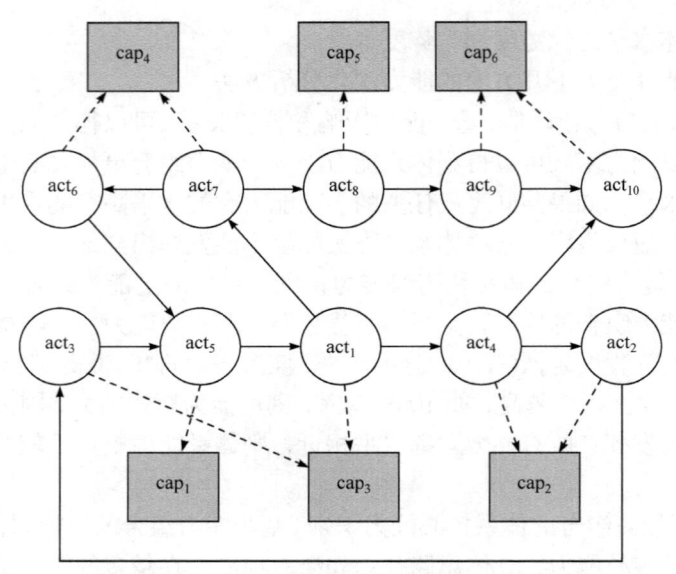

图 3.2 基于活动网络的能力依赖关系分析示例

图 3.2 中活动网络有 10 项活动，6 项能力与 10 项活动的映射矩阵为

$$C_{\mathrm{CA}} = \begin{bmatrix} 0 & 0 & 0 & 0 & 1 & 0 & 0 & 0 & 0 & 0 \\ 0 & 1 & 0 & 1 & 0 & 0 & 0 & 0 & 0 & 0 \\ 1 & 0 & 1 & 0 & 0 & 0 & 0 & 0 & 0 & 0 \\ 0 & 0 & 0 & 0 & 0 & 1 & 1 & 0 & 0 & 0 \\ 0 & 0 & 0 & 0 & 0 & 0 & 0 & 1 & 0 & 0 \\ 0 & 0 & 0 & 0 & 0 & 0 & 0 & 0 & 1 & 1 \end{bmatrix}$$

活动网络的邻接矩阵为

$$C_I = \begin{bmatrix} 0 & 0 & 0 & 1 & 0 & 0 & 1 & 0 & 0 & 0 \\ 0 & 0 & 1 & 0 & 0 & 0 & 0 & 0 & 0 & 0 \\ 0 & 0 & 0 & 0 & 1 & 0 & 0 & 0 & 0 & 0 \\ 0 & 1 & 0 & 0 & 0 & 0 & 0 & 0 & 0 & 1 \\ 1 & 0 & 0 & 0 & 0 & 0 & 0 & 0 & 0 & 0 \\ 0 & 0 & 0 & 0 & 1 & 0 & 0 & 0 & 0 & 0 \\ 0 & 0 & 0 & 0 & 0 & 1 & 0 & 1 & 0 & 0 \\ 0 & 0 & 0 & 0 & 0 & 0 & 0 & 0 & 1 & 0 \\ 0 & 0 & 0 & 0 & 0 & 0 & 0 & 0 & 0 & 1 \\ 0 & 0 & 0 & 0 & 0 & 0 & 0 & 0 & 0 & 0 \end{bmatrix}$$

因此根据 2.2.2 节依赖关系计算方法，有：

$$C_D = C_{\text{CA}} C_I C_{\text{CA}}^{\text{T}} = \begin{bmatrix} 0 & 0 & 1 & 0 & 0 & 0 \\ 0 & 1 & 1 & 0 & 0 & 1 \\ 1 & 1 & 0 & 1 & 0 & 0 \\ 1 & 0 & 0 & 1 & 1 & 0 \\ 0 & 0 & 0 & 0 & 0 & 1 \\ 0 & 0 & 0 & 0 & 0 & 1 \end{bmatrix}$$

依据能力之间的依赖关系，可以建立能力依赖关系图 N，依赖关系图 N 是一个把能力作为节点、把能力依赖关系作为边的有向图。图中节点代表能力，边代表所连接能力间存在依赖关系，那么矩阵 C_D 即为这个有向图的邻接矩阵。

定义 3.2 根据能力所对应活动间的资源交互关系得到的能力影响依赖关系称为能力的弱依赖关系。

上述计算方式将能力间可能存在的弱影响依赖关系都找了出来，虽然计算快速便捷，但是有一种扩大化分析的趋势。对一个复杂的活动网络，其包含的链路较多，关系复杂，这种分析方法得到的相当一部分链路可能没有实际意义，间接造成能力依赖关系分析失真。

图 3.2 示例中能力的依赖关系图如图 3.3 所示。分析图 3.3 的能力依赖关系可知，能力 cap_6 依赖能力 cap_2 和 cap_5，能力 cap_5 依赖能力 cap_4，能力 cap_1、cap_2、cap_3 和 cap_4 互相依赖影响，因此可知能力 cap_1、cap_2、cap_3 和 cap_4 是最核心能力，但是能力 cap_6 是最顶层的能力。哪些能力是最重要能力呢，似乎可以说是 cap_1、cap_2、cap_3 和 cap_4，

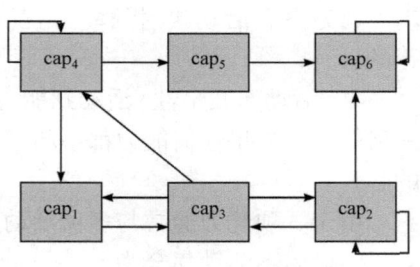

图 3.3 能力依赖关系图例

也可以说是能力 cap_6。但根据图 3.2，很难说能力 cap_6 是最重要的能力。

活动网络中的环路通常对应了一个作战任务执行的闭合过程，近些年作战环的相关研究就是通过作战活动环路来分析作战问题。因此基于活动环路分析能力依赖关系有明显的物理意义，可以很好地解决基于链路分析能力依赖关系时存在的不足。

定义 3.3 根据能力所对应活动网络的环路分析得到的能力影响依赖关系称为能力的强依赖关系。

由于体系活动间存在分解关系，体系能力间也存在分解关系，能力与活动的映射关系也可能是跨层次的复杂关系。简化起见，后面不特别说明时，默认所有能力是同一等级的，都不存在分解关系，所有活动间也不存在分解关系，此时最底层活动集就是活动集合。

定义 3.4 设 $S_{\text{cap}} = \{\text{cap}_l \mid l = 1, 2, \cdots, N_C\}$ 是能力的集合，$S_{\text{act}} = \{\text{act}_i \mid i = 1, 2, \cdots, N_A\}$ 是活动的集合，S_{act} 中的活动和 S_{cap} 中的能力存在映射关系，记为 F，若 $\text{act} \in S_{\text{act}}$ 与 $\text{cap} \in S_{\text{cap}}$ 存在映射关系，则记为 $\text{cap} = F(\text{act})$。

(1) 如果存在 $\text{act} \in S_{\text{act}}$ 没有映射到 S_{cap} 中的能力，则 F 是从 S_{act} 到 S_{cap} 的部分映射(partial function)。

(2) 如果对 $\forall \text{act} \in S_{\text{act}}, \exists \text{cap} \in S_{\text{cap}}$，使得 $\text{cap} = F(\text{act})$，则 F 是从 S_{act} 到 S_{cap} 的完全映射(total function)。

(3) 如果 F 是完全映射，且对 $\forall \text{act}_1, \text{act}_2 \in S_{\text{act}}$，$\text{act}_1 \neq \text{act}_2$ 时有 $F(\text{act}_1) \neq F(\text{act}_2)$，则 F 是从 S_{act} 到 S_{cap} 的单射。

(4) 如果对 $\forall \text{cap} \in S_{\text{cap}}$，$\exists \text{act} \in S_{\text{act}}$，满足 $\text{cap} = F(\text{act})$，则 F 是从 S_{act} 到 S_{cap} 的满射。

(5) 如果 F 既是单射又是满射，则 F 是从 S_{act} 到 S_{cap} 的双射或一一映射。

根据能力的定义，能力与活动间的映射关系通常满足以下假设。

(1) 能力可行性。活动到能力的映射是满射，即每一项能力至少映射到一项活动，因为没有活动映射的能力就没有定义清楚能力具体如何实施，因此是不可行的。

(2) 活动非冗余性。活动到能力的映射是完全映射，即每一项活动至少映射到一项能力。如果任何能力都不与某项活动映射，则该活动就是冗余的，没有存在的必要。

由于一项能力通常与多项活动关联，故活动到能力的映射一般不是单射。

假设体系活动集合为 $S_{\text{act}} = \{\text{act}_i \mid i = 1, 2, \cdots, N_A\}$，体系活动网络为 D，D 的邻接矩阵记为

$$C_I = \begin{matrix} & \begin{matrix} \text{act}_1 & \text{act}_2 & \cdots & \text{act}_{N_A} \end{matrix} \\ \begin{matrix} \text{act}_1 \\ \text{act}_2 \\ \vdots \\ \text{act}_{N_A} \end{matrix} & \begin{pmatrix} c_{11} & c_{12} & \cdots & c_{1N_A} \\ c_{21} & c_{22} & \cdots & c_{2N_A} \\ \vdots & \vdots & & \vdots \\ c_{N_A 1} & c_{N_A 2} & \cdots & c_{N_A N_A} \end{pmatrix} \end{matrix}$$

其中，活动 act_i 有到 act_j 的信息时，则 $c_{ij} = 1$，否则为 0。

定义图 D 的可达性矩阵为 M，满足：

$$m_{ij} = \begin{cases} 1, & \text{如果}\text{act}_i\text{经若干边到达}\text{act}_j \\ 0, & \text{act}_i\text{不能到达}\text{act}_j \end{cases}, 1 \leqslant i, j \leqslant n$$

如果活动 act_i 出发经 k 条边到达 act_j，则说明 act_i 到 act_j 是可达的且"路径长度"为 k。计算 C_I^k 可以判断两个节点间是否存在程度为 k 的环路。如计算 C_I^2，若 C_I^2 中第 i 行第 j 列上的元素为 1，则从 act_i 到 act_j 可达且"长度"是 2。

图 3.4 所示为包含 4 个活动节点的活动网络示例，其中活动集合 $S_C = \{\text{act}_1, \text{act}_2, \text{act}_3, \text{act}_4\}$。

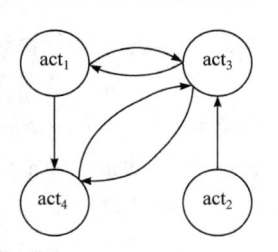

图 3.4 活动网络示例

活动网络的邻接矩阵 C_I 为

$$C_I = \begin{array}{c} \\ \text{act}_1 \\ \text{act}_2 \\ \text{act}_3 \\ \text{act}_4 \end{array} \begin{array}{c} \text{act}_1 \quad \text{act}_2 \quad \text{act}_3 \quad \text{act}_4 \\ \begin{pmatrix} 0 & 0 & 1 & 1 \\ 0 & 0 & 1 & 0 \\ 1 & 0 & 0 & 1 \\ 0 & 0 & 1 & 0 \end{pmatrix} \end{array}$$

计算

$$C_I^2 = \begin{pmatrix} 0 & 0 & 1 & 1 \\ 0 & 0 & 1 & 0 \\ 1 & 0 & 0 & 1 \\ 0 & 0 & 1 & 0 \end{pmatrix} \begin{pmatrix} 0 & 0 & 1 & 1 \\ 0 & 0 & 1 & 0 \\ 1 & 0 & 0 & 1 \\ 0 & 0 & 1 & 0 \end{pmatrix} = \begin{pmatrix} 1 & 0 & 1 & 1 \\ 1 & 0 & 0 & 1 \\ 0 & 0 & 2 & 1 \\ 1 & 0 & 0 & 1 \end{pmatrix}$$

则 act_2 到 act_1、act_2 到 act_4、act_4 到 act_1 等都是可达的且"长度"为 2。还可以进一步计算 C_I^3，C_I^4，…，然而最多算到 C_I^4 就可以了，由于对一个由 4 个活动组成的集合来说，任意两个活动之间的"长度"≤4，所以"长度"等于 4 时，应有类似以下的情景：

$$\text{act}_1 \to \text{act}_2 \to \text{act}_3 \to \text{act}_4 \to \text{act}_1$$

其中，act_1（或 act_2，act_3，act_4）对自身构成一个环路。

网络的可达图可以给出两个节点存在几条长度为 k 的环路，但是并不能明确是哪几条。找到活动网络的所有简单环路是开展其他分析的基础。具体的简单环路查找方法通常采用递归算法，通过深度优先或广度优先策略找出所有可能的环路。

3.2.2 基于活动环路的能力依赖关系分析

记给定活动网络 D 所有环路集合记为 $S_{\text{loop}} = \{\sigma_p, p = 1, 2, \cdots, N_p\}$。根据一条环路中的活动次序，以及活动与能力映射关系矩阵 C_{AC}，可以找到环路所对应的能力，并进一步分析得到这些能力间的依赖关系。

图 3.5 所示是图 3.2 的一个子图。该图上部是一条活动环路，其中含有 5 个活动 $act_i(i=1,2,\cdots,5)$，下部是 3 个活动所对应的能力 $cap_l(l=1,2,3)$，其中能力 cap_3 与活动 act_1 和 act_3 相对应，能力 cap_1 与活动 act_5 相对应，能力 cap_2 与活动 act_4 和 act_2 相对应。

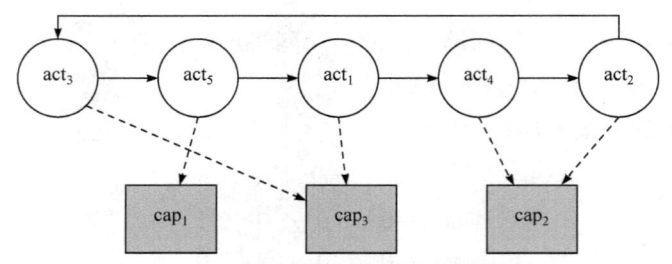

图 3.5 环路及活动对应能力示范图

从图 3.5 中可以分析得到，能力 cap_1 对应的活动 act_5 是在活动 act_3 之后，而能力 cap_3 与活动 act_3 相对应，那么就可知能力 cap_1 是依赖能力 cap_3 的，即能力 cap_1 的执行结果依赖能力 cap_3 的执行。而图中活动顺序 act_1 在活动 act_5 之后，所以可以同样认为能力 cap_3 是依赖能力 cap_1 的。综上所述，可以认为能力 cap_3 和能力 cap_1 是互相依赖关系。同理能力 cap_3 和能力 cap_2 也是互相依赖关系。

记 $S_{\text{cap}}=\{cap_l\,|\,l=1,2,\cdots,N_C\}$ 是能力集合，$S_{\text{act}}=\{act_i\,|\,i=1,2,\cdots,N_A\}$ 是活动的集合；$C_{\text{CA}}=(f_{li})_{N_C\times N_A}$ 表示能力与活动之间的映射关系，当 act_i 支持能力 cap_l 时，$f_{li}=1$，否则 $f_{li}=0$；$C_I=(c_{ij})_{N_A\times N_A}$ 是活动网络的邻接矩阵。

对任意一条环路 $\sigma_p\in S_{\text{loop}}$，设

$$\sigma_p=act_{p_1}act_{p_2}\cdots act_{p_k}act_{p_1}$$

其中，$act_{p_j}\in S_C, j=1,2,\cdots,k$。

定义 σ_p 的标示矩阵为 $C_{\sigma_p}=\left(r^{(p)}_{s,t}\right)_{N_A\times N_A}$，其中 $r^{(p)}_{p_1,p_2},r^{(p)}_{p_2,p_3},\cdots,r^{(p)}_{p_{k-1},p_k},r^{(p)}_{p_k,p_1}$ 取值为 1，其余元素取值为 0。

定义 σ_p 的特征(列)向量为 E_p，当 act_{p_1} 在 σ_p 中时 E_p 对应 p_1 位置元素为 1，其他位置为 0。那么易知 $E_p E_p^{\tau}\odot C_I=C_{\sigma_p}$，其中 $\odot$ 是矩阵的 Hadamard 乘积运算，即行列数相同的两个矩阵的对应位置元素进行相乘运算。

根据每条环路关系和能力对活动映射关系，可以找出环路里的活动所对应的能力之间的依赖关系。对活动网络 D 中所有环路集合 S_{loop} 都进行分析，就可以得

到所有能力之间的依赖关系。这些依赖关系可以用矩阵 $C_D = (d_{ij})_{n \times n}$ 来表示，能力 cap_j 依赖能力 cap_i 时 $d_{ij} = 1$，否则为 0。

C_D 可以通过以下过程获得。

(1) 定义

$$C_{D,p} = C_{\text{CA}} C_{\sigma_p} C_{\text{CA}}^{\text{T}} - \text{diagonal}\left(C_{\text{CA}} C_{\sigma_p} C_{\text{CA}}^{\text{T}}\right) \quad (3.2.1)$$

即

$$C_{D,p} = C_{\text{CA}} \left(E_p E_p^{\text{T}} \odot C_I\right) C_{\text{CA}}^{\text{T}} - \text{diagonal}\left(C_{\text{CA}} \left(E_p E_p^{\text{T}} \odot C_I\right) C_{\text{CA}}^{\text{T}}\right) \quad (3.2.2)$$

(2) 定义

$$C_D = \sum_{\sigma_p \in S_{\text{loop}}} \oplus C_{D,p} \quad (3.2.3)$$

其中，"$\oplus$"的运算规则是：矩阵相加时对应位置元素值的和若大于 0，则 C_D 矩阵对应位置元素值赋为 1，否则赋为 0。diagonal(·) 将矩阵对角线元素值保留，其他位置元素值赋为 0。

下面通过图 3.2 所示的活动网络及能力示例进行说明。图 3.2 中有两个环路，分别为

$$\sigma_1 = \text{act}_1 \text{act}_4 \text{act}_2 \text{act}_3 \text{act}_5 \text{act}_1, \sigma_2 = \text{act}_1 \text{act}_7 \text{act}_6 \text{act}_5 \text{act}_1$$

环路 σ_1 的特征(列)向量为 $E_1 = (1111100000)^{\text{T}}$，环路 σ_2 的特征(列)向量为 $E_2 = (1000111000)^{\text{T}}$，因此环路 σ_1 的标示矩阵为

$$C_{\sigma_1} = E_1 E_1^{\text{T}} \odot C_I = \begin{bmatrix} 0 & 0 & 0 & 1 & 0 & 0 & 0 & 0 & 0 & 0 \\ 0 & 0 & 1 & 0 & 0 & 0 & 0 & 0 & 0 & 0 \\ 0 & 0 & 0 & 0 & 1 & 0 & 0 & 0 & 0 & 0 \\ 0 & 1 & 0 & 0 & 0 & 0 & 0 & 0 & 0 & 0 \\ 1 & 0 & 0 & 0 & 0 & 0 & 0 & 0 & 0 & 0 \\ 0 & 0 & 0 & 0 & 0 & 0 & 0 & 0 & 0 & 0 \\ 0 & 0 & 0 & 0 & 0 & 0 & 0 & 0 & 0 & 0 \\ 0 & 0 & 0 & 0 & 0 & 0 & 0 & 0 & 0 & 0 \\ 0 & 0 & 0 & 0 & 0 & 0 & 0 & 0 & 0 & 0 \\ 0 & 0 & 0 & 0 & 0 & 0 & 0 & 0 & 0 & 0 \end{bmatrix}$$

环路 σ_2 的标示矩阵为

$$C_{\sigma_2} = E_2 E_2^{\mathrm{T}} \odot C_I = \begin{bmatrix} 0 & 0 & 0 & 0 & 0 & 1 & 0 & 0 & 0 \\ 0 & 0 & 0 & 0 & 0 & 0 & 0 & 0 & 0 \\ 0 & 0 & 0 & 0 & 0 & 0 & 0 & 0 & 0 \\ 0 & 0 & 0 & 0 & 0 & 0 & 0 & 0 & 0 \\ 1 & 0 & 0 & 0 & 0 & 0 & 0 & 0 & 0 \\ 0 & 0 & 0 & 0 & 1 & 0 & 0 & 0 & 0 \\ 0 & 0 & 0 & 0 & 1 & 0 & 0 & 0 & 0 \\ 0 & 0 & 0 & 0 & 0 & 0 & 0 & 0 & 0 \\ 0 & 0 & 0 & 0 & 0 & 0 & 0 & 0 & 0 \end{bmatrix}$$

那么有:

$$C_{D,1} = C_{\mathrm{CA}} C_{\sigma_1} C_{\mathrm{CA}}^{\mathrm{T}} - \mathrm{diagonal}\left(C_{\mathrm{CA}} C_{\sigma_1} C_{\mathrm{CA}}^{\mathrm{T}}\right) = \begin{bmatrix} 0 & 0 & 1 & 0 & 0 & 0 \\ 0 & 0 & 1 & 0 & 0 & 0 \\ 1 & 1 & 0 & 0 & 0 & 0 \\ 0 & 0 & 0 & 0 & 0 & 0 \\ 0 & 0 & 0 & 0 & 0 & 0 \\ 0 & 0 & 0 & 0 & 0 & 0 \end{bmatrix}$$

$$C_{D,2} = C_{\mathrm{CA}} C_{\sigma_2} C_{\mathrm{CA}}^{\mathrm{T}} - \mathrm{diagonal}\left(C_{\mathrm{CA}} C_{\sigma_2} C_{\mathrm{CA}}^{\mathrm{T}}\right) = \begin{bmatrix} 0 & 0 & 1 & 0 & 0 & 0 \\ 0 & 0 & 0 & 0 & 0 & 0 \\ 0 & 0 & 0 & 1 & 0 & 0 \\ 1 & 0 & 0 & 0 & 0 & 0 \\ 0 & 0 & 0 & 0 & 0 & 0 \\ 0 & 0 & 0 & 0 & 0 & 0 \end{bmatrix}$$

进一步可以得到:

$$C_D = C_{D,1} \oplus C_{D,2} = \begin{bmatrix} 0 & 0 & 1 & 0 & 0 & 0 \\ 0 & 0 & 1 & 0 & 0 & 0 \\ 1 & 1 & 0 & 1 & 0 & 0 \\ 1 & 0 & 0 & 0 & 0 & 0 \\ 0 & 0 & 0 & 0 & 0 & 0 \\ 0 & 0 & 0 & 0 & 0 & 0 \end{bmatrix}$$

因此对图 3.2 的示例，按环路计算的能力强依赖关系图如图 3.6 所示。

对比图 3.3(不考虑自环)和图 3.6，可知两者的主要区别在于能力 cap_5 和 cap_6 在强依赖关系图 3.6 中是孤立点，这表示它们不依赖其他能力；而在依赖关系图中，cap_6 直接依赖 cap_5 和 cap_2，并间接依赖其他能力。

能力弱依赖关系和强依赖关系的定义条件不同，因此适用范围也不一样。强依赖定义中借鉴了作战环路的思想，因此默认前提是作战环路对应的任务。一项任务的执行涉及多项能力，因此能力强依赖关系可以用于分析针对特定任务的能力组合。能力弱依赖关系只用了活动间的资源交互关系，因此更具有普遍性和一般性，更适合用于识别关键核心能力、区分能力重要性等分析工作。

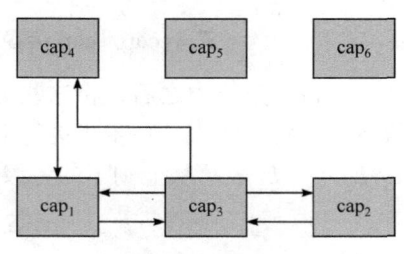

图 3.6 能力强依赖关系图示例

3.2.3 能力依赖关系与能力等级划分

从图 3.3 和图 3.6 可以看出，一些能力是互相依赖的，一些能力不依赖其他能力，而另外一些能力不影响其他能力。区分能力在整个体系中依赖影响作用的大小，明确能力的重要度，可以为能力综合评价时确定能力权重提供支持。

下面介绍基于体系能力依赖关系图的能力等级关系分析方法。首先给出能力后集及先导集的定义。

定义 3.5 若体系能力集合为 $S_C = \{cap_i, 1 \leqslant i \leqslant N_C\}$，体系能力的依赖关系图可达图的邻接矩阵为 $C_R = (d_{ij})_{N_C \times N_C}$，则对任意能力 $cap_i \in S_C$，其后集定义为

$$R(cap_i) = \{cap_j \mid cap_j \in S_C, \ d_{ij} = 1, 1 \leqslant j \leqslant N_C\}$$

cap_i 的先导集定义为

$$A(cap_i) = \{cap_j \mid cap_j \in S_C, \ d_{ji} = 1, 1 \leqslant j \leqslant N_C\}$$

这两个集合在依赖关系图可达图的邻接矩阵中是很直观的，沿着 cap_i 行横着看，所有元素为 1 的列对应的能力都属于 $R(cap_i)$；沿着 cap_i 列竖着看，所有元素为 1 的行对应的能力都属于 $A(cap_i)$。

如某能力 cap_i 为汇集能力，由于 cap_i 不能到达更高级能力，因此该能力的后集 $R(cap_i)$ 中只有 cap_i 本身及和它同一级的强连接能力；且先导集 $A(cap_i)$ 只有它自己及能够达到它的下一级能力和与它同一级别的强连接能力。这样，就汇集能力 cap_i 来看，先导集 $A(cap_i)$ 与后集 $R(cap_i)$ 的交集与 $R(cap_i)$ 一样，因此提出能力 cap_i 为汇集能力的条件为

$$R(cap_i) = R(cap_i) \bigcap A(cap_i)$$

定义 3.6 体系能力 $S_C = \{cap_i, 1 \leqslant i \leqslant N_C\}$ 的汇集能力集为

$$T = \{\text{cap}_i \mid \text{cap}_i \in S_C \text{且} R(\text{cap}_i) = R(\text{cap}_i) \cap A(\text{cap}_i)\}$$

获得汇集能力之后,将这些汇集能力先除去,然后采用一样的方法就可以获得下一级别的能力。一步步进行下去,就能够把各能力划分成一级级的。如果用 $L_1, L_2, \cdots, L_k$ 表示从上到下的各级,则体系能力 S_C 的级别划分可表示为

$$\pi(S_C) = \{L_1, L_2, \cdots, L_k\}$$

具体按以下步骤反复进行。

(1) 记

$$L_j = \left\{ \text{cap}_i \in S_C - \bigcup_{k=0}^{j-1} L_k \mid R_{j-1}(\text{cap}_i) \cap A_{j-1}(\text{cap}_i) = R_{j-1}(\text{cap}_i) \right\}$$

其中

$$L_0 = \varnothing, \quad L_j \text{表示第} j \text{级}, \quad j \geq 1$$

$$R_{j-1}(\text{cap}_i) = \left\{ \text{cap}_i \in S_C - \bigcup_{k=0}^{j-1} L_k \mid m_{ij} = 1 \right\}$$

$$R_{j-1}(\text{cap}_i) = \left\{ \text{cap}_i \in S_C - \bigcup_{k=0}^{j-1} L_k \mid m_{ij} = 1 \right\}$$

(2) 当 $S_c - \bigcup_{k=0}^{j} L_k = \varnothing$ 时,级别划分完毕;否则,令 $j = j+1$,返回步骤(1)。给定 N_C 阶可达性矩阵 C_R 后,可知:

$$R(\text{cap}_i) = R(\text{cap}_i) \cap A(\text{cap}_i)$$

等价于

$$d_{ij} \leq d_{ji}, \quad j = 1, 2, \cdots, N_C$$

满足上述条件的能力就是汇集能力,将这些能力对应的行和列从 C_R 中暂时划掉,从而获取一个低阶矩阵,反复使用上述条件,便能够让各个级别的能力区分开来。

利用上述方法对图 3.7 的示例进行级别划分。图中能力依赖关系图的可达性矩阵为

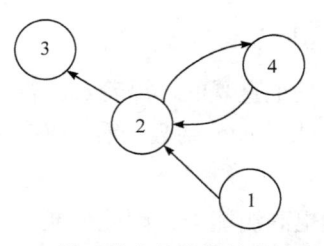

图 3.7 体系能力的依赖关系图示例

$$C_R = \begin{matrix} & \begin{matrix} 1 & 2 & 3 & 4 \end{matrix} \\ \begin{matrix} 1 \\ 2 \\ 3 \\ 4 \end{matrix} & \begin{pmatrix} 1 & 1 & 1 & 1 \\ 0 & 1 & 1 & 1 \\ 0 & 0 & 1 & 0 \\ 0 & 1 & 1 & 1 \end{pmatrix} \end{matrix}$$

各能力的后集和先导集如表 3.1 所示。

表 3.1　第一级划分

cap_i	$R(cap_i)$	$A(cap_i)$	$R(cap_i) \cap A(cap_i)$	等级
1	1, 2, 3, 4	1	1	
2	2, 3, 4	1, 2, 4	2, 4	
3	3	1, 2, 3, 4	3	L_1
4	2, 3, 4	1, 2, 4	2, 4	

由表 3.1 可得：

(1) $L_1 = \{cap_i \in S_c - L_0 \mid R(cap_i) \cap A(cap_i) = R(cap_i)\} = \{cap_3\}$。

(2) $\{S_c - L_0 - L_1\} = \{cap_1, cap_2, cap_4\} \neq \varnothing$。

继续进行处理，得表 3.2 和表 3.3。

表 3.2　第二级别划分

cap_i	$R(cap_i)$	$A(cap_i)$	$R(cap_i) \cap A(cap_i)$	等级
1	1, 2, 4	1	1	
2	2, 4	1, 2, 4	2, 4	L_2
3				L_1
4	2, 4	1, 2, 4	2, 4	L_2

表 3.3　第三级别划分

cap_i	$R(cap_i)$	$A(cap_i)$	$R(cap_i) \cap A(cap_i)$	等级
1	1	1	1	L_3
2				L_2
3				L_1
4				L_2

于是对上例，第一级能力为 cap_3，第二级能力为 cap_2、cap_4，第三级能力为 cap_1。以上结果的规范化表述为

$$\pi(S_C) = \{L_1 = \{cap_3\}, L_2 = \{cap_2, cap_4\}, L_3 = \{cap_1\}\}$$

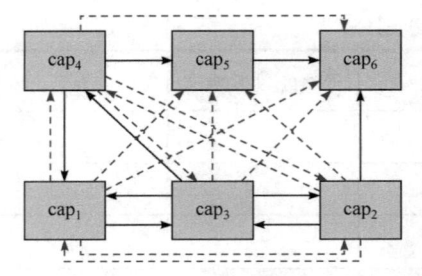

图 3.8 体系能力弱依赖关系图的可达图示例

接下来以图 3.3 和图 3.6 能力的弱依赖关系图和强依赖关系图为例来区分能力等级，对比分析结果的异同。

图 3.3 所示能力弱依赖关系图的可达图如图 3.8 所示。

应用前面方法分析得到表 3.4 的结果。

表 3.4 基于体系能力弱依赖关系的能力等级划分-第一步

cap_i	$R(cap_i)$	$A(cap_i)$	$R(cap_i) \cap A(cap_i)$	等级
1	1, 2, 3, 4, 5, 6	1, 2, 3, 4	1, 2, 3, 4	
2	1, 2, 3, 4, 5, 6	1, 2, 3, 4	1, 2, 3, 4	
3	1, 2, 3, 4, 5, 6	1, 2, 3, 4	1, 2, 3, 4	
4	1, 2, 3, 4, 5, 6	1, 2, 3, 4	1, 2, 3, 4	
5	5, 6	1, 2, 3, 4, 5	5	
6	6	1, 2, 3, 4, 5, 6	6	L_1

删除节点 cap_6 后如图 3.9 所示。分析图 3.9 得到表 3.5 的结果。

表 3.5 基于体系能力弱依赖关系的能力等级划分-第二步

cap_i	$R(cap_i)$	$A(cap_i)$	$R(cap_i) \cap A(cap_i)$	等级
1	1, 2, 3, 4, 5	1, 2, 3, 4	1, 2, 3, 4	
2	1, 2, 3, 4, 5	1, 2, 3, 4	1, 2, 3, 4	
3	1, 2, 3, 4, 5	1, 2, 3, 4	1, 2, 3, 4	
4	1, 2, 3, 4, 5	1, 2, 3, 4	1, 2, 3, 4	
5	5	1, 2, 3, 4, 5	5	L_2
6				L_1

删除节点 cap_5 后如图 3.10 所示。

第 3 章　体系能力组合评估及深化分析

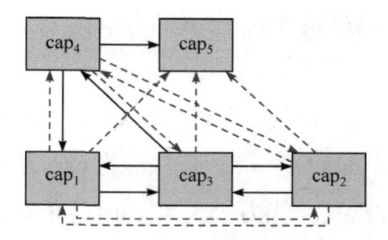

图 3.9　去除节点 cap_6 后的体系能力弱依赖关系图可达图

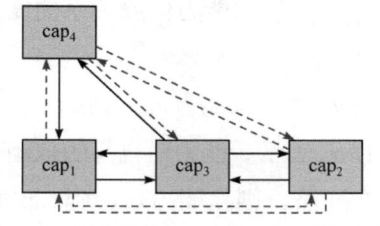

图 3.10　去除节点 cap_5、cap_6 后的可达图

分析图 3.10 得到表 3.6 的结果。

表 3.6　基于体系能力弱依赖关系的能力等级划分-第三步

cap_i	$R(cap_i)$	$A(cap_i)$	$R(cap_i) \cap A(cap_i)$	等级
1	1, 2, 3, 4	1, 2, 3, 4	1, 2, 3, 4	L_3
2	1, 2, 3, 4	1, 2, 3, 4	1, 2, 3, 4	L_3
3	1, 2, 3, 4	1, 2, 3, 4	1, 2, 3, 4	L_3
4	1, 2, 3, 4	1, 2, 3, 4	1, 2, 3, 4	L_3
5				L_2
6				L_1

于是可知第一级能力为 cap_6，第二级能力为 cap_5，第三级能力为 cap_1、cap_2、cap_3、cap_4。

以上结果的规范化表述为

$$\pi_w(S_C) = \{L_1 = \{cap_6\}, L_2 = \{cap_5\}, L_3 = \{cap_1, cap_2, cap_3, cap_4\}\}$$

对图 3.6 中的能力强依赖关系图例，分析可得第一级能力为 cap_6、cap_5，第二级能力 cap_1、cap_2、cap_3、cap_4。分析结果的规范化表述为

$$\pi_S(S_C) = \{L_1 = \{cap_6, cap_5\}, L_2 = \{cap_1, cap_2, cap_3, cap_4\}\}$$

显然 $|\pi_w(S_C)| = 3 > |\pi_S(S_C)| = 2$，也就是说基于能力的依赖关系图划分能力等级时，弱依赖关系图比强依赖关系图更有利，因为其划分的能力等级层次更多，区分度更高。

3.2.4　能力依赖关系量化与能力重要度分析

能力依赖关系图中能力之间有直接依赖关系或间接依赖关系，用 $C_{Dep} =$

$(\text{dep}_{ij})_{N_C \times N_C}$ 表示能力依赖关系的度量矩阵，其中的 dep_{ij} 表示能力 cap_j 对 cap_i 的依赖程度的量化值。

用 d_{ij} 表示从能力 cap_i 到 cap_j 最短路的长度，则能力 cap_j 对 cap_i 的依赖程度可用 $1/d_{ij}$ 表示。能力对自身的依赖程度为 1，即 $1/d_{ii}=1$。若从能力 cap_i 到 cap_j 不存在通路，则从能力 cap_i 到 cap_j 的距离无穷大，能力 cap_j 对 cap_i 的依赖程度为 0。

能力依赖度量矩阵形式化表示为

$$C_{\text{Dep}} = (\text{dep}_{ij})_{N_C \times N_C} = \left(\frac{1}{d_{ij}}\right)_{N_C \times N_C}$$

对 C_{Dep} 的行求和，记为

$$\text{eff}_i = \sum_{j=1}^{N_C} \text{dep}_{ij}, \quad i=1,2,\cdots,N_C$$

其中，eff_i 的大小表示了能力 cap_i 的整体被依赖程度，eff_i 的值越大，表示能力 cap_i 被依赖的程度越强，则能力 cap_i 越关键。

对 C_{Dep} 的列求和，记为

$$\text{dep}_j = \sum_{i=1}^{N_C} \text{dep}_{ij}, \quad j=1,2,\cdots,N_C$$

其中，dep_j 的大小表示了能力 cap_j 依赖其他能力程度的整体情况，dep_j 的值越大，表示能力 cap_j 对其他能力的依赖程度越强，则能力 cap_j 越脆弱。

定义 3.7　能力的关键度定义为其在能力依赖度量矩阵对应行的元素值的和。能力的脆弱度定义为其在能力依赖度量矩阵对应列的元素值的和。

对图 3.3 所示的能力弱依赖关系图进行分析，可以得到能力依赖度量矩阵为

$$C_{\text{Dep},w} = \begin{pmatrix} 1 & 1/2 & 1 & 1/2 & 1/3 & 1/3 \\ 1/2 & 1 & 1 & 1/2 & 1/3 & 1 \\ 1 & 1 & 1 & 1 & 1/2 & 1/2 \\ 1 & 1/3 & 1/2 & 1 & 1 & 1/2 \\ 0 & 0 & 0 & 0 & 1 & 1 \\ 0 & 0 & 0 & 0 & 0 & 1 \end{pmatrix}$$

计算矩阵的行和并进行排序，可得各能力的关键度值，如表 3.7 所示。

表 3.7　图 3.3 中能力的关键度值例

能力	cap_3	cap_2	cap_4	cap_1	cap_5	cap_6
行和(关键度)	5	4.3333	4.3333	3.6667	2	1

则能力关键程度排序如下：

$$cap_3 \to cap_2, cap_4 \to cap_1 \to cap_5 \to cap_6$$

计算矩阵的列和并进行排序，可得各能力的脆弱度值，如表 3.8 所示。

表 3.8　图 3.3 中能力的脆弱度值

能力	cap_6	cap_1	cap_3	cap_5	cap_4	cap_2
列和(脆弱度)	4.3333	3.5	3.5	3.1667	3	2.8333

则能力脆弱程度排序如下：

$$cap_6 \to cap_1, cap_3 \to cap_5 \to cap_4 \to cap_2$$

根据关键程度和脆弱程度的判定方式，关键性排序高和脆弱性排序高的能力，是特别需要关注的能力，这类能力对体系而言属于比较重要的能力，需要在体系构建时对提供这些能力的平台/系统等进行冗余设计，在体系运行时对它们进行重点防护。

对比两种排序可以看出，cap_6 关键程度最低、脆弱程度最高，但 cap_3 关键程度最高同时脆弱程度也排在第三位，显然 cap_3 的重要性更强。下面通过综合考虑行和与列和值来识别关键能力。

定义 3.8　能力的重要度定义为其关键度和脆弱度取值的和。

对上面的例子，对行和和列和再求和，可得能力的重要度值，如表 3.9 所示。

表 3.9　图 3.3 中能力的重要度值

能力	cap_3	cap_4	cap_1	cap_2	cap_6	cap_5
行和 + 列和 (重要度)	8.5000	7.3333	7.1667	7.1667	5.3333	5.1667

则能力的重要度排序为

$$cap_3 \to cap_4 \to cap_1, cap_2 \to cap_6 \to cap_5$$

可见能力 cap_3 最重要，能力 cap_4 次之，能力 cap_1 和 cap_2 重要性相同，并列排在第三位。

对图 3.6 的能力强依赖关系图，能力依赖度量矩阵为

$$C_{\text{Dep},s} = \begin{pmatrix} 1 & 1/2 & 1 & 1/2 & 0 & 0 \\ 1/2 & 1 & 1 & 1/2 & 0 & 0 \\ 1 & 1 & 1 & 1 & 0 & 0 \\ 1 & 1/3 & 1/2 & 1 & 0 & 0 \\ 0 & 0 & 0 & 0 & 0 & 0 \\ 0 & 0 & 0 & 0 & 0 & 0 \end{pmatrix}$$

计算矩阵的行和并进行排序，可得各能力的关键度值，如表 3.10 所示。

表 3.10 图 3.6 中能力的关键度值

能力	cap_3	cap_2	cap_1	cap_4	cap_5	cap_6
行和(关键度)	4	3	3	2.8333	0	0

则能力关键程度排序为

$$\text{cap}_3 \to \text{cap}_2, \text{cap}_1 \to \text{cap}_4 \to \text{cap}_5, \text{cap}_6$$

计算矩阵的列和并进行排序，可得各能力的脆弱度值，如表 3.11 所示。

表 3.11 图 3.6 中能力的脆弱度值

能力	cap_1	cap_3	cap_4	cap_2	cap_5	cap_6
列和(脆弱度)	3.5	3.5	3	2.8333	0	0

则能力按脆弱程度排序为

$$\text{cap}_1, \text{cap}_3 \to \text{cap}_4 \to \text{cap}_2 \to \text{cap}_5, \text{cap}_6$$

行和与列和再求和排序，可得各能力的重要度值，如表 3.12 所示。

表 3.12 图 3.6 中能力的重要度值

能力	cap_3	cap_1	cap_2	cap_4	cap_5	cap_6
行和 + 列和 (重要度)	7.5	6.5	5.8333	5.8333	0	0

则能力的重要度排序为

$$\text{cap}_3 \to \text{cap}_1 \to \text{cap}_2, \text{cap}_4 \to \text{cap}_5, \text{cap}_6$$

对比分析基于弱依赖关系和强依赖关系图的能力重要度分析结果，可见能力按重要度排序的整体趋势基本相同，但是少部分能力的重要度排序有变化。

如果把 3.2.3 节的能力等级也看成一种重要度的话，如能力等级越高重要度越高，那么对比 3.2.3 节和 3.2.4 节的例子，能力的重要度排序如表 3.13 所示。

表 3.13　能力重要度分析结果对比

方法	依赖关系图类型	能力重要度排序
基于能力等级划分	基于弱依赖关系图	$cap_1, cap_2, cap_3, cap_4 \to cap_5 \to cap_6$
	基于强依赖关系图	$cap_1, cap_2, cap_3, cap_4 \to cap_5, cap_6$
基于依赖关系量化	基于弱依赖关系图	$cap_3 \to cap_4 \to cap_1, cap_2 \to cap_6 \to cap_5$
	基于强依赖关系图	$cap_3 \to cap_1 \to cap_2, cap_4 \to cap_5, cap_6$

分析表 3.13 可知，就能力重要度的区分度来看，基于依赖关系量化的方法优于基于能力等级划分的方法；每种方法中基于弱依赖关系图的分析结果要优于基于强依赖关系图的分析结果。因此在确定能力重要度时，可以根据具体情况选择以能力强依赖关系还是弱依赖关系为基础，根据需要选择基于依赖关系量化方法还是基于能力等级划分的方法。

3.3　体系能力组合的识别、描述与评估

3.3.1　能力组合的识别

能力组合的识别分为两个步骤。

步骤 1　遍历活动环路，得到与环路相关的能力集合。对每一条活动回路，根据回路上包含的活动及能力与活动的映射关系，得到与该回路相关的能力集合。根据能力与活动的关系及活动间的关系构建能力组合的候选能力集合。能力与活动是相对应的，透过活动间的关联关系能映射出能力间的影响依赖关系。可利用活动间关系确定能力间关系，利用活动环路确定能力候选集。构成环路的活动是紧密联系在一起的，在环路上的活动所对应的能力也是互相关联的。因此，能力构成能力组合的基础是所对应的活动在一条环路上。但并不是活动环路上的能力都能构成能力组合，还需根据任务功能的定义进行筛选排除。将活动环路相关的能力形成一个能力组合候选集合，记为候选能力集合 $S_C = \{\text{capability}_i\}$，那么所有能力组合方案 S_{cb} 是 S_C 的幂集的子集，即 $S_{cb} \subseteq 2^{S_C}$。

步骤 2　面向任务在能力集合中筛选能力形成能力组合。将能力集合中的能力定义与活动环路的物理含义进行对比分析，筛除不相关的能力，形成一个能力组合方案。根据前面提到的能力组合定义，通过能力间影响依赖关系强度确定不

同类别的能力组合,具有较强的影响依赖关系表明能力具备构成组合的基础条件,多项具有强影响依赖关系的能力形成一个能力组合。再判断能力组合是否有效,是否能够满足作战任务的能力需求,有些能力虽能形成组合关系,但在组合中作用较小,不能满足特定任务背景下的能力需求,此时形成的能力组合就是无效的。

能力组合必须满足以下条件。

(1) 能力组合是一个能力集合,该集合必须要有两个及以上的能力,即对于任意能力组合cb,都有能力数 $N_{cb} \geq 2$。

(2) 组合中的能力都在同一候选集合中,与组合中能力对应的活动应在同一环路,即对于任意能力组合cb,都有 $cb \subseteq S_C$。

(3) 组合中的能力为完成同一任务提供支持,一个能力组合为一个或多个任务提供服务。

(4) 组合中的相邻能力间影响依赖关系强度不小于 θ(θ 为能力影响依赖关系参数,具体值由评估人员确定,通常根据能力数量确定),即对 $\forall cb \subseteq S_{cb}$,$\forall cap_R$、$cap_e \in cb$,若 cap_e 依赖 cap_R,则有 $dep_{kl} > \theta$。

设 $S_{cap} = \{cap_l \mid l=1,2,\cdots,N_C\}$ 是能力集合,$S_{act} = \{act_i \mid i=1,2,\cdots,N_A\}$ 是活动的集合;S_{act} 中的活动和 S_{cap} 中能力的映射关系为 F,F 是完全映射和满射,也可用 $C_{CA} = (f_{li})_{N_C \times N_A}$ 表示;所有活动形成的活动网络为 D,D 的所有环路集合记为 $S_{loop} = \{\sigma_p, p=1,2,\cdots,N_p\}$。

对任意 $\sigma_p \in S_{loop}$,设 σ_p 的特征(列)向量为 E_p,那么根据 3.2.2 节的分析有:

$$C_{D,p} = C_{CA}\left(E_p E_p^T \odot C_I\right) \tag{3.3.1}$$

令 I_{N_C} 为分量都为 1 的 N_C 维列向量,记

$$S_p = C_{D,p} I_{N_C} \tag{3.3.2}$$

则 S_p 中大于 0 的分量对应的能力构成了活动环路 σ_p 对应的能力组合,记为

$$sc_p = \left\{cap_l \mid S_p(l) > 0, \quad l=1,2,\cdots,N_C\right\} \tag{3.3.3}$$

下面用图 3.11 所示的活动网络示例识别能力候选方案集和能力组合。图中所示活动网络中的环路集合为

$$S_{loop} = \{\sigma_1, \sigma_2, \cdots, \sigma_{11}\}$$

其中,各环路具体细节为:$\sigma_1 = a_7 a_9 a_{10} a_7$;$\sigma_2 = a_1 a_4 a_8 a_1$;$\sigma_3 = a_2 a_6 a_9 a_{10} a_2$;$\sigma_4 = a_5 a_9 a_{10} a_7 a_5$;$\sigma_5 = a_2 a_6 a_5 a_9 a_{10} a_2$;$\sigma_6 = a_2 a_6 a_3 a_7 a_9 a_{10} a_2$;$\sigma_7 = a_2 a_6 a_3 a_7 a_5 a_9 a_{10} a_2$;$\sigma_8 = a_1 a_4 a_2 a_6 a_9 a_{10} a_1$;$\sigma_9 = a_1 a_4 a_2 a_6 a_5 a_9 a_{10} a_1$;$\sigma_{10} = a_1 a_4 a_2 a_6 a_3 a_7 a_5 a_9 a_{10} a_1$;$\sigma_{11} = a_1 a_4 a_2 a_6 a_3 a_7 a_9 a_{10} a_1$。

第 3 章 体系能力组合评估及深化分析

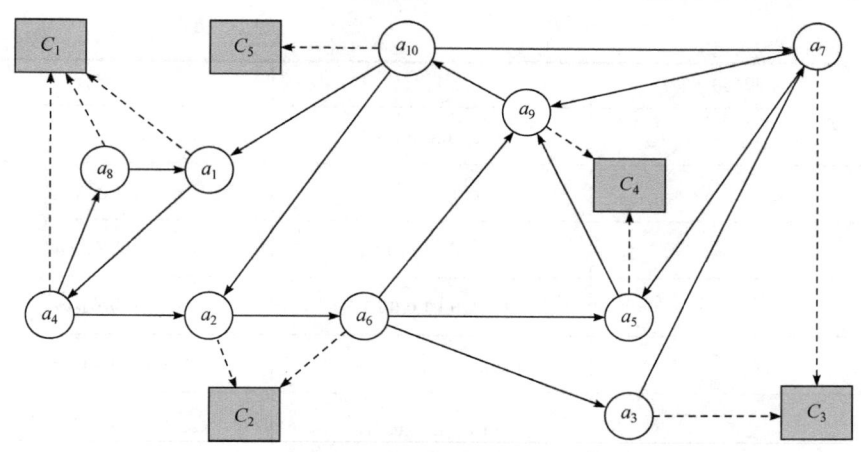

图 3.11 能力组合分析示例

应用 3.2.2 节方法，可以得到能力强依赖关系图，如图 3.12 所示。

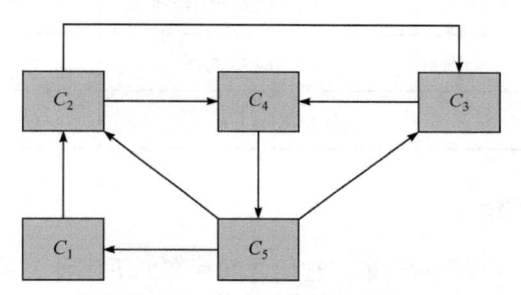

图 3.12 能力强依赖关系图

能力强依赖关系图的邻接矩阵为

$$C_D = \begin{pmatrix} 0 & 1 & 0 & 0 & 0 \\ 0 & 0 & 1 & 1 & 0 \\ 0 & 0 & 0 & 1 & 0 \\ 0 & 0 & 0 & 0 & 1 \\ 1 & 1 & 1 & 0 & 0 \end{pmatrix}$$

应用前面的计算公式，可得各活动环路的特征向量及对应的能力，确定为能力候选方案集。简单起见全部确定为能力组合，结果如表 3.14 所示。

表 3.14 活动环路的特征向量及对应的能力组合示例

活动环路	特征向量	能力组合
σ_1	$(0,0,0,0,0,0,1,0,1,1)^\tau$	$\text{sc}_1 = \{C_3, C_4, C_5\}$

续表

活动环路	特征向量	能力组合
σ_2	$(1,0,0,1,0,0,0,1,0,0)^\tau$	$\text{sc}_2=\{C_1\}$
σ_3	$(0,1,0,0,0,1,0,0,1,1)^\tau$	$\text{sc}_3=\{C_2,C_4,C_5\}$
σ_4	$(0,0,0,0,1,0,1,0,1,1)^\tau$	$\text{sc}_1=\{C_3,C_4,C_5\}$
σ_5	$(0,1,0,0,1,1,0,0,1,1)^\tau$	$\text{sc}_3=\{C_2,C_4,C_5\}$
σ_6	$(0,1,1,0,0,1,1,0,1,1)^\tau$	$\text{sc}_4=\{C_2,C_3,C_4,C_5\}$
σ_7	$(0,1,1,0,1,1,1,0,1,1)^\tau$	$\text{sc}_4=\{C_2,C_3,C_4,C_5\}$
σ_8	$(1,1,0,1,0,1,0,0,1,1)^\tau$	$\text{sc}_5=\{C_1,C_2,C_4,C_5\}$
σ_9	$(1,1,0,1,1,1,0,0,1,1)^\tau$	$\text{sc}_5=\{C_1,C_2,C_4,C_5\}$
σ_{10}	$(1,1,1,1,1,1,1,0,1,1)^\tau$	$\text{sc}_6=\{C_1,C_2,C_3,C_4,C_5\}$
σ_{11}	$(1,1,1,1,0,1,1,0,1,1)^\tau$	$\text{sc}_6=\{C_1,C_2,C_3,C_4,C_5\}$

3.3.2 能力组合的描述

能力组合是能力集合的子集,它们之间存在如下多种关系。

(1) 作为能力集合的子集,不同能力组合可能有交集。

(2) 能力之间存在的影响依赖关系也会体现到能力组合上。

可以采用超图来描述能力组合间的这些复杂关系。超图有时也称为超网络[15]。数学上超图的严格定义如下。

定义 3.9 设 $V=\{v_1,v_2,\cdots,v_n\}$ 是一个有限集。若 $e_i\neq\varnothing(i=1,2,\cdots,m)$ 且 $\bigcup_{i=1}^m e_i=V$,则称二元关系 $H=(E,V)$ 为一个超图。V 的元素 $v_1,v_2,\cdots,v_n$ 称为超图的顶点,$E=\{e_1,e_2,\cdots,e_m\}$ 是超图边的集合,集合 $e_i\subseteq V$ 称为超图的边。若两个节点属于同一条超边,则称这两个节点邻接;若两条超边的交集非空,则称这两条超边邻接。

图论中所有的概念都可以推广到超图理论中,并且可以获得更明确的结果,超图的应用更为广泛。用超图的理论来描述能力组合问题会更简洁。

定义 3.10 描述体系能力及能力组合关系的超图模型称为能力组合超网络模型,简称为能力组合模型,其中超图的点代表能力,超图的边代表能力组合,记为 $\text{HB}=(\text{CB},C)$。

图 3.13 是根据图 3.11 包含能力组合建立的模型。

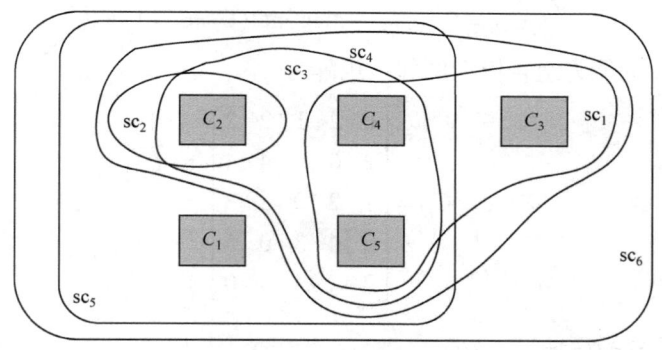

图 3.13 能力组合模型例

由图 3.13 可知，能力组合之间是有关联关系的，不同的能力组合可能包含一个或多个相同的体系能力，可以根据能力组合间的关联关系建立相应的关联矩阵和邻接矩阵。能力组合对应的关系矩阵用 0-1 矩阵 C_{CB} 表示，$C_{CB} = (b_{lp})_{N_C \times N_B}$，当 $c_l \notin \text{cb}_p$ 时，$b_{lp} = 0$；当 $c_l \in \text{cb}_p$ 时，$b_{lp} = 1$。在图 3.13 所示能力组合模型中有 5 项能力，有 6 种组合方式(即 6 条超边)，其关联矩阵为

$$C_{CB} = \begin{bmatrix} 0 & 1 & 0 & 0 & 1 & 1 \\ 0 & 0 & 1 & 1 & 1 & 1 \\ 1 & 0 & 0 & 1 & 0 & 1 \\ 1 & 0 & 1 & 1 & 1 & 1 \\ 1 & 0 & 1 & 1 & 1 & 1 \end{bmatrix}$$

记能力组合 cb 包含的能力数为 N_{cb}，则

$$N_{cb_p} = \sum_{l=1}^{N_C} b_{lp}, \quad p = 1, 2, \cdots, N_B \tag{3.3.4}$$

能力组合代表了能力在实现体系能力过程中发挥的作用，体现了对体系的贡献，可以据此建立基于能力组合的表示能力关系的邻接矩阵，用矩阵 C_H 表示。记

$$C_H = (h_{ij})_{N_C \times N_C}$$

其中

$$h_{ij} = \begin{cases} 0, & i = j \\ k, & k \text{ 为 HB 含 } c_i, c_j \text{ 的超边数} \end{cases}$$

则 h_{ij} 的值就是同时包含能力 c_i, c_j 的能力组合的数目。

易知
$$C_H = C_{CB}C'_{CB} - \text{diagonal}(C_{CB}C'_{CB}) \tag{3.3.5}$$

则图 3.13 所示的能力组合模型的邻接矩阵为

$$C_H = \begin{bmatrix} 0 & 2 & 1 & 2 & 2 \\ 2 & 0 & 2 & 4 & 4 \\ 1 & 2 & 0 & 3 & 3 \\ 2 & 4 & 3 & 0 & 5 \\ 2 & 4 & 3 & 5 & 0 \end{bmatrix}$$

3.3.3 能力组合的评估

能力间的影响依赖关系不同，导致构成能力组合中能力的作用方式也不同。确定能力相互作用的机制是评估能力组合的前提，能力相互作用的方式大致是相互影响、相互依赖、相互补充等几种方式。体系能力通常可分为侦察预警能力、指挥控制能力、联合打击能力和综合保障能力等几个大类。针对实际情况，不同的作战体系能力分类略有区别。能力间的相互作用方式与能力类别相关。

能力间的影响关系是指能力间以直接或间接的方式来提升、削弱或制约能力效果的发挥。能力间的依赖关系是指能力在逻辑上存在关系，一项能力发挥将以另一项能力为基础。能力间的补充关系是指原来的能力不足或有损失时，另一能力能够充实原能力。

根据能力间相互作用方式的不同，分别制定不同的评估方法。结合随机决策相关方法及体系运行时能力作用机制，提出以下能力组合评估模型。

1) 基于短板策略(S_1)的能力组合评估模型

当组合中能力的主要关系是相互影响制约关系时，能力组合的值容易受最小值能力的影响，该能力就成为能力组合评估值的限制因素，决定了能力组合值的上限。其余能力比最低值能力高出的部分没有意义，高出越多，浪费越多。可将这种情况的能力组合视为一个木桶，木桶能够盛的水就是能力组合的值。要想提高木桶的容量，就应该设法加高最短的那块木板，这是最有效也是唯一的途径。

利用第 2 章中面向效果的能力评估方法得到各项能力的评估向量 $\overline{V}$，对任意一项能力 cap，其评估值是 V 的一个分量，记为 $\overline{v}(\text{cap})$，那么在以影响制约关系为主的能力组合中，能力组合 cb 的评估值为

$$u_s(\text{cb}) = \min_{\text{cap} \in \text{cb}} \overline{v}(\text{cap}) \tag{3.3.6}$$

2) 基于均值策略(S_2)的能力组合评估模型

当组合中能力的主要关系是互为补充关系时，能力组合的值受能力极值的影

响较小，优势的能力能够弥补弱势能力带来的不足。可以用平均值来反映能力组合值的平均水平，比较直观、简明。但由于组合中的能力重要度是不一致的，能力重要度越高，越关键。利用加权平均的方式计算能力组合的值更能反映真实情况。

在以相互补充关系为主的能力组合中，能力组合 cb 的评估值为

$$u_a(\text{cb}) = \frac{1}{N_{\text{cb}}} \sum_{\text{cap} \in \text{cb}} \overline{v}(\text{cap}) \qquad (3.3.7)$$

3) 基于折中策略(S_3)的能力组合评估模型

当组合中能力的主要关系是相互依赖关系时，能力组合的值受能力极大值和极小值的影响较大。在评估能力组合时需要调和各能力极值，将组合中最大能力值和最小能力值作为评估依据。因此，采用一个 0~1 间的系数对极大值和极小值进行综合，作为能力组合的评估值。这个系数表示评估人员对能力组合中极大极小值的折中程度。

设折中系数为 ρ，那么在以相互依赖关系为主的能力组合中，能力组合 cb 的评估值为

$$u_t(\text{cb}) = \rho \max_{\text{cap} \in \text{cb}} \overline{v}(\text{cap}) + (1-\rho) \min_{\text{cap} \in \text{cb}} \overline{v}(\text{cap}) \qquad (3.3.8)$$

也即

$$u_t(\text{cb}) = \rho \max_{\text{cap} \in \text{cb}} \overline{v}(\text{cap}) + (1-\rho) u_s(\text{cb}) \qquad (3.3.9)$$

3.4 基于能力组合的体系能力评估分析

在识别出体系的能力组合集并对能力组合进行评估后，可以开展体系能力水平的综合评估，分析体系能力的应用潜力，识别体系的核心能力。下面介绍相应方法。

3.4.1 基于能力组合的体系能力综合评估

基于能力组合的体系能力综合评估有两种思路。

(1) 对能力组合评估的结果进行加权求和。其基本假设是体系能力组合数越多，则体系灵活性越高，那么即使体系各项基本能力相同，但是体系灵活性的强弱会影响甚至决定体系能力的整体发挥。能力组合数的多少与活动环路数相关，根本上决定于能力间的依赖影响关系。

(2) 对能力水平进行加权求和得到整体的评估结果。其基本假设是一项能力

包含于越多的能力组合，那么该能力的重要性就越强，能力重要性进一步体现为能力求和时的权重。能力水平以包含该能力的能力组合评估值的均值表示，这样充分体现能力实际可能的发挥水平。

称第一种思路对应的评估方法为体系能力评估的组合统计法，第二种思路对应的方法为分配综合法。

1) 组合统计法

组合统计法的使用前提是解决两个问题：一是能力组合的评估问题，二是能力组合的权重问题。能力组合评估可以采用 3.3.3 节的方法，根据能力组合的不同类型选择短板策略、均值策略或折中策略来评估。下面主要分析能力组合的权重确定问题。

能力组合在体系中发挥的作用是不一样的，不同的能力组合有着不同的效果，在体系中的重要性也不同。因此，在利用统计均值法计算体系能力的综合值时要考虑能力组合的权重。

确定能力组合权重可以有两种方式：第一种方式是从外部角度，即通过"能力组合-活动环路-作战任务"的映射关联关系，根据作战任务的重要性确定能力组合的重要性；第二种方式是从内部角度，根据能力所包含能力的重要性来判断能力组合的重要性，能力组合所包含能力的重要性越高，能力组合的重要性也越高。第一种方式分析时的难点在于确定作战任务的重要性，这项工作通常需要作战人员或指挥人员参与才能完成，分析难度较大。第二种方式分析时的难点在于确定单项能力的重要性，也就是要确定单项能力的权重。第 2 章提供了可以参考使用的两种权重确定方法，本节介绍一种基于能力组合的能力权重确定方法，其基本假设与分配综合法的思路一致，即假设如果一项能力包含于越多的能力组合，那么该能力的重要性就越强，能力权重就越大。

记能力在组合中的权重向量为 $W_{\mathrm{cap}} = \left(w_l^{(\mathrm{cap})}\right)_{N_C \times 1}$，表示能力 cap_l 在支持能力组合 cb 发挥作用过程中的重要程度，则基于能力组合的能力权重定义为

$$w_l^{(\mathrm{cap})} = \frac{\sum_{i=1}^{N_C} h_{il}}{\sum_{i=1}^{N_C}\sum_{j=1}^{N_C} h_{ij}}, \quad l = 1, 2, \cdots, N_C \tag{3.4.1}$$

其中，$C_H = \left(h_{ij}\right)_{N_C \times N_C}$ 是能力组合模型的邻接矩阵。

记能力组合的权重向量为 $W_{\mathrm{cb}} = \left(w_p^{(\mathrm{CB})}\right)_{N_B \times 1}$，则

$$w_p^{(\mathrm{CB})} = \sum_{l=1}^{N_C} b_{lp} w_l^{(\mathrm{cap})}, \quad p = 1, 2, \cdots, N_B$$

计算归一化权重为

$$\hat{w}_p^{(\mathrm{CB})} = \frac{w_p^{(\mathrm{CB})}}{\sum_{l=1}^{N_B} w_l^{(\mathrm{CB})}}, \quad p=1,2,\cdots,N_B$$

记体系能力综合值为 v_{SC}，对所有能力组合的评估值进行加权平均，以其作为体系能力的最终评估值，即

$$v_{\mathrm{SC}} = \sum_{p=1}^{N_B} \hat{w}_p^{(\mathrm{CB})} \cdot u(\mathrm{cb}_p) = \sum_{p=1}^{N_B} \frac{w_p^{(\mathrm{CB})}}{\sum_{l=1}^{N_B} w_l^{(\mathrm{CB})}} \cdot u(\mathrm{cb}_p) \tag{3.4.2}$$

其中，$u(\mathrm{cb}_p)$ 是能力组合 cb_p 的评估值，随评估策略的不同，$u(\mathrm{cb}_p)$ 可能是 $u_s(\mathrm{cb})$、$u_a(\mathrm{cb})$ 或 $u_t(\mathrm{cb})$。

2) 分配综合法

分配综合法是指对每一项能力，以包含该能力的所有组合的评估值的均值作为该能力水平发挥的评估值(简称为能力发挥水平值)，再进行统计得到体系能力发挥的评估值。需要注意地是能力发挥水平值与面向效果的能力评估值不是同一个值，两个值代表的意义不一样。面向效果的能力值是无约束条件下的评估值，没有考虑能力间的影响依赖关系。能力发挥水平值是在有约束条件下，进一步考虑能力间关系评估所得。前者是后者评估的前提，后者是在前者基础上进一步计算所得。面向效果的能力评估值、能力组合评估值、基于能力组合的能力发挥水平值、体系能力综合评估值之间的关系如图 3.14 所示。

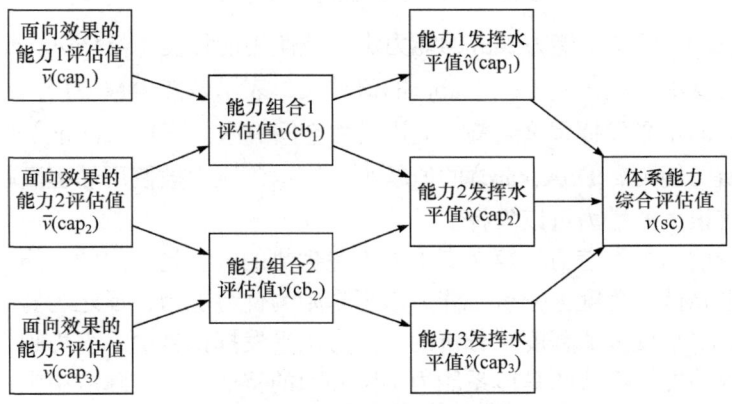

图 3.14 分配综合法的评估思路图

记能力发挥水平值向量为 $V_{\mathrm{cap}} = (\hat{v}(\mathrm{cap}_l))_{N_C \times 1}$，对 $\forall \mathrm{cap}_l \in S_C$，其发挥水平值 $\hat{v}(\mathrm{cap}_l)$ 定义为

$$\hat{v}(\text{cap}_l) = \frac{b_{lp}u(\text{cb}_p)}{\sum_{p=1}^{N_B} b_{lp}} \tag{3.4.3}$$

其中，$u(\text{cb}_p)$是能力组合cb_p的评估值，$C_{\text{CB}} = (b_{lp})_{N_C \times N_B}$是能力组合模型的关联矩阵。

能力在体系中的重要程度随所考虑问题的不同而有差别。在利用能力发挥水平值计算体系能力综合评估值时，可采用考虑能力组合因素的能力权重。这里选用式(3.4.1)的权重，则体系能力综合值v_{SC}为

$$v_{\text{SC}} = \sum_{l=1}^{N_C} w_l^{(\text{cap})} \cdot \hat{v}(\text{cap}_l) = \sum_{l=1}^{N_C} w_l^{(\text{cap})} \cdot \frac{b_{lp}\hat{u}(\text{cb}_p)}{\sum_{p=1}^{N_B} b_{lp}} \tag{3.4.4}$$

3.4.2 基于能力组合的体系能力应用潜力分析

设体系能力集合为$S_{\text{cap}} = \{\text{cap}_l \mid l=1,2,\cdots,N_C\}$，体系能力组合的集合为$S_{\text{cb}} = \{\text{cb}_p \mid p=1,2,\cdots,N_B\}$，能力组合超网络模型的邻接矩阵为$C_H = (h_{ij})_{N_C \times N_C}$。

定义 3.11　设采用面向效果的体系能力评估方法计算得到的体系能力值为$\{\overline{v}(\text{cap}_l) \mid \text{cap}_l \in S_{\text{cap}}\}$，基于能力组合超网络模型的分配综合法评估得到的各能力评估值为$\{\hat{v}(\text{cap}_l) \mid \text{cap}_l \in S_{\text{cap}}\}$。对任意$\text{cap}_l \in S_{\text{cap}}$，定义能力$\text{cap}_l$的使用度(degree of application，DoA)指标为

$$\text{DoA}(\text{cap}_l) = \hat{v}(\text{cap}_l) - \overline{v}(\text{cap}_l) \tag{3.4.5}$$

$\text{DoA}(\text{cap}_l)$反映了能力cap_l的能力水平被使用的程度。若$\text{DoA}(\text{cap}_l) > 0$，则称该能力为低潜力能力，$\text{DoA}(\text{cap}_l)$的值越大，表示该能力被使用的程度越高，表明该能力的水平发挥程度越高，应用潜力空间有限。若$\text{DoA}(\text{cap}_l) < 0$，则称该能力为高潜力能力，$\text{DoA}(\text{cap}_l)$的值越小，表示该能力被使用的程度越低，说明该能力还有很大的潜力可以发挥。

本节所谓的能力潜力与第2章中能力优劣势的内涵是不同的。能力优劣势是从能力水平高低的角度去分析，能力水平高则为优势能力，反之为劣势能力。本节是从能力水平发挥的程度来分析的，能力水平发挥得越少，潜力越大，反之潜力越小。两种方法反映的是体系能力不同侧面的特征，在实际应用中可以按需灵活使用。

3.4.3 基于能力组合的体系核心能力识别与分析

如果一项能力出现在越多的能力组合中，则说明该能力在体系中越关键、越

核心，因为该能力对应的作战活动出现的任务越多，也就是相应作战活动是大多数任务执行中必不可少的环节。设体系能力集合为 $S_{\text{cap}} = \{\text{cap}_l \mid l = 1, 2, \cdots, N_C\}$，体系能力组合的集合为 $S_{\text{cb}} = \{\text{cb}_p \mid p = 1, 2, \cdots, N_B\}$，基于能力组合超网络模型的关联矩阵 $C_{\text{CB}} = \left(b_{lp}\right)_{N_C \times N_B}$，可以分析体系核心能力。

定义 3.12 对任意 $\text{cap}_l \in S_{\text{cap}}$，定义能力 cap_l 的出现度指标(number of appearance，NoA)为包含该能力的能力组合的数量，即

$$\text{NoA}(\text{cap}_l) = \sum_{p=1}^{N_B} b_{lp} \tag{3.4.6}$$

记

$$\text{NoA}(S_{\text{cap}}) = \left(\text{NoA}(\text{cap}_1), \text{NoA}(\text{cap}_2), \cdots, \text{NoA}(\text{cap}_{N_C})\right)^{\text{T}}$$

则易知

$$\text{NoA}(S_{\text{cap}}) = \text{diag}\left(C_{\text{CB}} C_{\text{CB}}^{\text{T}}\right)$$

根据体系所有能力的出现度，可以对体系能力进行排序，出现度高者排在前面。那么可以定义体系能力的重要度为能力根据出现度所排的次序。显然重要度值越小，能力排序越靠前，表示能力越重要，重要度越高。将重要度高的能力定义为体系的核心能力。

如果一项能力既是低潜力能力，又是核心能力，那么该能力是体系的瓶颈能力，因为该能力的水平制约了体系能力的进一步提升。

3.5 基于能力组合的体系能力评估分析例

3.5.1 案例说明

本节以一个假设的导弹防空作战体系为例，介绍基于能力组合的体系能力评估方法。由于体系规模庞大，此处只摘选部分内容。将作战过程分为十个阶段：搜索、跟踪、识别、拦截适宜性检查、威胁评定与排序、发射决策、火力分配、发射控制、拦截控制、杀伤效果评定。在分析作战过程基础上，对关键的要素及活动进行归纳，如表 3.15 所示。

表 3.15　体系成员(作战要素)及其活动

体系成员	活动
卫星 ele_1	搜索目标信息 原始信息数据处理 制导飞行
指控中心 ele_2	搜集、处理目标信息 拟定作战计划 下达作战命令 防空战况评估
控制站 ele_3	接收作战指令 目标威胁评定 预测拦截点 优选导弹发射架 确定拦截时刻 导弹指令制导
雷达 ele_4	搜索目标信息 目标分类识别 目标跟踪
导弹发射车 ele_5	导弹车机动 导弹车部署展开 导弹发射
防空导弹 ele_6	制导飞行 拦截杀伤
通信设备 ele_7	信息转发活动

依据体系的能力、属性，对体系的各个能力指标进行分类，形成层次化的能力体系，其中顶层为体系总能力，中间层为分能力，底层为作战活动映射得到的各能力指标，如图3.15所示。

图 3.16 显示了导弹防空作战体系在作战过程中各作战要素的主要作战活动及作战活动间的信息流动，并确定了各作战活动所对应的体系能力指标。

3.5.2　能力组合识别

1) 候选能力集合

分析图3.16中活动流程可知，一共有5条环路，每条环路及对应的候选能力集如下。

(1) 环路 $\sigma_1 = \{act_1, act_2, act_3, act_4, act_5, act_6, act_7, act_8, act_9, act_{10}, act_{11}, act_{12}, act_{13}, act_{14}, act_{15}, act_{18}, act_{19}, act_{20}, act_{21}, act_{22}\}$，候选能力集 $S_{C_1} = \{cap_{101}, cap_{102}, cap_{103}, cap_{104}, cap_{201}, cap_{202}, cap_{203}, cap_{204}, cap_{205}, cap_{206}, cap_{207}, cap_{208}, cap_{209}, cap_{301},$

cap_{302}, cap_{303}, cap_{501}}。

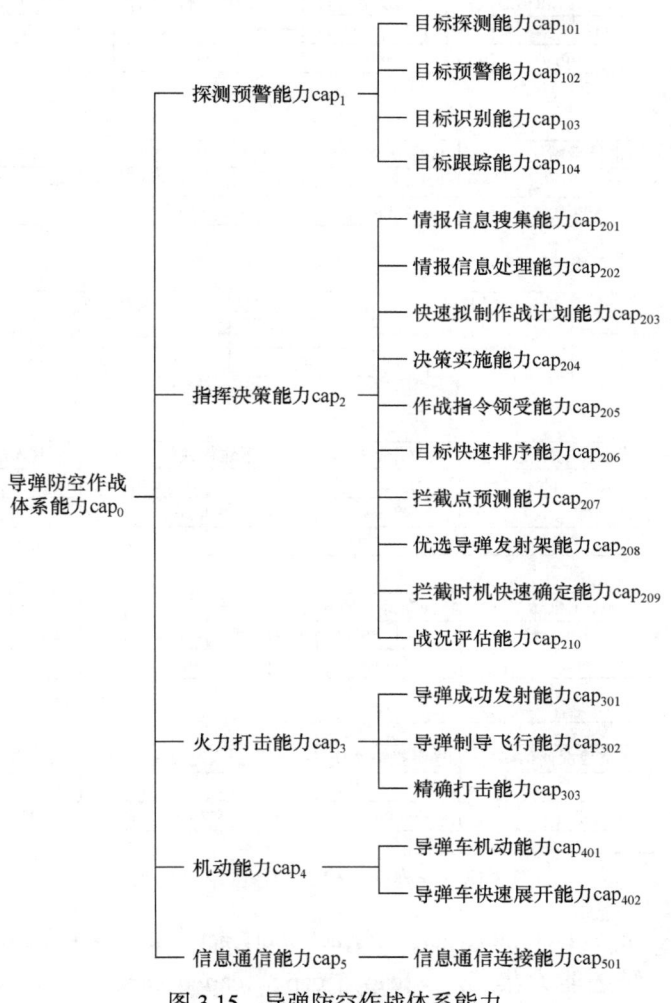

```
                                              ┌─ 目标探测能力 cap₁₀₁
                                              ├─ 目标预警能力 cap₁₀₂
                            ┌─ 探测预警能力 cap₁ ─┤
                            │                 ├─ 目标识别能力 cap₁₀₃
                            │                 └─ 目标跟踪能力 cap₁₀₄
                            │
                            │                 ┌─ 情报信息搜集能力 cap₂₀₁
                            │                 ├─ 情报信息处理能力 cap₂₀₂
                            │                 ├─ 快速拟制作战计划能力 cap₂₀₃
                            │                 ├─ 决策实施能力 cap₂₀₄
                            │                 ├─ 作战指令领受能力 cap₂₀₅
                            ├─ 指挥决策能力 cap₂ ─┤
                            │                 ├─ 目标快速排序能力 cap₂₀₆
   导弹防空作战              │                 ├─ 拦截点预测能力 cap₂₀₇
   体系能力 cap₀  ───────────┤                 ├─ 优选导弹发射架能力 cap₂₀₈
                            │                 ├─ 拦截时机快速确定能力 cap₂₀₉
                            │                 └─ 战况评估能力 cap₂₁₀
                            │
                            │                 ┌─ 导弹成功发射能力 cap₃₀₁
                            ├─ 火力打击能力 cap₃ ─┼─ 导弹制导飞行能力 cap₃₀₂
                            │                 └─ 精确打击能力 cap₃₀₃
                            │
                            │                 ┌─ 导弹车机动能力 cap₄₀₁
                            ├─ 机动能力 cap₄ ───┤
                            │                 └─ 导弹车快速展开能力 cap₄₀₂
                            │
                            └─ 信息通信能力 cap₅ ── 信息通信连接能力 cap₅₀₁
```

图 3.15 导弹防空作战体系能力

(2) 环路 $\sigma_2 = \{act_1, act_2, act_3, act_4, act_5, act_6, act_7, act_8, act_{16}, act_{17}, act_{18}, act_{19}, act_{20}, act_{21}, act_{22}\}$,候选能力集 $S_{C_2} = \{cap_{101}, cap_{102}, cap_{201}, cap_{202}, cap_{203}, cap_{204}, cap_{205}, cap_{401}, cap_{402}, cap_{301}, cap_{302}, cap_{303}, cap_{501}\}$。

(3) 环路 $\sigma_3 = \{act_3, act_4, act_5, act_6, act_7, act_8, act_9, act_{10}, act_{11}, act_{12}, act_{13}, act_{14}, act_{15}, act_{18}, act_{19}, act_{20}, act_{21}, act_{22}, act_{23}\}$,候选能力集 $S_{C_3} = \{cap_{101}, cap_{103}, cap_{104}, cap_{201}, cap_{202}, cap_{203}, cap_{204}, cap_{205}, cap_{206}, cap_{207}, cap_{208}, cap_{209}, cap_{210}, cap_{301}, cap_{302}, cap_{303}, cap_{501}\}$。

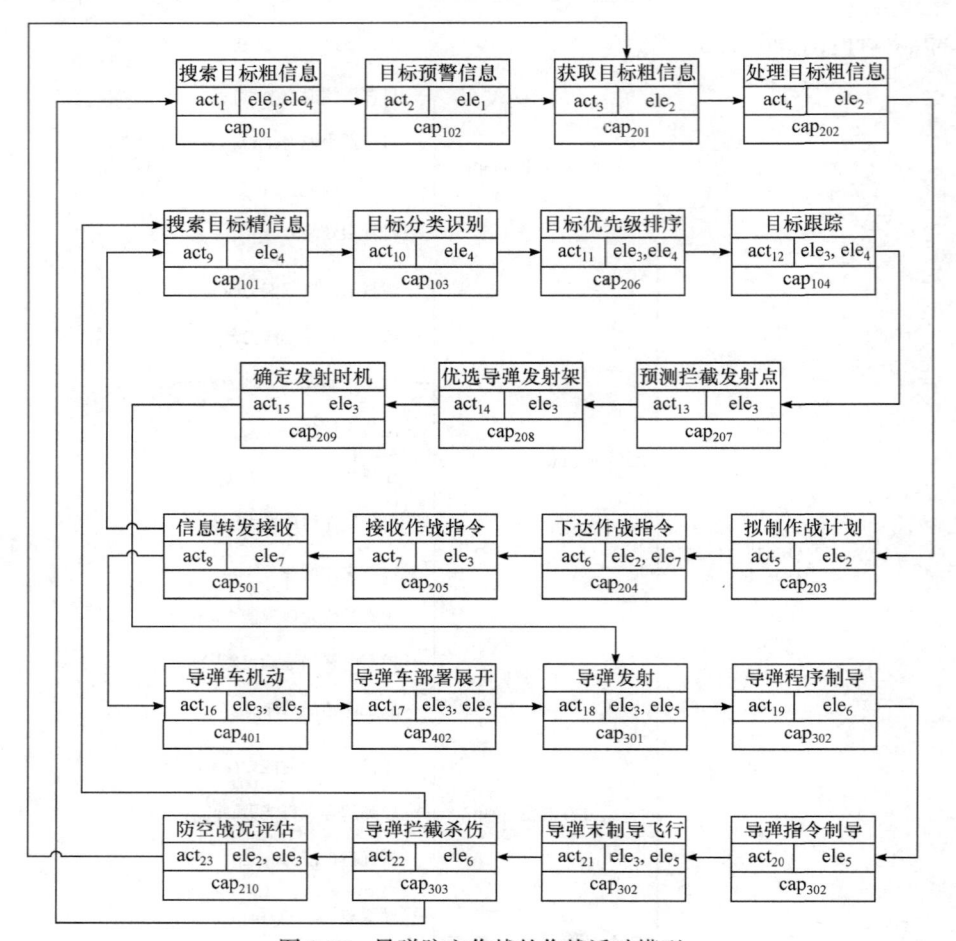

图 3.16 导弹防空作战的作战活动模型

(4) 环路 $\sigma_4 = \{act_3, act_4, act_5, act_6, act_7, act_8, act_{16}, act_{17}, act_{18}, act_{19}, act_{20}, act_{21}, act_{22}, act_{23}\}$，候选能力集 $S_{C_4} = \{cap_{201}, cap_{202}, cap_{203}, cap_{204}, cap_{205}, cap_{301}, cap_{302}, cap_{303}, cap_{401}, cap_{402}, cap_{501}\}$。

(5) 环路 $\sigma_5 = \{act_9, act_{10}, act_{11}, act_{12}, act_{13}, act_{14}, act_{15}, act_{18}, act_{19}, act_{20}, act_{21}, act_{22}\}$，候选能力集 $S_{C_5} = \{cap_{101}, cap_{103}, cap_{104}, cap_{206}, cap_{207}, cap_{208}, cap_{209}, cap_{301}, cap_{302}, cap_{303}\}$。

2) 能力依赖关系

由图 3.16 可知能力与活动的对应关系。基于活动环路计算活动间的依赖关系，再根据活动依赖关系和能力与活动对应关系计算能力间的依赖关系。由于能力与活动的数量较多，矩阵规模较大，在此不展示。

3) 构建能力组合

根据 3.3 节介绍的能力组合识别分析方法，找到 12 个能力组合。

(1) 能力组合 $cb_1 = \{cap_{101}, cap_{102}, cap_{201}, cap_{202}, cap_{203}, cap_{204}, cap_{205}, cap_{103}, cap_{206}, cap_{104}, cap_{207}, cap_{208}, cap_{209}, cap_{301}, cap_{302}, cap_{303}, cap_{210}\}$。

(2) 能力组合 $cb_2 = \{cap_{101}, cap_{102}, cap_{201}, cap_{202}, cap_{203}, cap_{204}, cap_{205}, cap_{401}, cap_{402}, cap_{301}, cap_{302}, cap_{303}\}$。

(3) 能力组合 $cb_3 = \{cap_{301}, cap_{302}, cap_{303}, cap_{210}\}$。

(4) 能力组合 $cb_4 = \{cap_{101}, cap_{103}, cap_{206}, cap_{104}, cap_{207}, cap_{208}, cap_{209}\}$。

(5) 能力组合 $cb_5 = \{cap_{401}, cap_{402}, cap_{301}\}$。

(6) 能力组合 $cb_6 = \{cap_{205}, cap_{401}, cap_{402}, cap_{301}, cap_{302}, cap_{303}\}$。

(7) 能力组合 $cb_7 = \{cap_{501}, cap_{101}, cap_{103}, cap_{206}, cap_{104}, cap_{207}, cap_{208}, cap_{209}\}$。

(8) 能力组合 $cb_8 = \{cap_{207}, cap_{208}, cap_{209}\}$。

(9) 能力组合 $cb_9 = \{cap_{101}, cap_{302}\}$。

(10) 能力组合 $cb_{10} = \{cap_{101}, cap_{103}, cap_{206}, cap_{104}\}$。

(11) 能力组合 $cb_{11} = \{cap_{201}, cap_{202}, cap_{203}, cap_{204}\}$。

(12) 能力组合 $cb_{12} = \{cap_{401}, cap_{402}\}$。

3.5.3 能力组合评估

使用面向效果的体系能力评估方法得到第三层能力的评估结果如表 3.16 所示。

表 3.16 第三层能力权重及其评估值

cap_i	\multicolumn{10}{c}{i}
	101	102	103	104	201	202	203	204	205	206
w_c	0.08	0.03	0.06	0.06	0.04	0.04	0.04	0.04	0.04	0.06
$\bar{v}_i$	4.5	3.49	3.85	4.4	4.1	4.27	3.84	3.33	3.7	3.91

cap_i	\multicolumn{10}{c}{i}
	207	208	209	210	301	302	303	401	402	501
w_c	0.06	0.06	0.06	0.01	0.07	0.07	0.06	0.06	0.06	0.01
$\bar{v}_i$	4.28	4.62	3.87	3.73	4.23	3.94	3.61	3.69	3.76	4.17

综合得到第二层能力评估值如表 3.17 所示。

表 3.17 第二层能力评估值

cap_i	\multicolumn{5}{c}{i}
	1	2	3	4	5
$\bar{v}_i$	0.94	1.81	0.78	0.42	0.04

设 5 项子能力的权重相等，则体系能力的综合评估值为 $\bar{v}(c_0) = 0.80$。

通过分析决策及计算，能力组合的权重、采取的评估策略及评估值如表 3.18 所示。

表 3.18 能力组合权重、评估策略及评估值

cb	cb_1	cb_2	cb_3	cb_4	cb_5	cb_6
$\hat{w}_{\mathrm{cb}}$	0.24	0.16	0.06	0.11	0.03	0.08
S	S_2	S_2	S_1	S_2	S_3	S_3
u_{cb}	3.98	3.87	3.61	4.20	3.96	3.92
cb	cb_7	cb_8	cb_9	cb_{10}	cb_{11}	cb_{12}
$\hat{w}_{\mathrm{cb}}$	0.12	0.04	0.04	0.06	0.05	0.02
S	S_2	S_1	S_1	S_3	S_3	S_1
u_{cb}	4.20	3.87	3.94	4.18	3.80	3.69

采用能力组合统计均值法评估体系能力，结果为

$$v_{\mathrm{SC}} = \sum_{i=1}^{12} \hat{w}_{\mathrm{cb}_i} u_{\mathrm{cb}_i} = 4.02$$

采用分配综合法进行评估，可知能力组合超网络模型的关联矩阵为

$$C_{\mathrm{CB}} = \begin{bmatrix} 1 & 1 & 1 & 1 & 1 & 1 \\ 1 & 1 & & & & \\ 1 & 1 & 1 & 1 & & \\ 1 & 1 & 1 & 1 & & \\ 1 & 1 & & & & 1 \\ 1 & 1 & & & & 1 \\ 1 & 1 & & & & \\ 1 & 1 & & & 1 & \\ 1 & 1 & & 1 & & \\ 1 & 1 & 1 & 1 & & \end{bmatrix}$$

第 3 章 体系能力组合评估及深化分析

$$\begin{bmatrix} & & & & 1 & & 1 & & 1 & 1 & & \\ & & & & 1 & & 1 & & & 1 & 1 & & \\ & & & & 1 & & 1 & & & 1 & 1 & & \\ & & & & 1 & & & & & & & & \\ & & & & 1 & 1 & 1 & & 1 & 1 & & & \\ & & & & 1 & 1 & 1 & & 1 & & 1 & & \\ & & & & 1 & 1 & 1 & & 1 & & & & \\ & & & & & & & & 1 & & 1 & 1 & & 1 \\ & & & & & & & & 1 & & 1 & 1 & & 1 \\ & & & & & & & & & & & & 1 & \end{bmatrix}$$

基于表 3.18 的结果，计算得出各能力的评估值 $\hat{v}(\mathrm{cap}_l)$，如表 3.19 所示。

表 3.19 能力组合的分配综合评估法下能力评估值

$\hat{v}(\mathrm{cap}_l)$	值	$\hat{v}(\mathrm{cap}_l)$	值	$\hat{v}(\mathrm{cap}_l)$	值	$\hat{v}(\mathrm{cap}_l)$	值
101	4.06	202	3.88	207	4.06	302	3.86
102	3.93	203	3.88	208	4.06	303	3.85
103	4.14	204	3.88	209	4.06	401	3.86
104	4.14	205	3.92	210	3.98	402	3.86
201	3.88	206	4.14	301	3.87	501	4.20

故采用这种方法时的体系能力综合值为

$$v_{\mathrm{SC}} = \sum_{l=1}^{20} w_l^{(\mathrm{cap})} \cdot \hat{v}(\mathrm{cap}_l) = 3.97$$

3.5.4 能力应用潜力分析

各能力的使用度评估结果如表 3.20 所示。

表 3.20 体系能力使用度示例

cap_i	i						
	101	102	103	104	201	202	203
$\bar{v}_i$	4.5	3.49	3.85	4.4	4.1	4.27	3.84
$\hat{v}_i$	4.05	3.93	4.13	4.13	3.88	3.88	3.88
$\mathrm{DoA}(\mathrm{cap}_i)$	−0.44	0.44	0.29	−0.26	−0.22	−0.39	0.04
cap_i	i						
	204	205	206	207	208	209	210

续表

cap_i	i						
$\bar{v}_i$	3.33	3.7	3.91	4.28	4.62	3.87	3.73
$\hat{v}_i$	3.88	3.92	4.13	4.05	4.05	4.05	3.98
$\text{DoA}(\text{cap}_i)$	0.55	0.22	0.23	−0.22	−0.56	0.19	0.25

cap_i	i					
	301	302	303	401	402	501
$\bar{v}_i$	4.23	3.94	3.61	3.69	3.76	4.17
$\hat{v}_i$	3.87	3.86	3.85	3.86	3.86	4.14
$\text{DoA}(\text{cap}_i)$	−0.36	−0.08	0.24	0.17	0.10	0.03

根据表 3.20 可知，优选导弹发射架能力 cap_{208}、目标探测能力 cap_{101}、情报信息处理能力 cap_{202}、导弹成功发射能力 cap_{301} 是使用度比较低的能力，因此是体系的高潜力能力。决策实施能力 cap_{204}、目标预警能力 cap_{102}、目标识别能力 cap_{103} 是使用度比较高的能力，因此是体系的低潜力能力。

3.5.5 核心能力识别分析

计算各能力的出现度和重要度，结果如表 3.21 所示。从中可以看出，目标探测能力 cap_{101}、导弹成功发射能力 cap_{301}、导弹制导飞行能力 cap_{302} 是体系核心能力。

表 3.21 体系能力重要度分析示例

cap_i	i									
	101	102	103	104	201	202	203	204	205	206
$\text{NoA}(\text{cap}_i)$	6	2	4	4	3	3	3	3	3	4
重要度	1	5	3	3	4	4	4	4	4	3

cap_i	i									
	207	208	209	210	301	302	303	401	402	501
$\text{NoA}(\text{cap}_i)$	4	4	4	1	5	5	4	4	4	1
重要度	3	3	3	6	2	2	3	3	3	6

参 考 文 献

[1] Ge B, Hipel K W, Fang L, et al. An interactive portfolio decision analysis approach for system-of-systems architecting using the graph model for conflict resolution. IEEE Transactions on Systems Man & Cybernetics Systems, 2014, 44(10): 1328-1346.
[2] DoD. Department of Defense DIRECTIVE 7045.20: capability portfolio management. http://www.doc88.com/p-479114646757.html[2022-4-21].
[3] DoD. Department of Defense DIRECTIVE 8115.01: IT portfolio management. http://www.doc88.com/p-9902182868383.html[2020-4-12].
[4] DoD Architecture Framework Working Group. DoD Architecture Framework Version2.0. USA: DoD, 2009.
[5] Department of the Army, Deputy Chief of Staff. Army Equipment Modernization Plan. http://www.doc88.com/p-997310769919[2021-4-21].
[6] Office of Naval Research. Future Naval Capabilities Portfolio. http://www.onr.navy.mil/en/Conference-Event-ONR/science-technology-partnership/ Future Naval Series1.pdf [2021-4-21].
[7] 戴维斯. 武器装备体系能力的组合分析方法与工具. 北京: 国防工业出版社, 2012.
[8] Davis P K, Shaver R D, Beck J. Portfolio-analysis methods for assessing capability options. RAND Corporation, 2008: 34-45.
[9] Davis P K, Shaver R D, Gvineria G, et al. Finding candidate options for investment: from building blocks to composite options and preliminary screening. RAND Corporation, 2008: 4-16.
[10] Davis P K, Paul D. RAND's portfolio analysis tool (PAT): theory, methods, and reference manual. Rands Portfolio Analysis Tool Theory Methods & Reference Manual, 2009: 5-15.
[11] 周宇. 基于能力的武器装备组合规划问题与方法. 长沙: 国防科学技术大学, 2013.
[12] 史会斌, 吴金希, 李垣. 能力组合效应对组织运作绩效影响的实证研究. 管理学报, 2014, 11(7): 997-1004.
[13] 尹育航, 阮娴静, 杨青. 基于生命周期的民营企业核心能力组合模式研究. 全国商情·经济理论研究, 2008(16): 14-16.
[14] 余伟萍. 基于能力组合模型的企业持续发展研究. 成都: 四川大学, 2004.
[15] 王志平, 王众托. 超网络理论及其应用. 北京: 科学出版社, 2008.

第4章 体系成熟度评估

体系成熟度衡量体系指为适应任务和环境的变化，而切换自身运行状态、方式的能力，反映了体系适应性的强弱。对军事领域体系而言，体系成熟度与体系成员的互操作、互理解和互遵循水平密切相关。本章介绍从成熟度概念和等级评估模型入手，基于体系互操作、互理解和互遵循引入体系融合模式来描述体系运行的状态和方式，通过体系融合模式来定义体系成熟度，给出了面向任务、基于能力来评估体系成熟度的方法和模型。

4.1 成熟度概念及等级评估模型

成熟度是一个耳熟能详的概念，如软件能力成熟度、技术成熟度、管理成熟度等。

4.1.1 软件能力成熟度

软件能力成熟度模型(capability maturity model for software，SW-CMM)是一种对软件组织在定义、实施、度量、控制和改善其软件过程实践中各个发展阶段的描述所形成的一种标准，是美国 Carnegie Mellon 大学(CMU)软件工程研究所(software engineering institute，SEI)最早提出的。1987 年，CMU SEI 发布了软件过程成熟度框架，并提供了软件过程评估和软件能力评估两种评估模型。1991 年，SEI 将软件过程成熟度框架演进为软件能力成熟度模型，并发布了 SW-CMM 1.0 版。经过两年试用，1993 年 SEI 正式发布了 SW-CMM 1.1 版[1]。

CMM 用于评价软件承包能力以改善软件质量，侧重于软件开发过程管理及工程能力的提高与评估，分为初始级、可重复级、已定义级、已管理级和优化级。

(1) 初始级。工作无序，项目进行过程中常放弃当初的计划；管理无章法，缺乏健全的管理制度；开发项目成效不稳定，项目成功主要依靠项目负责人的经验和能力。

(2) 可重复级。管理制度化，建立了基本的管理制度和规程，管理工作有章可循。初步实现标准化，开发工作比较好地按标准实施。变更依法进行，做到基线化，稳定可跟踪，新项目的计划和管理基于过去的实践经验，具有重复以前成功项目的环境和条件。

(3) 已定义级。开发过程,包括技术工作和管理工作,均已实现标准化、文档化。建立了完善的培训制度和专家评审制度,全部技术活动和管理活动均可控制,对项目进行中的过程、岗位和职责均有共同的理解。

(4) 已管理级。产品和过程已建立了定量的质量目标。开发活动中的生产率和质量是可量度的。已建立过程数据库。已实现项目产品和过程的控制。可预测过程和产品质量趋势,如预测偏差,实现及时纠正。

(5) 优化级。可集中精力改进过程,采用新技术、新方法。拥有防止出现缺陷、识别薄弱环节及加以改进的手段。可取得过程有效性的统计数据,并可据此进行分析,从而得出最佳方法。

1995 年,CMM 进入了修改高峰期,在美国政府和软件业界的大力支持与参与下,SEI 先后发布了 CMM 2.0 的多个版本。自 CMM 1.1 版起,SEI 相继提出并发布了人员能力成熟度模型(P-CMM)、软件访问能力成熟度模型(SA-CMM)、系统工程能力成熟度模型(SE-CMM)。虽然这些模型在许多组织都得到了良好的应用,但对于一些大型软件企业来说,可能会出现需要同时采用多种模型来改进自己多方面过程能力的情况。这时他们就会发现存在一些问题,其中主要问题体现如下。

(1) 难以集成使用多个模型取得最好效果,有时会引起混乱。

(2) 实施中存在重复培训、评估和改进等活动,造成成本增加。

(3) 不同模型中存在说法不一致甚至冲突的地方。

为了解决这些问题,来自 SEI、工业和政府 30 多个组织机构的 100 多名专家一起开展了能力成熟度集成(capability maturity model integration,CMMI)项目[2],目的是建立一套初步的综合模型,根据经验教训改进原模型的最佳实践,建立一个框架为整合未来的模型提供基础,并创建一套相关的评估和培训产品。

CMMI 覆盖四个方面,分别是:系统工程(systems engineering,SE)、软件工程(software engineering,SW)、集成产品与流程开发(integrated product and process development,IPPD)、供应商来源(supplier sourcing,SS)。

CMMI 有两种表示方法:一种是和软件 CMM 相同的阶段式表现方法,另一种是连续式的表现方法。阶段式表现方法把 CMMI 中的若干过程区域分成 5 个成熟度级别,为实施 CMMI 的组织推荐一条比较容易实现的过程改进路线。连续式表现方法将 CMMI 中过程区域分为过程管理、项目管理、工程及支持四大类,对于每个大类中的过程区域进一步分为基本的和高级的。这样,在按照连续式表示方法实施 CMMI 的时候,一个组织可以把项目管理或者其他某类的实践一直做到最好,而其他方面的过程区域可完全不必考虑。

CMMI 自提出以来,其关注的目标是一贯的,即质量、最优时间、最低成本。CMMI 的应用范围也从软件开发拓展到了工程设计。

4.1.2 技术成熟度

技术成熟度(technology readiness level，TRL)是指科技成果的技术水平、工艺流程、配套资源、技术生命周期等方面所具有的产业化实用程度。技术成熟度的概念源于 20 世纪 70 年代，20 世纪 90 年代趋于成熟，是指技术相对于某个具体系统或项目而言所处的发展状态，反映了技术对项目预期目标的满足程度[3]。技术成熟度评价是确定装备研制关键技术，并对其成熟程度进行量化评价的一套系统化标准、方法和工具。

技术成熟度最初被分为 7 个等级，1995 年 NASA 起草并发布《TRL 白皮书》，将其改为 9 个等级。2002 年被美国国防部纳入武器采办条例中，并在 2005 年正式确定为 9 个等级，具体如下。

(1) 基本原理被发现和阐述。
(2) 形成技术概念或应用方案。
(3) 应用分析与实验室研究，关键功能实验室验证。
(4) 实验室原理样机组件或实验板在实验环境中验证。
(5) 完整的实验室样机、组件或实验板在相关环境中验证。
(6) 模拟环境下的系统演示。
(7) 真实环境下的系统演示。
(8) 定型试验。
(9) 运行与评估。

技术成熟度的 9 个等级中涉及科学与技术知识成果、实验、模拟与工程化、产品化等问题，一般认为第五个等级以后的成果具备一定的实用性，适合于进一步开发应用与转化，但产品化之后的市场化与产业化问题在技术成熟度等级中并不涉及。

4.1.3 网络中心战能力成熟度

Alberts 博士提出了一个衡量网络中心战(network-centric warfare，NCW)能力成熟度的模型(图 4.1)，该模型将网络中心战能力的成熟度分为 5 级，从态势感知和指挥控制两个维度给出了 NCW 能力成熟度的演进途径，分析了各等级的概念内涵，以及在实现信息共享、一致认知等目标方面，系统和组织之间需要的互操作能力水平[4]。图中，等级 0 代表了一种传统的或层次化的指挥控制方法。该等级下信息在很大程度上来自自

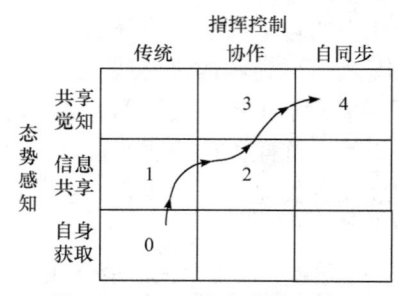

图 4.1 NCW 能力成熟度模型

身的传感器和系统,信息只能在预先设定好的纵向信息链路(通常伴随着指挥链路)上流动,或在预先确定的点与点间共享。等级 1 包括了一个"先发布后使用"的策略,因此实现了信息共享模式从"推"到"拉"的转变,这种模式可以使信息更为广泛地被利用。等级 2 实现了从信息被动共享到协同认知的转变,更加聚焦于信息(将其置于上下文中)和态势的理解协作流程,以在更高层次上提高感知质量。等级 3 涉及研讨活动(面向协作),这些讨论超出了信息的范围,更加关注在特定态势下做些什么。换言之,等级 3 代表体系在行动层面开始合作。等级 4 对应着体系具备在作战中采用自同步指挥模式的能力。图 4.1 中的有向路径表示了一条以网络为中心的使命能力包(mission capability package,MCP)的逻辑迁移路径。一旦体系的 NCW 能力成熟度进入等级 1,任务需求、人员内在特质等因素将会在适当的时机(逻辑上是态势和任务的函数),驱动组织行为达到更高的能力水平。

4.1.4　网络赋能能力指挥控制

信息时代技术的飞速发展及其广泛应用,在给军事行动带来巨大变化的同时,也极大影响了指挥控制的方式。

传统指挥控制方式的建立满足以下几个假设。

(1) 有一个最上层的决策者。

(2) 存在从上到下的单一的指挥链。

(3) 作战要素之间的交互模式是条令条例等预先规定的。

(4) 信息分布是由指挥链决定的。

但是在 NCW 条件下,信息技术的应用提高了感知、理解、判断战场态势的能力,提高了获取和共享信息的水平,降低了交互协作的难度,因此使得指挥控制方式存在多种选择,从而存在从根本上提高作战效能的可能性。网络化所带来的巨大影响可以通过网络赋能价值链来体现,如图 4.2 所示。从图中可以看出,与传统指挥控制方式不同,NCW 条件下指挥控制的概念、组织、过程都发生了很大的变化,主要体现在认知域和社际域中。在认知域中,更加强调共享的态势觉知、协作和自同步,而实现它们的前提是信息共享和在社际域中把相关要素关联起来,即通过"网络化"来实现指挥控制方式的转变,而这就是网络赋能能力指挥控制(network enabled capability C2,NEC C2)。

NEC C2 有以下几个特点。

(1) 信息流与指挥链脱离,不再受指挥链的约束。

(2) 交互模式受的约束更少,即从原先的规范"允许的交互"转变到规范"不允许的交互",降低对交互的限制。

(3) 决策者的角色和职责也相应地变化了。

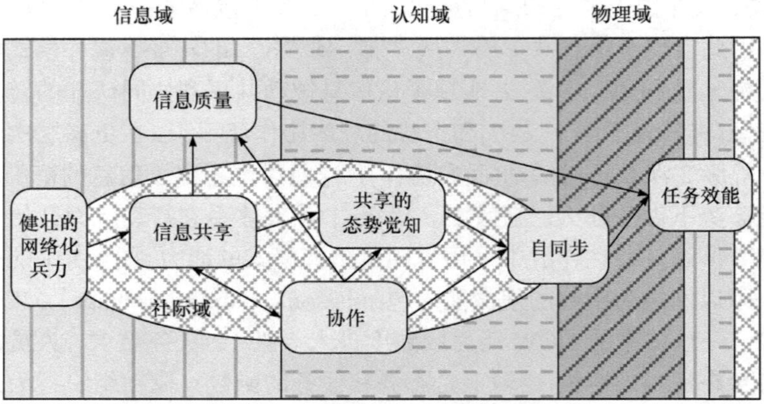

图 4.2　网络赋能价值链

为了实现或支持 NEC C2，必须在多个方面做出改变，具体如下。

(1) 信息的使用者(决策者、任务执行者等)能够根据需要，采用可行的手段获得所要的信息。

(2) 从安全保密的角度考虑，授权和约束是匹配的，即要明确"谁能知道什么"和"什么时候才能知道"的问题。

(3) 作战条例和规则要改变，要能够有利于获得信息优势。

(4) 信息系统要能提供必要的技术支持。

(5) 信息相关条令条例要从技术上确保最大范围的信息共享和协作的可能性。

与传统指挥控制方式相比，NEC C2 在以下几方面有明显不同。

(1) 传统指挥控制方式是以指挥员为中心，主要是指具有最高决策权的指挥员；而 NEC C2 是以网络化的指挥控制组织为中心，决策不是某个单一指挥员主导的，而是所有决策者共同决策。

(2) 在传统指挥控制方式下，大多情况下是指挥员来确定需要完成哪些活动；而在 NEC C2 下可以选择更灵活的指挥控制方式，既可以采取偏重集中指挥方式，由上层指挥员主导指挥控制，也可以偏重放权，由基层指挥员来主导指挥控制活动。

(3) 在传统指挥控制方式下，拥有最高层权力的指挥员做决策，确定主要的作战行动及其步骤，因此作战行动是单个指挥员意图的体现；而在 NEC C2 下，是由所有的指挥员一起来形成作战意图并进行落实。

(4) 传统指挥控制方式下，指挥员具体控制实际的执行者来完成作战行动；而 NEC C2 下，指挥员通过建立相应的约束条件和规则，使执行者在限定范围内自由发挥，达成任务的成功。

(5) 传统指挥控制方式下，指挥关系和流程事先就很清楚，在相关作战条令条例文档中已经做了明确的规定；在 NEC C2 下，指挥关系和流程是指挥控制方式的一项功能，是根据任务和实际情况，在指挥控制过程中确定下来的。

信息化时代作战中作战任务的不确定性和战场环境、作战效果的复杂性，以及指挥组织与生俱来的复杂性，使得采用传统的单一指挥控制方式不能满足指挥控制需要。信息技术的发展及其在认知域中的大量应用，使得指挥决策者之间在决策时可以进行深度交互，在认知域中实现协同，这就为指挥控制方式的转变提供了可能，网络赋能能力指挥控制方式应运而生。网络赋能能力指挥控制方式从根本上转变了传统的指挥控制方式，使得根据实际的战场态势和任务来"优化"指挥控制方式成为可能。

对一个决策组织或群体而言，可采取的指挥控制方式总是有限的，不可能满足或适合任何可能出现的态势和任务需求。所以"博"与"专"总是矛盾的，某些特定的任务或环境下，网络化的指挥控制方式未必是最优的，这时可能需要采取专门的指挥控制方式，如对特殊目标的防空作战指挥，等等。因此，如何评估其具备的指挥控制能力，如何判断其是否具备某种指挥控制能力，或一个指挥控制组织能够胜任的作战任务是哪些？这些都是需要深入研究、解决的问题。指挥控制敏捷性就是为了解决其中一些问题而提出的新概念。

所谓敏捷性就是选择合适的手段解决合适问题的能力。在指挥控制领域，如果一个指挥控制组织能够针对动态变化的态势应用合适和有效的指挥控制方式，就认为它具有敏捷指挥控制能力，或者说它的指挥控制是敏捷的。

为了衡量指挥控制组织的指挥控制能力是否具备敏捷性，NATO 组织开展了网络赋能指控成熟度模型(NATO NEC command and control maturity model，N2C2M2)研究[5]。N2C2M2 是 SAS—065 的一项研究成果。SAS—065 是北约 SAS panel 的一个研究组，成立于 2006 年，目的是开发网络赋能行动(network-enabled operation，NEO)的指挥控制成熟度模型。SAS—065 的主要成果包括一个包含了详细描述和用户手册的模型 N2C2M2，以及一个更新了的 C2 概念参考模型(最初的模型是 SAS—050 研究提出的)。SAS-065 的研究基于 1995 年以来一系列研究指挥控制的工作组的诸多工作，如 RSG-19、SAS-026 和 SAS-050[6]。其中 SAS-026 提出了一个评价指挥控制的操作指南——NATO Code of Best Practice for C2 Assessment(COBP)，SAS-050 提出了 C2 概念参考模型。下面简要介绍 N2C2M2。

21 世纪关于指挥控制的思考和研究主要受两方面的现状影响或控制。一是 21 世纪军事任务空间的本质。21 世纪军事任务空间最重要的特征就是不确定性，此外，军事行动也从传统作战行动向非战争军事行动扩展，包括国家援助、安全援助、人道主义援助、抢险救灾、反恐怖、缉毒、武装护送、情报的收集与分享、联合演习、显示武力、攻击与突袭、撤离非战斗人员、强制实现和平、支持或镇压暴乱及支援国内地方政府等。第二个现实情况就是正在进行的 21 世纪军事转型，即在 21 世纪，相关的机构和人员如何从工业时代转变到信息时代，其中的关键是提升或使用新技术的能力，因为这直接决定了相关的机构和人员能够有效地与它们的伙伴一起工作。

这些实际情况使得指挥控制成为重点或焦点，包括获取、管理、共享、挖掘信息以支持个体和集体的决策。特别是，更成熟的指挥控制能够识别态势变化并采取合适的指挥控制方式来适应态势的变化，这称为指控的敏捷性。N2C2M2 归纳分析了过去的一些指挥控制方式，也提出了未来可能的指挥控制方式，以适应新时代任务变化的挑战。

N2C2M2 定义了一组指挥控制方式，包括冲突式指挥控制(conflicted C2)、去冲突式指挥控制(de-conflicted C2)、协调式指挥控制(coordinated C2)、协同式指挥控制(collaborative C2)和边缘式指挥控制(edge C2)。

1) 冲突式指挥控制

在冲突式指挥控制中，在集体层面没有全局或统一的目标，各实体对其所控制的力量进行指挥或组织。在这些实体间没有信息的共享，所有的决策权是由各实体独自保留的，不存在决策权分配的情况，它们之间也不存在任何的交互(注：这里的实体指的是一个个体或一定规模的团队、群体或组织)。

在冲突式指挥控制模式下，所有的交互发生在各个实体内部。从集体层面看，这就形成了一系列的"簇"，每个簇对应一个独立的实体，簇之间没有联系，如图 4.3 所示。

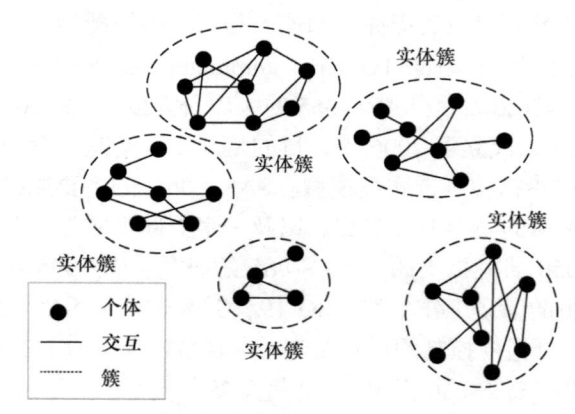

图 4.3 冲突式指挥控制：参与实体间的交互

2) 去冲突式指挥控制

去冲突式指挥控制的目标是避免对敌人形成重复影响，本质是要求各实体降低它们之间的意图、计划、行动的冲突，并能够识别潜在的冲突，通过空间、时间、职能、编组等手段消除可能的冲突。这需要一定程度的信息共享和交互才能实现。各个实体需要放弃无约束行动的自由，同意决策权有一定程度的降级(如果这种降级对于消除冲突是必需的)。这在可能的指挥控制方式中是限制最少的一种集体决策形式。这里的可能指挥控制方式包括去冲突式指挥控制、协调式指挥控制和协同式指挥控制。

参与去冲突式指挥控制的实体间的交互关系如图 4.4 所示，不同簇之间的交互是最小的、松散的。

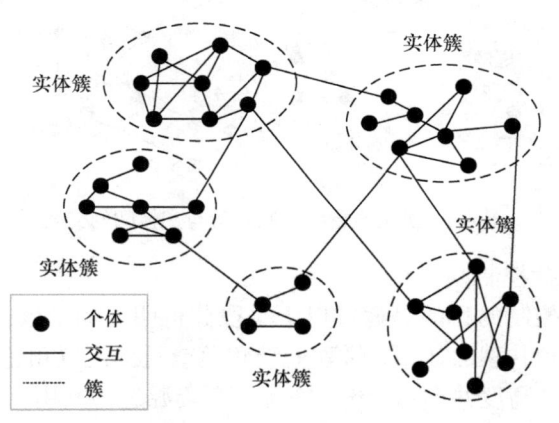

图 4.4 去冲突式指挥控制：参与实体间的交互

3) 协调式指挥控制

协调式指挥控制的目的通过以下手段提高全局效能：①寻找互相支持的意图；②在不同实体计划和行动间建立联系和关联以重组兵力或提升效果；③能够对一些无组织的资源进行初始合并(这里的无组织资源指的是没有被参与者拥有的资源，如桥梁和道路的可用情况、后勤信息的共享等)；④为提高信息质量而需要的信息域中的更高程度的共享。

协调不仅仅是同意更改某个实体的意图、计划和行动来避免潜在的冲突，也包括建立一定程度的公共意图，并同意将不同实体计划中的行动统一关联起来。这就需要在建立公共意图和计划的实体间实现更大程度的信息共享和更丰富的交互，不管是正式的还是非正式的(根据消除冲突的需要而定)。虽然所需的交互可能十分频繁，但是离连续交互(continuous interaction)还有一定的差距。

协调式指挥控制方式需要参与者受公共意图和关联计划的约束，因而具体实施中需要参与实体降级一部分决策权，也就是把一部分协调过程相关的决策权交由整个集体来实现。

在协调式指挥控制中，出现了一些与任务相关的交互簇(clusters of interactions)，这些任务涉及两个或更多的一起工作的实体。簇之间的连接(也就是交互)仍然是有限的，但是频繁程度和连续程度相比去冲突式指挥控制而言更高了，交互呈现周期性特点，并且部分是近似连续的，如图4.5所示。

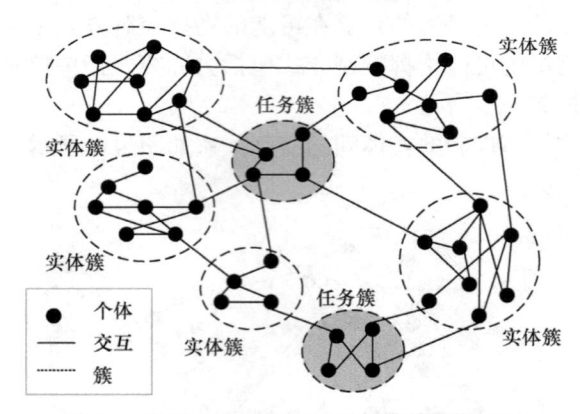

图4.5　协调式指挥控制：参与实体间的交互

4) 协同式指挥控制

协同式指挥控制的目的是通过以下手段获得明显的增效：①通过协商建立集体的统一意图和共享的计划；②建立新角色或重新配置角色；③使行动配对；④对无组织资源的高度共享；⑤将一些有组织资源进行共用；⑥增加社际域中的交互以提高共享觉知水平。

这种指挥控制方式不仅包含了公共意图，还包括协同开发统一的共享计划。单个实体的意图必须服从公共意图，当然不同实体也可以有其他的意图，只要他们之间不冲突，不降低公共意图。类似地，单个实体的计划也要能支持或保障统一的集成计划。采用协同式指挥控制方式的实体接受共生关系，它们可以相互依赖，并存在非常频繁的交互。这些交互实际上接近于连续交互，包括在信息域和认知域中进行更丰富、更广泛的交换，而这对于建立共享理解、开发统一共享计划是至关重要的。协同式指挥控制还实现了对集体的一定数量的决策授权。一旦公共意图建立起来并且集成计划已经开发好了，那么集体也对各个实体进行"授权"，即开发支持计划并动态调整这些计划进行协作的权力。

在这种指挥控制方式下，一起工作的实体形成与任务相关的更大的簇，实际上与单纯的实体簇形成了竞争。然而，实体间的交互没有变，区别在于实体属于不同的簇而已，如图4.6所示。但是簇内实体的连接程度增强了，可以说这些连接是丰富而连续的。

5) 边缘式指挥控制

边缘式指挥控制的目的是使集体的自同步成为可能。自同步能力需要相关实体间具有更强的共享理解。而这需要实体能够更广泛、更容易地获取信息，更高程度地共享信息，更丰富和连续的交互，以及更大范围和可能的决策权分配，从而形成一个鲁棒的网络化的集合。

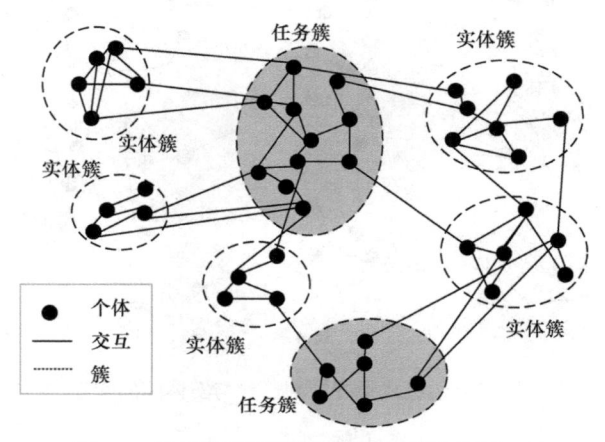

图 4.6　协同式指挥控制：参与实体间的交互

自同步包含了自组织。因而，实体或实体的集合能够像其他的指挥控制方式一样工作。但是区别还是存在的，主要体现在以下方面。

(1) 在边缘式指挥控制中，决策权是广泛分布的，即使看起来决策是由一小部分实体来完成的，这是因为其他实体保留了他们的决策权。

(2) 在边缘式指挥控制中，交互模式是动态的且反应任务和环境的影响。

(3) 最终的信息分布是自然而然的，它是由决策权分配和交互模式决定的结果。

边缘式指挥控制能够通过正式的协调—协同机制与自同步机制的替换而与其他指挥控制方式区分开来。借助更高程度的觉知共享，边缘式指挥控制中的实体能够更广泛地获取信息，实现无限制的交互及自同步。在这种情况下，实体构成的簇占绝对优势，如图 4.7 所示。这些任务相关的簇不像协调式指挥控制和协同式指挥控制中的簇一样是静态的，而是涌现的，但都是由不断变化的态势所引发的，而态势的变化与环境和整体行动的改变相关。

以上五种指挥控制方式在 C2 方式空间中的位置如图 4.8 所示。

4.1.5　指挥控制的成熟度

指挥控制方式空间包含了完成指挥控制功能的多种可能指挥控制方式。指挥控制方式空间既可以用于判断现有组织的指挥控制方式，也可以用于分析一组独立个体(如团体)怎样才能达成聚焦和收敛，也就是同心协力地完成一项任务。SAS—065 定位于后者，通过团体内决策权分配、交互模式和信息共享方式及信息在团体中分布的变化，来探索适合不同团体的指挥控制方式。

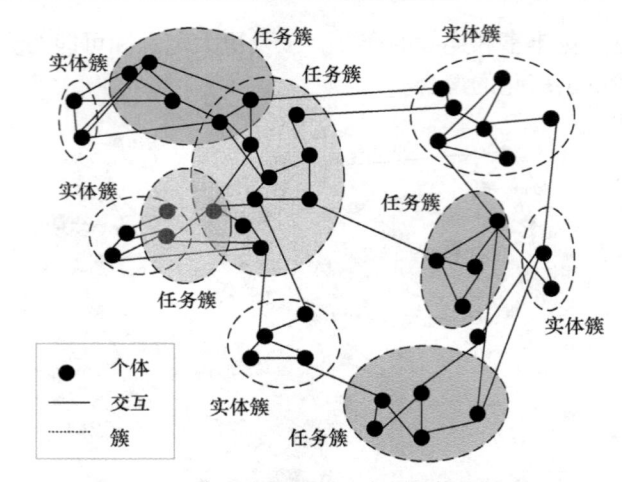

图 4.7　边缘式指挥控制：参与实体间的交互

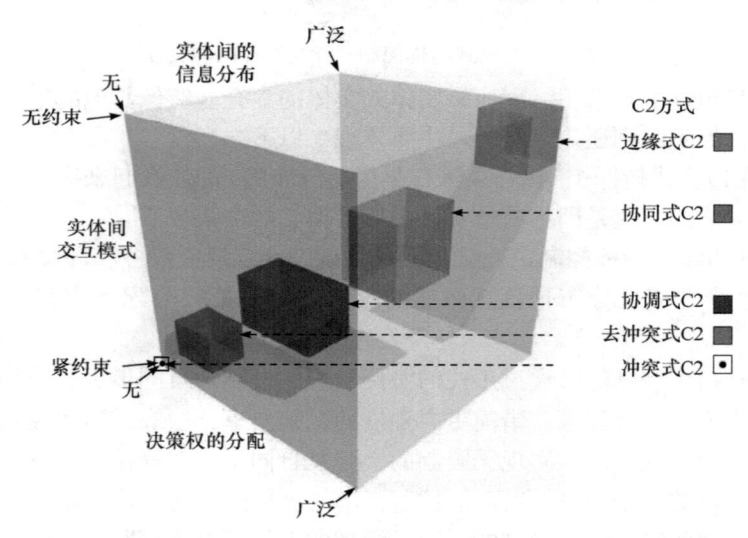

图 4.8　不同指挥控制方式在指挥控制方式空间中的位置

在图 4.8 中，冲突式指挥控制和去冲突式指挥控制之间、协作式指挥控制和边缘式指挥控制之间存在一定的"缝隙"，而去冲突式指挥控制、协调式指挥控制和协作式指挥控制却连在一起。这是因为去冲突式指挥控制和协调式指挥控制之间、协调式指挥控制与协作式指挥控制之间的边界很难精确界定。

图 4.9 给出了五种指挥控制方式的简要描述。图中，冲突式指挥控制是分离的，这是一种需要尽量避免的指挥控制方式。去冲突式指挥控制、协调式指挥控制和协同式指挥控制在决策权的分配、交互模式和信息分布三方面的能力依次提升，对应着觉知和共享觉知能力的不断提高。边缘式指挥控制也是分离的，只有

第 4 章 体系成熟度评估

当觉知和意图的共享水平达到极高的程度之后，这种指挥控制方式才能实现。

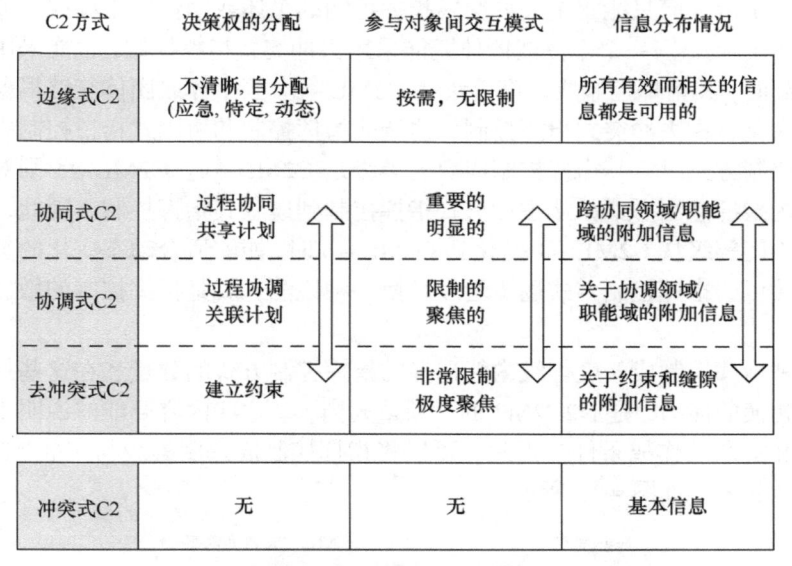

C2方式	决策权的分配	参与对象间交互模式	信息分布情况
边缘式C2	不清晰,自分配(应急,特定,动态)	按需,无限制	所有有效而相关的信息都是可用的
协同式C2	过程协同 共享计划	重要的 明显的	跨协同领域/职能域的附加信息
协调式C2	过程协调 关联计划	限制的 聚焦的	关于协调领域/职能域的附加信息
去冲突式C2	建立约束	非常限制 极度聚焦	关于约束和缝隙的附加信息
冲突式C2	无	无	基本信息

图 4.9　五种指挥控制控制方式的简要描述及关系

这些团体指挥控制方式是确定指挥控制成熟度时必须要考虑的。指挥控制成熟度等级(command and control maturity level，C2ML)的定义存在三个依据：①一个个体或团体能实施的指挥控制方式；②识别哪种指挥控制方式是最合适方式的能力；③能够采用最合适指挥控制方式的能力。

每种指挥控制成熟度等级与一组特定的指挥控制能力相关，而且高水平的成熟度所对应的能力一定涵盖了低水平成熟度的相关能力。从团体或联合角度看，存在图 4.10 所示的五种指挥控制成熟度等级。

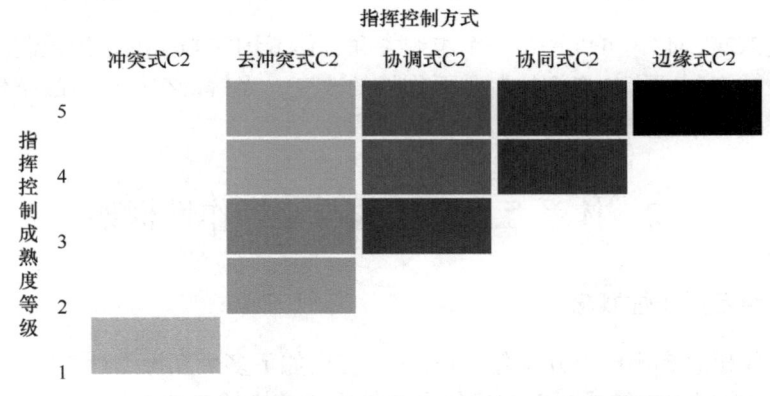

图 4.10　根据可能指挥控制方式定义的团体指挥控制成熟度等级

如图 4.10 所示，只能实施冲突式指挥控制的个体或团体的指挥控制成熟度等级是 C2ML-1，而只能实施去冲突式指挥控制的个体或团体的指挥控制成熟度等级是 C2ML-2。当一个个体或团体既能采用去冲突式指挥控制，也能采用协调式指挥控制时，其指挥控制成熟度等级是 C2ML-3。当个体或团体能够根据环境或态势的变化，在去冲突式指挥控制、协调式指挥控制和协同式指挥控制中选择合适指挥控制方式时，其指挥控制成熟度等级是 C2ML-4。C2ML-5 则对应了最多可能的指挥控制方式，从去冲突式指挥控制到边缘式指挥控制。因此，当指挥控制成熟度等级从 C2ML-1 变化到 C2ML-5 时，能够适合动态变化的复杂环境和态势的可选指挥控制方式逐步增多。换一种说法，就是指挥控制的敏捷性增强了。

每种指挥控制成熟度等级内能选择的指挥控制方式的数量和在这些指挥控制方式间转换的能力，是 N2C2M2 的两项重要内容。这些内容要能够说明不断增加的需求和复杂的作战条件。因此，可以将指挥控制成熟度等级与作战(或能力)成熟度联系起来，如图 4.11 所示。

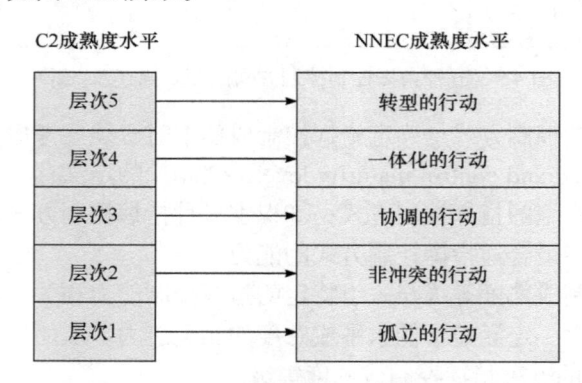

图 4.11　指挥控制成熟度等级与网络赋能能力水平的联系

通过 N2C2M2，可以评估一个组织、联合体或国家当前的指挥控制成熟度等级，以及转变到网络化指挥控制需要作战的改变。当然，在任何作战条件下，需要根据作战背景来选择合适的指挥控制方式。

4.2　体系互操作概念与互操作性框架

4.2.1　体系互操作性概念

互操作概念提出已有几十年，IEEE 曾提出如下多个互操作性定义[7]。
(1) 两个以上系统或要素交换信息并使用所交换信息的本领。

(2) 多台设备一起工作以实现有用功能的能力。

(3) 使不同制造商建造的异构设备在网络环境中一起工作的能力，通常由一组一致的标准来推动(但不确保)。

(4) 两个以上系统或组件在异构网络中交换信息并使用信息的本领。

卡内基梅隆大学软件工程研究所认为互操作性是一组通信实体交换特定状态数据并按照特定、共同认可的业务语义对状态数据进行处理的本领[8]。

从信息角度看，互操作性可以分为技术、语法、语义、语用、概念等多个层次。技术互操作性度量了信息交换时是否采用一致的通信协议，语法互操作性度量信息表示是否采用了相同的规范，语义互操作性度量所交换的信息是否被正确理解和使用，语用互操作性度量所交换信息在各项业务中发挥的作用和达成的效果，概念互操作性描述信息、流程、背景、建模假设等内容。

欧共体给出了一个更一般的互操作性定义："Interoperability is like a chain that allows information and computer systems to be joined up both within organizations and then a cross organizational boundaries with other organizations, administrations, enterprises or citizens"。[9]这个定义中提出了互操作性的另一维度——组织互操作性。组织互操作性关注业务流程建模、信息架构与组织目标的对齐、业务流程合作辅助。

美军多年来一直大力推广互操作能力，认为联合作战的主要挑战逐渐地汇聚到一个词上：互操作性。美军在《国防部军事术语词典》中对互操作性的定义是：系统、单位或部队为其他系统、单位或部队提供服务或者接受其他系统、单位或部队提供服务，并利用交换的服务实现共同、有效的作战能力。当在通信——电子系统和/或其用户之间进行直接与满意的信息交换与服务时，就为互操作性创造了条件[10]。从概念上看，美军互操作的主体不仅针对信息系统，还扩展到了行为实体，如部队和相关部门等，信息系统的互操作是实现军事领域整体互操作的前提和条件。

美军也认识到仅有技术互操作性是不够的。在《联合构想2020》中，美军认为：尽管技术互操作性很重要，但并不足以确保开展有效行动。必须适当关注程序和组织层面的因素，不同层次的决策者必须了解彼此的能力和约束。训练、教育、经验、演习、合作计划、各个层次有经验的联系人不仅能够克服组织文化和不同特区带来的壁垒，也能教会联合团队成员意识到他们能够获得的全维军种能力[11]。

在体系工程范畴内，互操作性描述了通信实体的本领：交换规定状态数据；状态数据符合规定的、一致认可的业务语义[8]。

通信实体包括如下三个层次的内涵。

(1) 计划层面指参与系统采办管理的实体。

(2) 建设层面指参与系统开发和维护的实体。

(3) 业务层面指参与系统运行的实体。

状态数据也包括三个层次的内涵：计划(programmatic)互操作性、建设(constructive)互操作性和运行(operational)互操作性。

(1) 计划互操作性通常是指参与采办管理活动的一组通信实体的如下能力[12]：交换规定的采办管理信息；按照规定的、一致认可的业务语义，基于上述信息进行运作。对体系而言，计划互操作性是指一组通信实体就采办管理功能达成共享理解的能力，其中采办包括了体系开发、部署、运行、维护、升级替换、报废相关的所有活动，采办管理功能允许他们以一种有效的团体行为来开展工作。

(2) 建设互操作性反映不同系统设计、研发、生产流程及工具以可理解的方式交换信息的程度。

(3) 运行互操作性与传统的系统互操作性定义近似，指系统交换相关信息的能力，但是添加了兼容运行概念的相关内容，因此其内涵不局限于数据与信息层次，而是扩展到体系运行的多个层面。

4.2.2 体系互操作性框架

可以通过互操作性框架来全面认识互操作性的概念内涵。互操作性框架是描述组织已经认可或即将认可的相互间开展业务方式的政策、标准和指南的集合。这个定义强调了对指导组织实现有效协作的标准化解决方案的需要。当定义互操作性框架时需要规范一些共性因素，包括词典、概念、原则、政策、指南、建议、标准、规范和实践。

在企业互操作性领域，网络化企业应用和软件互操作性研究卓越网络(interoperability research for networked enterprises applications and software-network of excellence, INTEROP NoE)最初提议了一个企业互操作性框架，该框架最终成为一项 ISO 标准(ISO 11354)[13,14]。INTEROP NoE 的企业互操作性框架描述了以下三个维度的内容。

(1) 互操作性壁垒，主要关注企业系统间的不兼容问题。

(2) 互操作性关注点，主要描述互操作性发生的领域。

(3) 互操作性方法，定义消除互操作性壁垒的方法。

图 4.12 是一般企业互操作性框架(framework for enterprise interoperability, FEI)[14]。该框架从关注点、壁垒和方法三个维度来描述互操作性。

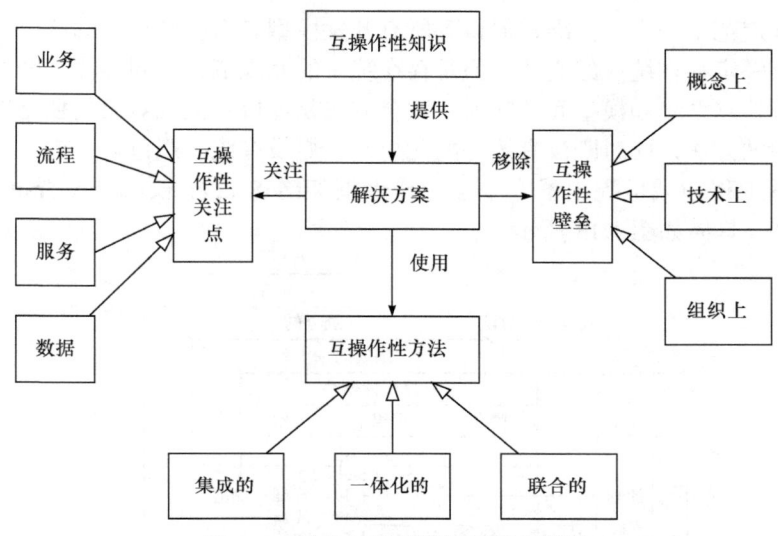

图 4.12　企业互操作性框架概念模型

互操作性关注点描述的是哪些内容要实现互操作，主要从业务、流程、服务和数据四个侧面描述。数据互操作性是指不同数据模型(层次化的、关系的等)可以一起工作，支持不同查询语言，从部署于使用不同操作系统和数据库管理系统服务器上的异构数据库中找到并共享信息。服务互操作性通过解决独立设计和实现的不同服务与应用程序的语法、语义区别，找到它们与多种异构数据库的连接，以识别、组合这些服务和应用，并确保它们发挥功能。流程互操作性的目的是使不同的流程能够一起工作。在一个网络化的企业中，需要研究如何连接多个子企业的内部流程来创建一个共用流程，并确保共用流程能够正常运行。这类流程与目前端到端流程的内涵相近。业务互操作性是指在组织和企业的不同层次上，都能够以自治的方式开展工作，而不管企业的决策模式、工作方法、法规、公司文化、商业模式如何，因此业务能够在公司间展开和共享(注：这里公司是企业的组成部分)。

互操作性壁垒描述约束互操作效果的因素和难点，主要从概念、技术和组织三个侧面刻画。概念壁垒描述所交换信息的语法和语义的区别，主要关注建模问题，既包括高层抽象建模(如企业模型)，也包括编程层次建模问题(如 XML 进行语义描述时的能力不足)。技术壁垒指协议、编码、平台和基础设施等方面信息技术的不兼容性，主要关注使用软件系统对数据和信息进行表示、存储、交换、处理和通信的标准。组织壁垒指组织内的职责、权力及组织结构定义中的不兼容性，可以视为"人因"或"人的技术"，主要关注阻碍互操作性的人和组织的行为。

互操作性方法描述消除互操作性壁垒的方式，主要从集成、统一和联合三个方面描述实现互操作性的手段。集成方法是指采用一种通用格式规范来约束所有模型，该规范不一定是标准，但得到所有开发模型和系统参与者的认可。统一方法是指不一定存在统一的规范，但是存在统一的元规范，不同实体之间可以基于元规范来建立系统和模型间的映射。联合方法是保持被集成对象的独立性而实现互相沟通的方法，此时既没有统一的元规范，更没有统一规范。

体系工程领域也提出了一个互操作性框架(SoS interoperability framework，SoSIF)[15]，具体如图 4.13 所示。

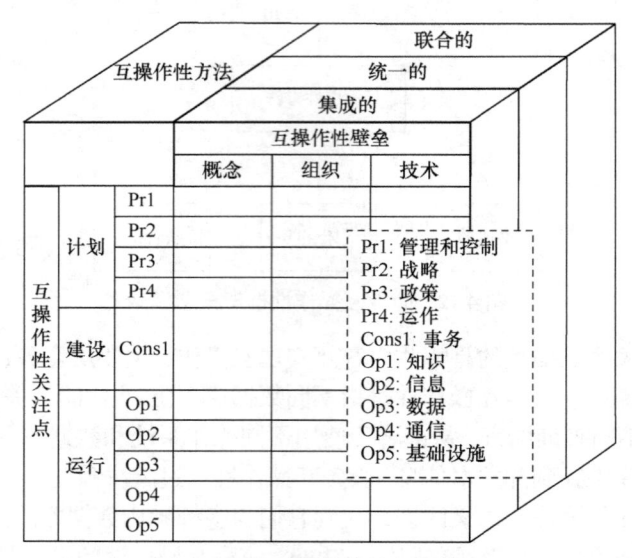

图 4.13　体系互操作性框架模型

该框架同样从关注点、壁垒和方法三个维度进行定义。体系互操作性框架从计划、建设、运行三个层面定义了十个关注点。

计划层面包括如下四个关注点。

(1) 管理和控制。考虑确保公平竞争、体系管控、体系的可能影响三个方面。

(2) 战略。关注体系战略自身。战略具体依赖于环境、环境的不确定性、跨不同区域和法律的地理范围、业务域特征和感知的风险。

(3) 政策。关注体系如何控制和约束业务执行及业务内容，主要内容包括组织内信任、合作、服务层认可、合同。相互依赖业务间的潜在冲突、对体系韧性的需求等需要重点关注。

(4) 运作。在体系战略和政策约束下平稳运作，体系组织间接口质量对达成这一目标起关键作用。

建设层面包括事务一个关注点。

运行层面包括知识、信息、数据、通信、基础设施五个关注点。

(1) 知识/行动认知。从提供者到使用者的信息的一种表示形式，有充足的语义内容用于理解。充足的语义内容允许信息使用者理解知识并获得知识的所有权。

(2) 语义/信息。信息表示带语义的数据。语义包括与数据被使用的更大环境的关系等。信息是应用背景中对角色有意义或与角色相关的一组数据。角色可以是支持业务流程或业务目标的人或机器。

(3) 数据/对象模型。以一种适合于通信、解译与处理的规范方式给出事实、概念、指示的表示。

(4) 链接和网络。

(5) 物理接口。

在互操作性壁垒和互操作性方法方面，SoSIF 和 FEI 基本类似。

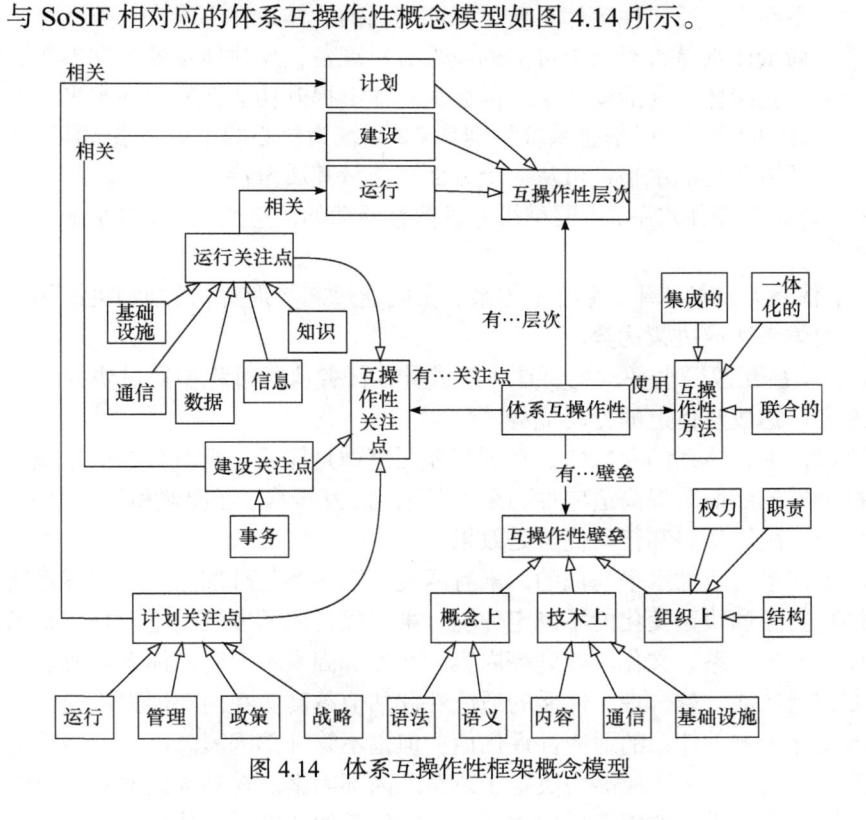

与 SoSIF 相对应的体系互操作性概念模型如图 4.14 所示。

图 4.14 体系互操作性框架概念模型

4.3 体系融合模式与成熟度

4.3.1 体系的适应性

从生物学角度，适应是生物体调整自身以适应环境的过程。以此类推，对一个个体、公司、系统或体系，适应是一个主体调整自身的组织、结构、流程以更好地适合外部挑战的过程。体系的适应性造就了复杂性[16]。体系适应能力越强，就会越复杂，就会给体系的设计、建设和运行管理带来更大的困难和更多的风险。因此，从降低体系复杂性和运行风险的角度考虑，应该要求体系适应性能力是有限度的，不能一味追求高适应性。

军事体系的适应性是体系调整自身组成成员、流程关系、运行规则等，以适应各类任务和战场环境变化的能力，是体系敏捷性的重要部分。在体系适应性评估中，要根据体系可能的使命任务集和环境变化范围，确定合适的评估内容、指标和标准。

对体系而言，适应性等体系质量特征刻画的是体系在不确定任务环境下的应变水平，衡量体系是否对未来可能的风险有所准备，反映体系的内在本领。体系质量特征不直接体现为活动效果，但会从总体上提升功能性能力的水平，发挥类似"倍增器"的作用。以信息系统特别是C2系统为核心的军事体系，其适应多样化任务和环境变化的水平，可从三个方面来衡量其质量特征[17]。

(1) 体系互操作水平，主要是指通过信息活动的信息交互，使体系最终达成信息优势。

(2) 体系互理解水平，主要是体系成员间通过态势理解、计划和决策等的交互共享，使体系达成决策优势。

(3) 体系互遵循水平，主要是体系成员在任务执行过程中通过协同及共同准则的遵守，达成整体上的行动优势。

可以认为，体系的互操作、互理解和互遵循是体系运行时，在信息域、认知域和社会域的层面为提高适应性而采取的活动。互操作、互理解和互遵循是手段，信息优势、决策优势和行动优势是效果。

决定体系适应性水平高低的因素有两类。第一类是外部因素，即体系所服务的多样化任务和快速变化的不确定环境。第二类是内部因素，主要是体系组成成员、体系成员关系、文化、准则等内容。在外部因素不变时，体系组成、结构和运行方式越灵活、越合理，体系的适应性评估值越高。在内部因素不变时，外部因素的变化影响着体系的适应性评估值，但是不管外部因素怎么变，体系的适应能力是不变的，因为适应能力决定于体系的内部因素。在外部因素和内部因素都不变时，体系所采用的组织运用方式会决定体系的适应性评估值。

4.3.2 体系融合模式的概念与内涵

军事体系的组织运用一般是指在完成任务过程中所体现出来的体系成员的运行方式，以及体系成员之间的关联、交互、协作等模式。为了描述这些模式的特点和规律，可以根据体系成员所属的域，分析不同域体系成员的运行方式、域内成员之间的关系及不同域成员之间的各种关联、交互、协作等关系。这些方式、关系可以归结为如下两个方面。

(1) 体系成员运行时的自主程度。体系作为复杂系统，体系成员的自主性程度相比系统组成单元而言要大得多，因此体系成员在多大程度上能够自主运行是衡量体系成员运行方式的重要方面。用军事领域的语言来讲，体系成员运行的自主程度反映了体系中指挥决策权力的分配程度，如各域的成员有完全自主的指挥决策权，还是完全被集中指挥，还是介于两者之间。

(2) 体系成员之间的关联程度。不同域成员关联的内涵是不同的，如联合感知域成员的关联本质上更多反映了信息在体系内的共享分布，联合决策域成员的关联更多反映了认知和理解在体系内的共享情况。

体系成员运行的自主程度和体系成员之间的关联程度，反映了体系运行时的融合水平，即体系成员在完成任务时互相联系、交互、协作的紧密程度，本书将这种情况定义为体系的融合模式。

显然，不同的任务和环境下，需要的体系融合模式是不一样的。有的任务需要联合感知域的体系成员广泛共享信息，而有的任务则更强调联合感知域的体系成员要及时共享信息而不要求在整个域内进行共享。为了区分体系融合模式，从体系适应性特征出发，将前面的体系成员运行自主程度和体系成员关联程度具体化为体系互操作、互理解和互遵循三个维度。

体系互操作维度从信息的角度衡量体系成员所完成的信息活动之间的各种关系，以判断体系成员之间的信息共享水平。传统上互操作是指不同平台或编程语言之间交换和共享数据的能力。美国国防部将互操作界定为在执行一组指定任务时通过协作完成的活动，或系统、装备间直接交换信息、服务。广义地理解，互操作是通过信息交换达成协调工作的能力。体系的互操作指的是体系成员在完成任务时，通过信息交换来协作其他成员执行相应的信息活动，以满足任务的需要。体系互操作的关键是信息交换，效果是信息优势。

体系互理解维度从认知的角度衡量体系成员之间通过交互形成对当前态势的一致认识、判断和预测，并做出一致决策的水平。理解是领会、了解、懂得的一种心理思维过程，是对事物的意义形成了结构化的知识表达。互理解是协作各方遵循标准的概念框架和活动流程，从而为达成对事物的一致理解创造条件。互理解与觉知、理解和决策等活动相关，它们都发生在认知域。觉知与态势相关，是先验知识和当前认识折中的结果。理解是基于充分的知识对态势的可能结果进行推理，并预测态势的发展。态势觉知关注过去发生了什么、当前情况如何，理解关注态势如何发展、不同的行动对态势有什么影响。决策就是选择要执行的任务。互理解与共享理解间存在因果关系，互理解是实现共享理解的必然途径，共享理解则为体系成员的决策提供了统一基础，是形成一致决策、获得决策优势的重要影响因素。

体系互遵循维度从执行的角度衡量体系成员之间在执行任务时是否遵循统一的规范、标准、准则、文化，以通过协作实现任务同步执行、达成作战优势的水平。协作是衡量互遵循效果的重要手段，通过协作的效率、效能可以间接衡量体系成员是否遵循了统一的规范和准则，是否遵循了相互的要求和行动方案。

4.3.3 基于广义互操作性的体系融合概念模型

从体系及企业互操作性框架模型可以看出，对互操作的对象——信息，框架模型考察的要素已经超出了狭义信息的范围，而是向上拓展到知识要素，向下拓展到数据、通信和基础设施等要素，因此属于广义互操作性的范畴。体系融合运行的支撑是信息交换，效果是信息优势。体系融合的核心是认知共享，基础是共同认知，效果是决策优势，而达成决策优势、形成共同认知的前提是信息优势和共同理解。因此从广义互操作对象中可以把高于信息层面的知识和认知相关的要素分拆出来，定义为互理解相关的要素。体系具备互操作和互理解能力，只说明了体系具有这种潜能和本领，体系能否发挥出这种潜能，还需要消除一系列组织管理上的壁垒和影响因素，包括政策、条令条例、标准规范等。只有形成了完善的政策法规和标准规范并切实执行落地，才能确保体系成员消除利益冲突，也就是保证去利益化。局部利益会驱使体系成员不考虑全局态势，不考虑全局最优目标，仅仅局限于局部小目标，顾小而舍大，对体系整体效能产生负面影响。而互遵循就是通过建立体系成员必须能遵守的规章制度，为体系成员的业务执行建章立制，通过权责结合，确保体系成员"舍弃小我，成就大我"。

因此对军事领域的体系，可以参考一般体系互操作性概念模型，从体系融合主体、方式、效果和壁垒四个方面入手，建立体系融合概念模型，如图4.15所示。

1) 体系融合主体

体系融合主体是指实施或实现融合的人或事物，具体包括人才力量、基础设施、信息系统、信息等。这里的信息是广义的信息，包含了数据和知识。

(1) 人才力量。指体系运行中涉及的各类人员和组织，也包括人才培养和力量建设中相关管理部门与培训机构、院校之间的融合程度。

(2) 信息系统。指体系运行中涉及各类信息系统装备，重点从所实现功能层面分析信息系统运行的融合水平，主要包括服务和应用。不同服务支持跨域调用并确保它们发挥功能的水平。体系各领域和部门内部业务能够以自治的方式运行，不同部门和领域间的业务应用能够进行信息交互和互操作。体系应侧重通过共用软件增强体系融合水平。

(3) 基础设施。体系中提供通信、存储、计算等基础功能的软硬件系统。

图 4.15 体系融合概念模型

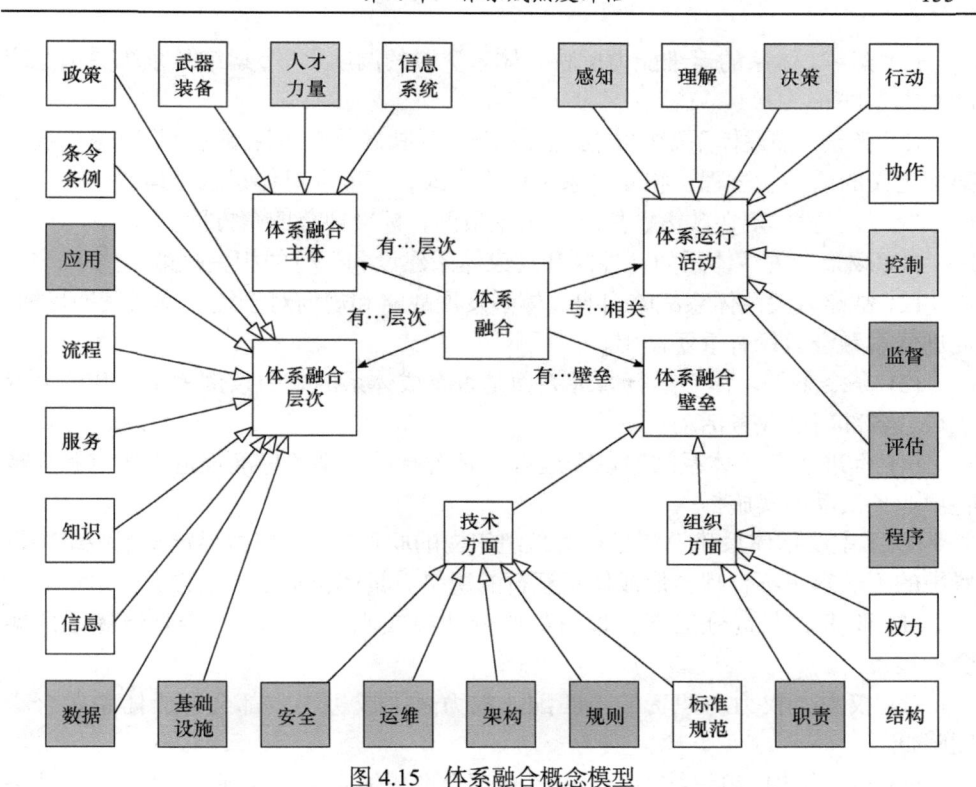

(4) 信息。狭义的信息表示带语义的数据,是应用背景中对角色有意义或与角色相关的一组数据;广义的信息包含了数据和知识。体系内的数据不但需要统一,还需要适应多种领域和环境,多样性允许在不同领域对数据有不同的处理方式,兼容和适应性越强,越有利于融合。知识是对信息的再归纳和总结所得到的结果,用于指导各项活动的执行。

2) 体系融合方式

体系融合方式主要从互操作、互理解和互遵循三个方面展开。

3) 体系融合效果

体系融合效果主要体现在与互操作、互理解、互遵循相对应的信息优势、决策优势和行动优势三类效果上。

4) 体系融合壁垒

按中国系统工程"物理-事理-人理"理论,从"物""事""人"三个方面展开。"物"主要体现在安全、运维、架构三个方面。

(1) 安全。体系信息安全和信息保密的政策与措施会影响各领域和部门间的融合。

(2) 运维。体系的运维能力反映了体系资源的调度水平，运维是系统灵活适应的基本条件。

(3) 架构。描述体系架构方法应用情况，反映的是整体性规范。只有遵循统一架构定义的活动、过程、相互关系和作用模式，才能促进体系融合运行。

"事"主要体现在政策、战略、条令条例、标准规范四个方面。

(1) 政策。关注体系如何控制和约束体系建设和运行的相关政策。

(2) 战略。关注体系战略自身。体系发展战略和规划对于统一体系发展目标、促进体系融合运行有重要作用。

(3) 条令条例。体系运行管理方面是否有成体系的条令条例来指导和约束各领域、各部门的业务活动。

(4) 标准规范。体系的建设和运行中是否有成体系的标准规范来约束和规范各项业务活动的实施。

"人"主要指体系建设和运行管理组织内的职责分工、权力界定及组织结构设置中的不兼容、不合理会形成体系运行的壁垒。具体包括以下三方面。

(1) 职责。职责分工不合理，如职责冲突或职责缺失等，会降低体系的融合程度。

(2) 权力。权力与职责的不匹配、权力过大或过小，都会造成体系融合程度降低。

(3) 组织结构。组织结构设置的不合理会造成体系运行管理中协作量大、业务延时长，造成体系融合运行效果降低。

4.3.4 体系融合模式空间与典型模式

以体系互操作、互理解和互遵循的水平为三个参量来表征体系的融合模式，则所有的体系融合模式形成了一个空间，即体系融合模式空间，如图 4.16 所示。

体系互操作水平的取值介于孤立和完全互操作之间，孤立代表体系成员之间不存在交互，完全互操作表示任何体系成员只要有需要就可以进行互操作。体系互理解水平的取值介于冲突的理解和完全一致理解之间。体系互遵循水平的取值介于完全自主行动与自发同步之间。原则上图 4.16 立方体中的每一个点都代表了一种体系融合模式。但是由于体系的互操作和互理解是递进关系，前者是后者的基础，因此在图 4.16 的立方体中，立方体左后部区域里一般不会存在可行的融合模式，常见的体系融合模式基本位于三角柱 OABCDE 内部。

可以根据体系互操作、互理解和互遵循等级水平的不同来定义常见的体系融合模式，如表 4.1 所示。

第 4 章 体系成熟度评估

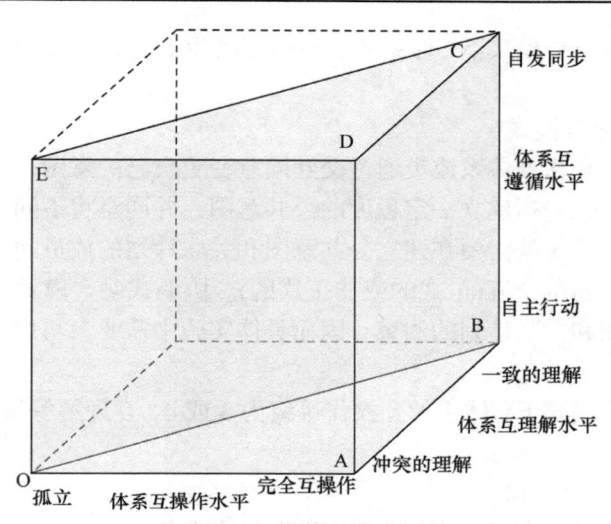

图 4.16 体系融合模式空间

表 4.1 典型体系融合模式

序号	体系融合模式	互操作等级	互理解等级	互遵循等级
1	无融合模式	0	0	0
2	去冲突式融合模式	1~2	1	1~2
3	协调式融合模式	3~4	2~3	3
4	协同式融合模式	3~4	4	4
5	自适应融合模式	5	5	5

1) 无融合模式

无融合模式中，在体系层面没有全局的或统一的目标，各体系成员对其所控制的力量进行指挥或组织。这些成员间没有信息的共享，成员间不存在指挥与被指挥、控制与被控制的关系，指挥控制只发生在体系成员内部。体系中也不存在任何的规范、规则、文化来约束体系成员的行为。在无融合模式下，体系的互操作、互理解和互遵循等级都为 0。

2) 去冲突式融合模式

去冲突式融合模式要求体系成员降低它们之间的意图、计划、行动的冲突，并能够识别潜在的冲突，而且能通过空间、时间、职能、编组等手段消除可能的冲突。这需要一定程度的信息共享和交互才能实现。因此体系成员需要放弃无约束行动的自由，同意各自独立决策权一定程度的降级(如果这种降级对于消除冲突是必须的)。

在去冲突式融合模式下，体系的互操作等级为 1 或 2，互理解等级为 1，互遵循等级为 1 或 2。

3) 协调式融合模式

协调不仅仅意味着体系成员通过交互同意变更自己的意图、计划或行动来避免潜在的冲突，也包括建立一定程度的公共意图，并同意将不同成员计划中的行动统一关联起来。这就需要在建立公共意图和关联计划的成员间实现更大程度的信息共享和更丰富的交互(正式的或非正式的)。协调式融合模式下，参与的体系成员受公共意图和关联计划的约束，因而具体实施中需要参与成员有更高的互理解水平和能力。

协调式融合模式下，体系的互操作等级为 3 或 4，互理解等级为 2 或 3，互遵循等级为 3。

4) 协同式融合模式

协同式融合模式在协调式融合模式的基础上有如下提高：①通过协商建立体系的统一意图和共享的计划；②将一些有组织资源进行共用；③提高互遵循等级以提高共享觉知水平和协作水平。

体系在这种融合模式下不仅实现了公共意图，还包括通过协同开发统一的共享计划。单个体系成员的意图必须服从公共意图，当然不同成员也可以有不同的意图，只要他们之间不冲突，不降低公共意图。类似地，单个成员的计划和行动也要能支持或保障统一的集成计划。体系在协同式融合模式下体系成员可以相互依赖，并存在非常频繁的交互，这些交互对于建立共享理解、开发统一共享计划是至关重要的。因此为了实现更高水平的交互，对体系的互遵循等级要求更高。

协同式融合模式下，体系的互操作等级为 3 或 4，互理解等级为 4，互遵循等级为 4。

5) 自适应融合模式

自适应融合模式是最高水平的融合模式，在这种模式下，体系能够根据需要进行信息共享、决策共享并形成行动优势，因此互操作、互理解和互遵循是按需开展的。这种模式下体系成员能够通过正式的协调—协同机制与自同步机制的替换而与其他融合模式区分开。借助更高程度的觉知共享，这种模式下的体系成员能够通过按需互操作、互理解和互遵循，实现更广泛的信息获取和无限制的交互及自同步。

自适应融合模式下，体系的互操作等级、互理解等级和互遵循等级都为 5。

不同的体系，因其使命任务的不同，可以选用不同的融合模式。就"性价比"来说，并不是融合模式等级越高越好，因为等级越高，实现的成本越高、代价越大。

4.3.5 体系成熟度概念与等级模型

体系的成熟度是体系为适应任务和环境的变化,而切换自身运行时融合模式的能力。参考 N2C2M2,可以从三个方面入手定义体系的成熟度等级:①体系成员能采用的融合模式;②识别最满足要求融合模式的能力;③从当前融合模式转换到最合适模式的能力。

体系的成熟度等级与一组特定的体系能力相关,而且高水平的成熟度所对应的能力一定涵盖了低水平成熟度的相关能力。每种体系的成熟度对应一组体系融合模式,在该成熟度等级下,体系能够根据需要从这组体系融合模式中选择合适的模式,并切换到该模式下运行。每种体系成熟度等级内能选择的体系融合模式的数量和在这些融合模式间转换的能力,是体系成熟度模型的两项重要内容。体系能力水平、体系成熟度等级和体系融合模式间的逻辑关系如图 4.17 所示。

图 4.17 体系能力、成熟度与融合模式的关系

为了评估体系的成熟度,需要以体系能力需求为依据,制定体系的成熟度等级,并确定每种成熟度等级对应的体系融合模式。

体系能力多种多样,水平各有高低,总体能力等级描述了作战对体系能力的要求。体系的最重要特征就是能力的涌现特性,通过能力涌现,可以完成单一成员不能完成的任务。体系能力涌现的机理极其复杂,目前尚不清晰,但有一点是至关重要的,即体系成员要通过协作、交互和联合,才有可能形成新能力。

体系成员在执行任务时既要有自主性,又要根据需要服从指挥、接受控制,并与其他成员进行协作以联合完成任务。体系成员根据能力的不同可以分为多种类型,相同类型的体系成员形成体系的域,如联合感知域、联合决策域和联合控制域等。不同域的体系成员协作、交互和联合水平的高低,代表了体系能力的总体水平。这里把体系能力水平分为 5 个层级,如表 4.2 所示。每种等级下体系成员在指挥、控制和联合协作方面的特征是不同的。

表 4.2 体系能力等级及其特征

等级	名称	指挥	控制	协作
5	适应级	全域统一指挥	全域控制	自适应联合
4	协同级	多域联合指挥	跨域控制	跨域联合
3	协调级	多域协同指挥	跨域控制	跨域协同

续表

等级	名称	指挥	控制	协作
2	入门级	域内指挥	域内控制	域内协同
1	隔离级	冲突式指挥	无控制	无协同

随着能力等级的提升，体系成员的指挥、控制和协作的范围逐渐从域内扩展到跨域，再到全域，最后具备灵活、按需、适应等特性。

对每一种体系能力等级，都可以映射到相应的体系成熟度，如图 4.18 所示。每种体系成熟度都对体系的互操作、互理解和互遵循水平有特定的要求，因此每种成熟度等级都对应了体系融合模式中的一个区域，这些区域可能相交，也可能不相交，如图 4.19 所示。其中，每个区域都代表了一系列体系的融合模式。

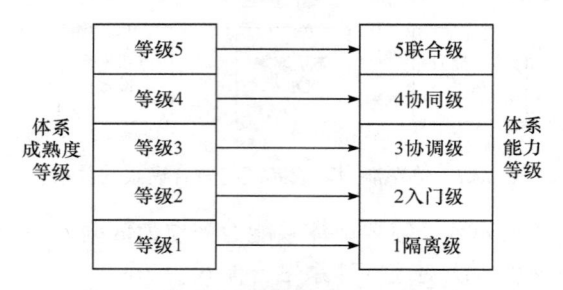

图 4.18　体系成熟度等级与能力水平的对应

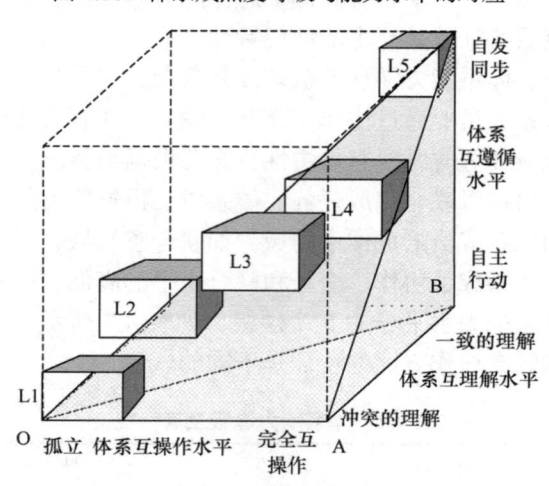

图 4.19　体系成熟度对应的融合模式区域

根据前面对典型体系融合模式的梳理，定义不同体系成熟度等级对应的融合模式，如表 4.3 所示。

表 4.3　体系成熟度等级对应的体系融合模式

成熟度等级	无融合模式	去冲突式 融合模式	协调式融合模式	协同式融合模式	自适应融合模式
1	支持				
2		支持			
3		支持	支持		
4		支持	支持	支持	
5		支持	支持	支持	支持

4.4　体系成熟度评估方法

4.4.1　面向任务适应性需求的成熟度评估

4.4.1.1　问题分析与建模

设体系支持的典型使命任务集合 $S_{\text{task}} = \{\text{task}_i \mid i = 1, 2, \cdots, n\}$，各项任务对互操作、互理解、互遵循等级水平的需求为

$$\text{cr}_i = (\text{or}_i, \text{ur}_i, \text{cr}_i), \quad i = 1, 2, \cdots, n$$

再设体系融合模式集合为 $S_{\text{schema}} = \{\text{sch}_j \mid j = 1, 2, \cdots, m\}$，每种融合模式对应一组表征该融合模式下体系的互操作、互理解和互遵循等级水平的指标，记为

$$\text{sc}_j = (\text{ol}_j, \text{ul}_j, \text{cl}_j), \quad j = 1, 2, \cdots, m$$

如果 $\text{sc}_j \geqslant \text{cr}_i (1 \leqslant i \leqslant n, 1 \leqslant j \leqslant m)$，就称体系融合模式 sch_j 能够支持体系执行任务 task_i。

如果任务 $\text{task}_i (1 \leqslant i \leqslant n)$ 需要执行时，体系当前所处的融合模式不支持任务的执行，此时需要体系从当前模式切换到某一支持任务执行的模式。不妨设体系从融合模式 sch_j 切换到 sch_k 运行 $(1 \leqslant j, k \leqslant m)$，$\text{sc}_k \geqslant \text{cr}_i$，切换延迟时间记为 τ_{jk}。设任务 task_i 执行允许的体系初始化时间或模式切换时间为 $\delta_i (\delta_i > 0)$，那么当 $\tau_{jk} < \delta_i$ 时，体系可以从融合模式 sch_j 切换到融合模式 sch_k 来支持任务 task_i 的执行。

有时体系不能从一种融合模式直接切换到支持任务运行的模式，而必须通过一系列融合模式的依次切换才能支撑任务的执行。设这一系列融合模式为 $\sigma_j = \text{sch}_{j_1} \rightarrow \text{sch}_{j_2} \rightarrow \cdots \rightarrow \text{sch}_{j_l}$，相应的切换时间为 $\tau_{j_s j_{s+1}} (s = 1, 2, \cdots, l-1)$，那么当

$T(\sigma_j) = \sum_{s=1}^{l-1} \tau_{j_s j_{s+1}} < \delta_i$ 时,最终切换到的融合模式 sch_{j_l} 支持任务 task_i 的执行。记 $\text{SCH}(\sigma_j) = \{\text{sch}_{j_1}, \text{sch}_{j_2}, \cdots, \text{sch}_{j_l}\}$。

采用超图 G 对上面的分析进行建模,具体方式如下。

(1) G 中有两类节点:任务节点和融合模式节点,任务节点集合记为 S_T,融合模式节点集合记为 S_S;两类边:融合模式切换关系边和融合模式对任务支撑关系边,融合模式切换关系边集合记为 E_{SS},融合模式对任务支撑关系边集合记为 E_{ST}。

(2) 对任意任务节点 $\text{task}_t \in S_T$ 赋值 δ_t 和 $\text{cr}_t = (\text{or}_t, \text{ur}_t, \text{cr}_t)$,$\delta_t$ 表示任务节点执行允许的体系初始化时间或融合模式切换时间,$\text{cr}_t = (\text{or}_t, \text{ur}_t, \text{cr}_t)$ 表示任务的互操作、互理解和互遵循等级要求。

(3) 对任意融合模式节点 $\text{sch}_s \in S_S$ 赋值 p_s 和 $\text{sc}_s = (\text{ol}_s, \text{ul}_s, \text{cl}_s)$,$p_s$ 表示体系运行于融合模式 sch_s 的概率,$\text{sc}_s = (\text{ol}_s, \text{ul}_s, \text{cl}_s)$ 表示融合模式达到的互操作、互理解和互遵循等级,显然易知 $\sum_{s=1}^{m} p_s = 1$。

(4) 对任意融合模式切换关系边 $\text{edge}_{sr} \in E_{SS}$ 赋值 $\tau_{sr} (\tau_{sr} > 0)$,表示体系融合模式 sch_s 沿边 edge_{sr} 切换到融合模式 sch_r 时的延迟时间。

称上述图 G 为体系成熟度分析模型。

图 4.20 给出了一个示例,包含了五种体系融合模式和三项任务。

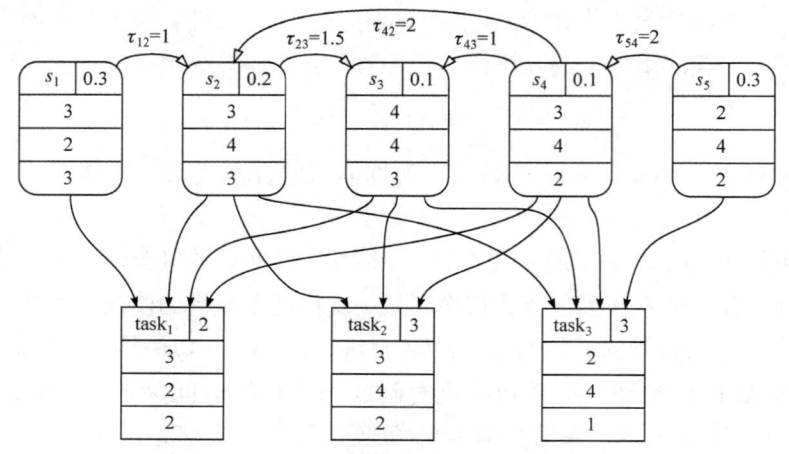

图 4.20 体系融合模式对任务执行的支撑关系示意图 1

其规范化描述如下。

$$S_T = \{\text{task}_1(2, (3, 2, 2)), \text{task}_2(3, (3, 4, 2)), \text{task}_3(3, (2, 4, 1))\}$$

第 4 章 体系成熟度评估

$$S_S = \{s_1(0.3,(3,2,3)), s_2(0.2,(3,4,3)), s_3(0.1,(4,4,3)),$$
$$s_4(0.1,(3,4,2)), s_5(0.3,(2,4,2))\}$$

$$E_{SS} = \begin{bmatrix} 0 & 1 & 0 & 0 & 0 \\ 0 & 0 & 1.5 & 0 & 0 \\ 0 & 0 & 0 & 0 & 0 \\ 0 & 2 & 1 & 0 & 0 \\ 0 & 0 & 0 & 2 & 0 \end{bmatrix}, \quad E_{ST} = \begin{bmatrix} 1 & 0 & 0 \\ 1 & 1 & 1 \\ 1 & 1 & 1 \\ 1 & 1 & 1 \\ 0 & 0 & 1 \end{bmatrix}$$

图 4.20 中建模元素说明如下。

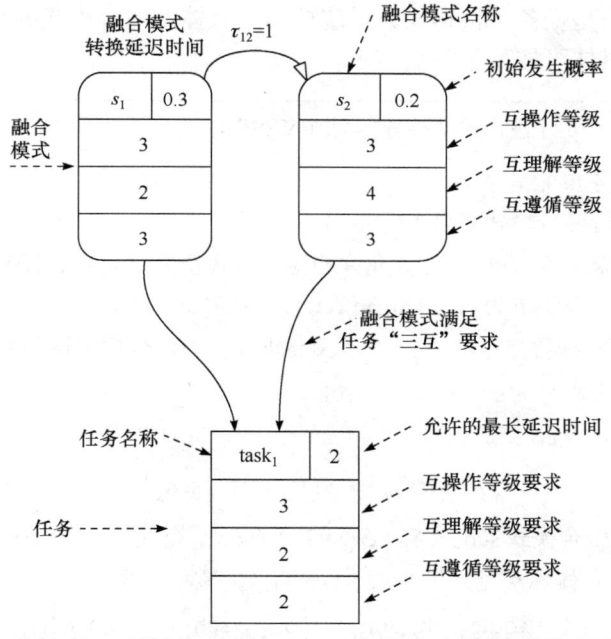

定义 4.1 对任意一项任务 $\text{task}_t \in S_T$，称所有直接满足或经过融合模式转换后能够满足 task_t 任务执行要求的体系融合模式为体系任务的可行融合模式。task_t 的所有可行融合模式的集合记为 $\mathcal{S}(\text{task}_t)$，即

$$\mathcal{S}(\text{task}_t) = \left\{ \text{sch}_i \in S_S \middle| \begin{array}{l} \exists \text{sch}_{i_k} \in S_S, k = 1, 2, \cdots, n_i, \text{s.t.} \\ \tau_{i_{k-1}i_k} > 0, i_0 = i, \varphi_{i_{n_i}t} = 1 \\ \sum_{k=1}^{n_i} \tau_{i_{k-1}i_k} < \delta_t \\ sc_{i_{n_i}} = (ol_{i_{n_i}}, ul_{i_{n_i}}, cl_{i_{n_i}}) \geqslant cr_t \end{array} \right\}$$

记

$$T = \begin{bmatrix} \tau_{11} & \tau_{12} & \cdots & \tau_{1m} \\ \tau_{21} & \tau_{22} & \cdots & \tau_{2m} \\ \vdots & \vdots & & \vdots \\ \tau_{m1} & \tau_{m2} & \cdots & \tau_{mm} \end{bmatrix}$$

当 $\tau_{sr} = 0$ 时表示体系融合模式 sch_s 不能沿边 edge_{sr} 切换到融合模式 sch_r。

基于任务的可行融合模式可以评估体系支持任务运行的概率，以此为基础可以进一步评估体系的成熟度。下面首先分析体系融合模式的搜索方法。

4.4.1.2 面向任务适应性需求的体系可行融合模式搜索

给定一个典型任务，根据任务适应性需求及体系融合模式的相关信息搜索可行融合模式，具体可按如下算法实施。

算法名称：可行融合模式搜索算法 I(VSSS-I)

输入：任务 $\text{task}_t \in S_T$

输出：可行融合模式集合 $\mathcal{S}(\text{task}_t)$

对任务 $\text{task}_t \in S_T$，记该任务允许的融合模式切换时间 δ_t，任务的互操作、互理解和互遵循等级要求为 $\text{cr}_t = (\text{or}_t, \text{ur}_t, \text{cr}_t)$。令 $\mathcal{S}(\text{task}_t) = \varnothing$。

(1) 任选融合模式节点 $\text{sch}_s \in S_S \setminus \mathcal{S}(\text{task}_t)$，该融合模式达到的互操作、互理解和互遵循等级水平为 $\text{sc}_s = (\text{ol}_s, \text{ul}_s, \text{cl}_s)$。

(2) 如果 $\text{sc}_s \geqslant \text{cr}_t$，那么令
$$\mathcal{S}(\text{task}_t) = \mathcal{S}(\text{task}_t) \cup \{\text{sch}_s\}$$

(3) 对任意融合模式 $\text{sch}_r \in S_S \setminus \mathcal{S}(\text{task}_t), r \neq s$，查找从 sch_r 到 sch_s 的所有融合模式转换路径(具体算法见后续算法 STPS-I)，记该集合为
$$\text{Route}(\text{sch}_r, \text{sch}_s) = \{\sigma_{r,s} = \text{sch}_r \to \cdots \to \text{sch}_s\}$$

(4) 选择从 sch_r 到 sch_s 的一条时间最短融合模式转换路径，记为 $\bar{\sigma}_{r,s}$，即
$$\bar{\sigma}_{r,s} = \{\sigma_{r,s} \mid T(\sigma_{r,s}) \leqslant T(\sigma), \sigma_{r,s} \in \text{Route}(\text{sch}_r, \text{sch}_s), \forall \sigma \in \text{Route}(\text{sch}_r, \text{sch}_s)\}$$

(5) 令
$$\mathcal{S}(\text{task}_t) = \mathcal{S}(\text{task}_t) \cup \text{SCH}(\bar{\sigma}_{r,s})$$

重复步骤(3)~(5)直至对 $S_S \setminus \mathcal{S}(\text{task}_t)$ 中所有融合模式进行了处理。

任意两个融合模式节点 $\text{sch}_r, \text{sch}_s \in S_S, r \neq s$，从 sch_r 到 sch_s 的所有融合模式转换路径搜索算法如下。

> **算法名称**：融合模式转换路径搜索算法(STPS-I)
>
> 输入：融合模式 $\text{sch}_r, \text{sch}_s \in S_S$
>
> 输出：融合模式转换路径集合 $\text{Route}(\text{sch}_r, \text{sch}_s)$
>
> 从体系成熟度分析模型图 G 中去除任务节点及相关的边，得到所有融合模式、融合模式转换关系组成的子图 G_S。图 G_S 中任意两个节点 $\text{sch}_r, \text{sch}_s$ 对应融合模式的转换路径搜索算法如下。
>
> (1) 根据图 G_S 建立关联符号矩阵 $C_S^{(1)} = \left(s_{ij}^{(1)}\right)_{m \times m}$，其中
>
> $$s_{ij}^{(1)} = \begin{cases} \{\text{sch}_i \text{sch}_j\}, & \text{edge}_{ij} = 1 \\ \varnothing, & \text{其他} \end{cases}$$
>
> (2) 依次计算
>
> $$C_S^{(k)} = \left(s_{ij}^{(k)}\right)_{m \times m}, \quad k = 2, 3, \cdots, m-1$$
>
> 其中，$C_S^{(k)} = C_S^{(k-1)} C_S^{(1)}$。具体运算规则为
>
> $$s_{ij}^{(k)} = \bigcup_{l=1}^{m} s_{il}^{(k-1)} * s_{lj}^{(1)}$$
>
> 其中，* 为两个集合的乘运算，定义如下：
>
> $$S_a * S_b = \left\{\widehat{ab} \mid a \in S_a, b \in S_b\right\}$$
>
> 其中，$\widehat{ab}$ 表示 a 和 b 两个元素符号的链接。若 a 和 b 为图的两条边，则 $\widehat{ab}$ 表示 a 和 b 组成的路径。$s_{ij}^{(k)}$ 表示图 G_S 中从节点 sch_i 到节点 sch_j 的长度为 k 的路径的集合。
>
> (3) 计算任意两个融合模式节点间的转换路径集合：
>
> $$s_{rs} = \bigcup_{l=1}^{m-1} s_{rs}^{(l)}$$

4.4.1.3 面向任务适应性需求的体系成熟度评估模型

定义 4.2 体系任务的可执行概率定义为，对任务 $\text{task}_t \in S_T$，其可执行概率为 task_t 能够在其中执行的所有体系融合模式的运行概率之和，记为 $P(\text{task}_t)$。

易知

$$P(\text{task}_t) = \sum_{\text{sch}=(p,\text{sc}) \in S(\text{task}_t)} p$$

定义 4.3 体系融合模式的任务支持率定义为所有体系任务可执行概率的均值，记为 P_{sp}，即

$$P_{sp} = \sum_{task \in S_T} P(task) / S_T$$

可根据体系对任务执行的支持率构建体系成熟度评估模型。

定义 4.4 设体系融合模式的任务支持率为 P_{sp}，则体系成熟度等级评估模型定义为：体系成熟度等级 ml_A 可以根据 P_{sp} 的取值定义为 1-隔离级、2-入门级、3-协调级、4-协同级和 5-适应级。具体评估模型为

$$ml_A(P_{sp}) = \begin{cases} 5, & 0.8 \leq P_{sp} \leq 1 \\ 4, & 0.6 \leq P_{sp} < 0.8 \\ 3, & 0.4 \leq P_{sp} < 0.6 \\ 2, & 0.2 \leq P_{sp} < 0.4 \\ 1, & P_{sp} < 0.2 \end{cases}$$

对图 4.20 的示例，各任务的可行融合模式集合为

$$\mathcal{S}(task_1) = \{s_1, s_2, s_3, s_4, s_5\}$$
$$\mathcal{S}(task_2) = \{s_1, s_2, s_3, s_4, s_5\}$$
$$\mathcal{S}(task_3) = \{s_1, s_2, s_3, s_4, s_5\}$$

所以

$$P(task_1) = P(task_2) = P(task_3) = 1$$

因此

$$P_{sp} = 1$$

从而该体系的成熟度等级为 5。

如果体系中各融合模式间转换的时间增加，或各任务对体系融合模式的互操作等级要求提高，则会有不同的结果。假设改变部分参数后的体系如图 4.21 所示，则各任务可行融合模式集合为

$$\mathcal{S}(task_1) = \{s_2, s_3, s_4\}$$
$$\mathcal{S}(task_2) = \{s_2, s_3\}$$
$$\mathcal{S}(task_3) = \{s_1, s_2, s_3, s_4\}$$

各任务的可执行概率为

$$P(task_1) = 0.4$$
$$P(task_2) = 0.3$$
$$P(task_3) = 0.7$$

因此
$$P_{\text{sp}} = 0.47$$
根据定义 4.4 可知此时体系的成熟度等级为 3。

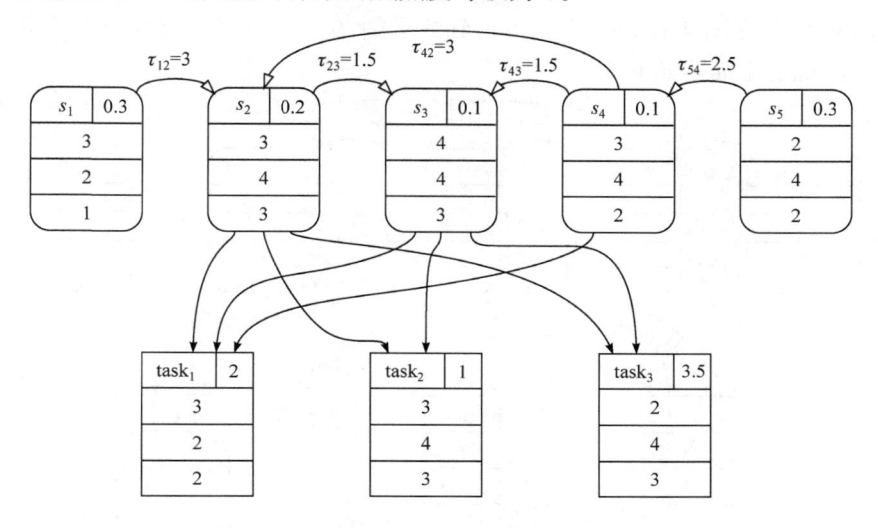

图 4.21 体系融合模式对任务执行的支撑关系图 2

4.4.2 面向任务适应性和能力需求的成熟度评估

前面的分析仅仅考虑了不同融合模式下的互操作、互理解和互遵循水平是否符合任务要求，并没有考虑在不同体系融合模式下体系的能力水平是否适合体系任务的执行。本节综合考虑这两方面因素来分析体系成熟度评估问题。

4.4.2.1 问题分析与建模

在第 4.4.1 节问题分析基础上，设每项任务执行对能力的需求为
$$\text{capr}_i = (\text{cap}_{i1}, \text{cap}_{i2}, \cdots), \quad i = 1, 2, \cdots, n$$
设体系在每种融合模式下具备的能力为
$$\text{cap}_j = (\text{cap}_{j1}, \text{cap}_{j2}, \cdots), \quad j = 1, 2, \cdots, m$$
如果 $\text{cap}_j \geqslant \text{capr}_i$ 且 $\text{sc}_j \geqslant \text{cr}_i (1 \leqslant i \leqslant n, 1 \leqslant j \leqslant m)$，就称融合模式 sch_j 能够支持任务 task_i 的执行。

如果任务 $\text{task}_i (1 \leqslant i \leqslant n)$ 需要执行时，体系所处的融合模式不支持任务的执行(可能是互操作、互理解、互遵循等级水平不够或体系能力为达到任务执行的需要)，此时需要体系从当前模式切换到支持任务执行的模式。

在 4.4.1 节体系成熟度分析模型图 G 基础上，对每个任务节点 $\text{task}_t \in S_T$ 增加

一个赋值 $\mathrm{capr}_t = (\mathrm{cap}_{t1}, \mathrm{cap}_{t2}, \cdots)$，$\mathrm{capr}_t$ 表示任务执行需要体系具备的能力水平。对每个融合模式节点 $\mathrm{sch}_s \in S_S$，再赋值 $\mathrm{cap}_s = (\mathrm{cap}_{s1}, \mathrm{cap}_{s2}, \cdots)$ 来表示体系在该融合模式下达到的能力水平。称这类图为扩展的体系成熟度分析模型。

图 4.22 是在图 4.21 基础上拓展得到的示例，包含了 5 种体系融合模式和 3 项任务，其规范化描述如下。

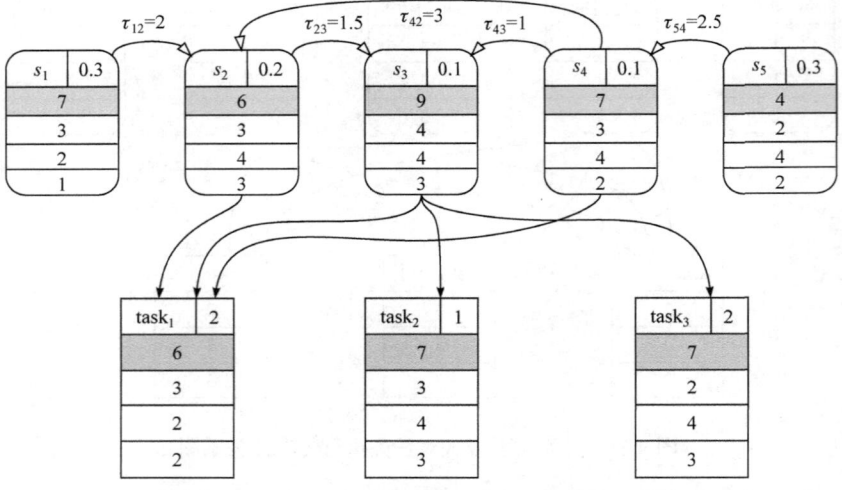

图 4.22　体系融合模式对任务执行的支撑关系示意图 3

$$S_T = \{\mathrm{task}_1(2,6,(3,2,2)), \mathrm{task}_2(1,7,(3,4,3)), \mathrm{task}_3(2,7,(2,4,3))\}$$

$$S_S = \{s_1(0.3,7,(3,2,1)), s_2(0.2,6,(3,4,3)), s_3(0.1,9,(4,4,3)),$$
$$s_4(0.1,7,(3,4,2)), s_5(0.3,4,(2,4,2))\}$$

$$E_{\mathrm{SS}} = \begin{bmatrix} 0 & 2 & 0 & 0 & 0 \\ 0 & 0 & 1.5 & 0 & 0 \\ 0 & 0 & 0 & 0 & 0 \\ 0 & 3 & 1 & 0 & 0 \\ 0 & 0 & 0 & 2.5 & 0 \end{bmatrix}$$

$$E_{\mathrm{ST}} = \begin{bmatrix} 1 & 0 & 0 \\ 1 & 0 & 0 \\ 1 & 1 & 1 \\ 0 & 0 & 0 \\ 0 & 0 & 0 \end{bmatrix}$$

图 4.22 中建模元素说明如下。

第 4 章 体系成熟度评估

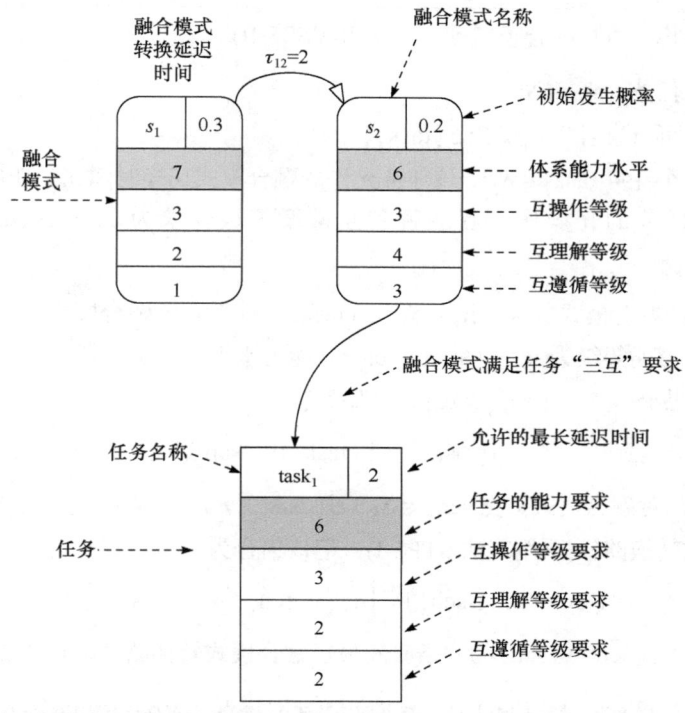

对考虑能力约束的情形同样可以定义任务的可行融合模式集合。

定义 4.5 能力约束下的体系任务可行融合模式定义为：对任意一项任务 $\text{task}_t \in S_T$，考虑任务执行的能力需求，称所有直接满足或经过融合模式转换后能够满足 task_t 任务执行要求的体系融合模式为可行融合模式。task_t 的所有可行融合模式的集合记为 $\tilde{S}(\text{task}_t)$，即

$$\tilde{S}(\text{task}_t) = \left\{ \text{sch}_i \in S_S \;\middle|\; \begin{array}{l} \exists \text{sch}_{i_k} \in S_S, k=1,2,\cdots,n_i, \text{s.t.} \\ \tau_{i_{k-1}i_k} > 0, i_0 = i, \varphi_{i_{n_i}t} = 1 \\ \sum_{k=1}^{n_i} \tau_{i_{k-1}i_k} < \delta_t \\ \text{sc}_{i_{n_i}} = \left(\text{ol}_{i_{n_i}}, \text{ul}_{i_{n_i}}, \text{cl}_{i_{n_i}} \right) \geqslant \text{cr}_t \\ \text{cap}_{i_{n_i}} \geqslant \text{capr}_t \end{array} \right\}$$

4.4.2.2　面向任务适应性和能力需求的体系融合模式搜索

给定一个典型任务，可以找出所有的支持该任务执行的体系融合模式。面向具体任务的可行融合模式查找算法如下。

> 算法名称：可行融合模式搜索算法 II(VSSS-II)
>
> 输入：任务 $\text{task}_t \in S_T$
>
> 输出：可行融合模式集合 $\tilde{S}(\text{task}_t)$
>
> 选定一个任务 $\text{task}_t \in S_T$，该任务允许的融合模式切换时间 δ_t，任务能力要求为 capr_t，任务的互操作、互理解和互遵循等级要求为 $\text{cr}_t = (\text{or}_t, \text{ur}_t, \text{cr}_t)$。令 $\tilde{S}(\text{task}_t) = \varnothing$
>
> (1) 任选融合模式节点 $\text{sch}_s \in S_S \setminus \tilde{S}(\text{task}_t)$，体系在该融合模式达到的互操作、互理解和互遵循等级为 $\text{sc}_s = (\text{ol}_s, \text{ul}_s, \text{cl}_s)$，能力水平为 cap_s
>
> (2) 如果 $\text{sc}_s \geqslant \text{cr}_t$ 且 $\text{cap}_s \geqslant \text{capr}_t$，那么令
> $$\tilde{S}(\text{task}_t) = \tilde{S}(\text{task}_t) \cup \{\text{sch}_s\}$$
>
> (3) 对任意融合模式节点 $\text{sch}_r \in S_S \setminus \tilde{S}(\text{task}_t), r \neq s$，查找从 sch_r 到 sch_s 的所有融合模式转换路径(采用算法 STPS-I)，记该集合为
> $$\text{Route}(\text{sch}_r, \text{sch}_s) = \{\sigma_{r,s} = \text{sch}_r \to \cdots \to \text{sch}_s\}$$
>
> (4) 选择从 sch_r 到 sch_s 的一条时间最短融合模式转换路径，记为 $\bar{\sigma}_{r,s}$，即
> $$\bar{\sigma}_{r,s} = \{\sigma_{r,s} | T(\sigma_{r,s}) \leqslant T(\sigma), \sigma_{r,s} \in \text{Route}(\text{sch}_r, \text{sch}_s), \forall \sigma \in \text{Route}(\text{sch}_r, \text{sch}_s)\}$$
>
> (5) 令
> $$\tilde{S}(\text{task}_t) = \tilde{S}(\text{task}_t) \cup \text{SCH}(\bar{\sigma}_{r,s})$$
>
> 重复步骤(3)~(5)直至 $S_S \setminus \tilde{S}(\text{task}_t)$ 中所有融合模式进行了处理。

4.4.2.3　面向任务适应性和能力需求的体系成熟度评估模型

令典型使命任务集合

$$S_T = \{\text{task}_t = (\delta_t, \text{capr}_t, \text{cr}_t) | \delta_t > 0, \ \text{cr}_t = (\text{or}_t, \text{ur}_t, \text{cr}_t), \ t = 1, 2, \cdots, n\}$$

体系融合模式集合为

$$S_S = \{\text{sch}_j = (p_j, \text{cap}_j, \text{sc}_j) | p_j \geqslant 0, \ \text{sc}_j = (\text{ol}_j, \text{ul}_j, \text{cl}_j), \ j = 1, 2, \cdots, m\}$$

满足：

$$\sum_{j=1}^{m} p_j = 1$$

第4章 体系成熟度评估

定义 4.6 能力约束下体系任务 task_t 的可执行概率定义为能够支持任务执行的所有融合模式的概率的和，记为 $\tilde{P}(\text{task}_t)$，即

$$\tilde{P}(\text{task}_t) = \sum_{\text{sch}=(p,\text{cap},\text{sc}) \in \tilde{\mathcal{S}}(\text{task}_t)} p$$

定义 4.7 能力约束下体系融合模式的任务支持率定义为所有体系任务在能力约束下可执行概率的均值，即

$$\tilde{P}_{\text{sp}} = \sum_{\text{task} \in S_T} \tilde{P}(\text{task}) / S_T$$

通常不同的任务对应不同的使命、场景、对手和环境，发生概率也不相同。如果考虑各任务可能发生的概率，则体系对任务执行的支持率定义为

$$\hat{P}_{\text{sp}} = \sum_{\text{task} \in S_T} \hat{p}_{\text{task}} \tilde{P}(\text{task})$$

其中，$\hat{p}_{\text{task}}$ 为任务 task 可能发生的概率，满足：

$$\sum_{\text{task} \in S_T} \hat{p}_{\text{task}} = 1$$

定义 4.8 能力约束下体系成熟度等级评估模型定义为：设体系融合模式在能力约束下的任务支持率为 $\tilde{P}_{\text{sp}}$，则体系成熟度等级 ml_B 可以根据 $\tilde{P}_{\text{sp}}$ 的取值定义为 1-隔离级、2-入门级、3-协调级、4-协同级和 5-适应级，具体评估模型为

$$\text{ml}_B(\tilde{P}_{\text{sp}}) = \begin{cases} 5, & 0.8 \leqslant \tilde{P}_{\text{sp}} \leqslant 1 \\ 4, & 0.6 \leqslant \tilde{P}_{\text{sp}} < 0.8 \\ 3, & 0.4 \leqslant \tilde{P}_{\text{sp}} < 0.6 \\ 2, & 0.2 \leqslant \tilde{P}_{\text{sp}} < 0.4 \\ 1, & \tilde{P}_{\text{sp}} < 0.2 \end{cases}$$

同理，根据考虑各任务可能发生概率的体系对任务执行支持率 $\hat{P}_{\text{sp}}$，定义体系成熟度等级 ml_C。

对图 4.22 的示例，各任务的可行融合模式集合为

$$\tilde{\mathcal{S}}(\text{task}_1) = \{s_1, s_2, s_3, s_4\}$$
$$\tilde{\mathcal{S}}(\text{task}_2) = \{s_3, s_4\}$$
$$\tilde{\mathcal{S}}(\text{task}_3) = \{s_2, s_3, s_4\}$$

所以

$$\tilde{P}(\text{task}_1) = 0.7$$
$$\tilde{P}(\text{task}_2) = 0.2$$
$$\tilde{P}(\text{task}_3) = 0.4$$

因此
$$\tilde{P}_{\text{sp}} = 0.43, \quad \text{ml}_B\left(\tilde{P}_{\text{sp}}\right) = 3$$

从而该体系的成熟度等级为 3。

若
$$\hat{p}_{\text{task}_1} = 0.2$$
$$\hat{p}_{\text{task}_2} = 0.5$$
$$\hat{p}_{\text{task}_3} = 0.3$$

则
$$\hat{P}_{\text{sp}} = \sum_{\text{task} \in \tilde{S}_{\text{task}}} \hat{p}_t \tilde{P}(\text{task})$$
$$= 0.7 \times 0.2 + 0.2 \times 0.5 + 0.4 \times 0.3$$
$$= 0.36$$
$$\text{ml}_C\left(\hat{P}_{\text{sp}}\right) = 2$$

因此考虑任务发生概率时的体系成熟度等级为 2。

4.5　体系成熟度的可能应用

借助体系成熟度方法和模型，可以开展以下工作。

(1) 评估当前体系融合模式下能否满足特定任务的需要。

(2) 如果当前体系融合模式不能满足任务执行需要，评估体系能否在限定时间约束内切换到支持任务运行的融合模式。

(3) 同一时刻体系只能运行于一种融合模式下，哪种模式可以使体系的任务满足度最大化。

(4) 体系在什么运行模式下运行是最优的(考虑资源消耗)。

下面对第(3)、(4)个问题进行详细分析。

4.5.1　体系融合模式配置选择

令典型使命任务集合：
$$S_{\text{task}} = \left\{ \text{task}_t = \left(\delta_t, \text{capr}_t, \text{cr}_t, \hat{p}_t\right) \mid \delta_t > 0, \hat{p}_t \geqslant 0, t = 1, 2, \cdots, n \right\}$$

体系融合模式集合为

$$S_{\text{schema}} = \{\text{sch}_j = (p_j, \text{cap}_j, \text{sc}_j) \mid p_j \geqslant 0, \text{sc}_j = (\text{ol}_j, \text{ul}_j, \text{cl}_j), j = 1, 2, \cdots, m\}$$

满足：

$$\sum_{j=1}^{m} p_j = 1$$

对 $\forall \text{task}_t \in S_{\text{task}}$，其可行融合模式集合记为 $\tilde{S}(\text{task}_t)$。

对 $\forall \text{sch}_j \in S_{\text{schema}}$，定义体系融合模式(直接或经过模式切换后)支持的任务集合为

$$\mathcal{R}(\text{sch}_j) = \left\{ \text{task}_t \in S_{\text{task}} \middle| \begin{array}{l} \exists \text{sch}_{i_k} \in S_S, k = 1, 2, \cdots, n_j, \text{s.t.} \\ \tau_{i_{k-1} i_k} > 0, i_0 = j, \varphi_{i_{n_j} t} = 1, \\ \sum_{k=1}^{n_j} \tau_{i_{k-1} i_k} < \delta_t \\ \text{sc}_{i_{n_j}} \geqslant \text{cr}_t \\ \text{cap}_{i_{n_j}} \geqslant \text{capr}_t \end{array} \right\}$$

定义体系融合模式对任务的支持率(简称为体系融合模式的任务支持率)为

$$P_s(\text{sch}_j) = \frac{|\mathcal{R}(\text{sch}_j)|}{|S_{\text{task}}|}$$

或

$$\hat{P}_s(\text{sch}_j) = \sum_{\text{task} \in \mathcal{R}(\text{sch}_j)} \hat{p}_t$$

则使得 $P_s(\text{sch}_j)$ 或 $\hat{P}_s(\text{sch}_j)$ 取最大值的体系运行模式是最优的体系运行模式。

定义

$$\text{Sch}_{\text{opt}} = \{\text{sch} \in S_{\text{schema}} \mid P_s(\text{sch}) = P_S^*\}$$

$$\widetilde{\text{Sch}}_{\text{opt}} = \{\text{sch} \in S_{\text{schema}} \mid \hat{P}_s(\text{sch}) = \hat{P}_S^*\}$$

其中

$$P_S^* = \max_{\text{sch} \in S_{\text{schema}}} P_s(\text{sch}), \quad \hat{P}_S^* = \max_{\text{sch} \in S_{\text{schema}}} \hat{P}_s(\text{sch})$$

则 Sch_{opt} 和 $\widetilde{\text{Sch}}_{\text{opt}}$ 为不考虑任务发生概率和考虑任务发生概率时的最优体系运行模式集合。

对图 4.22 的示例，可知：

$$\mathcal{R}(\mathrm{sch}_1) = \{\mathrm{task}_1\}$$
$$\mathcal{R}(\mathrm{sch}_2) = \{\mathrm{task}_1, \mathrm{task}_3\}$$
$$\mathcal{R}(\mathrm{sch}_3) = \{\mathrm{task}_1, \mathrm{task}_2, \mathrm{task}_3\}$$
$$\mathcal{R}(\mathrm{sch}_4) = \{\mathrm{task}_1, \mathrm{task}_2, \mathrm{task}_3\}$$
$$\mathcal{R}(\mathrm{sch}_5) = \varnothing$$

各融合模式的任务支持率为

$$P_s(\mathrm{sch}_1) = \frac{1}{3}$$
$$P_s(\mathrm{sch}_2) = \frac{2}{3}$$
$$P_s(\mathrm{sch}_3) = P_s(\mathrm{sch}_4) = 1$$
$$P_s(\mathrm{sch}_1) = 0$$

若考虑各任务的发生概率，设

$$\hat{p}_{\mathrm{task}_1} = 0.2$$
$$\hat{p}_{\mathrm{task}_2} = 0.5$$
$$\hat{p}_{\mathrm{task}_3} = 0.3$$

则有：

$$\hat{P}_s(\mathrm{sch}_1) = 0.2$$
$$\hat{P}_s(\mathrm{sch}_2) = 0.5$$
$$\hat{P}_s(\mathrm{sch}_3) = \hat{P}_s(\mathrm{sch}_4) = 1$$
$$\hat{P}_s(\mathrm{sch}_5) = 0$$

因此，体系保持在融合模式 sch_3、sch_4 下运行，能够较好地满足任务要求。

4.5.2 考虑资源消耗的体系融合模式选择

体系运行是需要消耗资源的，不同的融合模式下，因为互操作、互理解和互遵循的等级不同，能力水平也不同，单位时间内消耗的资源也有区别。通常互操作、互理解、互遵循等级越低，体系能力水平越弱，对资源的消耗需求越小。当体系从一个融合模式切换到另一个融合模式运行时，也需要消耗一定的资源。

对 $\forall \mathrm{sch}_i, \mathrm{sch}_j \in S_{\mathrm{schema}}$，设体系在对应融合模式下运行时单位时间消耗的资

源为 α_i, α_j 单位，体系从融合模式 sch_i 切换到 sch_j 时消耗的资源为 β_{ij}，$\beta_{ij}=0$ 表示不能从融合模式 sch_i 切换到 sch_j。

设体系支持的典型使命任务集合 $S_{\text{task}} = \{\text{task}_i \mid i=1,2,\cdots,n\}$。对 $\forall \text{task}_i \in S_{\text{task}}$，任务首次发生前的时间服从参数为 τ_i 的负指数分布，任务持续时间服从参数为 δ_i 的负指数分布，则任务发生前的体系平均空闲时间为 $1/\tau_i$，任务平均持续时间为 $1/\delta_i$。

对 $\forall \text{sch}_j \in S_{\text{schema}}$，若 $\text{sch}_j \in \tilde{S}(\text{task}_i)$，设 sch_j 切换到 $\text{sch}_{j'}$ 时满足 task_i 的能力需求和三互需求（sch_j 可能与 $\text{sch}_{j'}$ 相同），记切换过程资源消耗为 $\gamma_{jj'}$。若 $\text{sch}_j \notin \tilde{S}(\text{task}_i)$，则体系在融合模式 sch_j 时不能切换到能够执行任务 task_i 的融合模式，因此任务 task_i 不能执行，设不执行任务 task_i 造成的损失等同于消耗资源 $\theta_i (\theta_i > 0)$。

综上分析可知体系在融合模式 sch_j 下运行时，若任务 task_i 发生，则直至(理论上)任务执行结束时刻，体系消耗的资源总量为

$$y_{ji} = \begin{cases} \dfrac{\alpha_j}{\tau_i} + \dfrac{\alpha_{j'}}{\delta_i} + \gamma_{jj'}, & \text{sch}_j \in \tilde{S}(\text{task}_i) \\ \dfrac{\alpha_j}{\tau_i} + \dfrac{\alpha_j}{\delta_i} + \theta_i, & \text{sch}_j \notin \tilde{S}(\text{task}_i) \end{cases}, \quad i=1,2,\cdots,n; \quad j=1,2,\cdots,m$$

设任务 task_i 的发生概率为 $\hat{p}_i$，则体系处于融合模式 sch_j 下运行时，可能的资源消耗量为

$$Y_j = \sum_{i=1}^{n} y_{ji}$$

则使得

$$Y_{j_0} = \min_{1 \leq j \leq n} Y_j$$

的融合模式 sch_{j_0} 是最优的体系融合模式。

参 考 文 献

[1] Paulk M C. The Capability Maturity Model for Software. Heidelberg：Springer, 1994.
[2] Team C P. Capability maturity model integration (CMMI) version 1.1. CMMI for Systems Engineering & Software Engineering Continuous Representation, 2002.
[3] Summary P E. Technology Readiness Level. Brian Dunbar, 2003.
[4] Alberts D S, John J G, Richard E H, et al. Understanding Information Age Warfare. Washington, DC: CCRP Publication Series, 2001.

[5] NATO SAS-065 Research Group. NATO NEC C2 Maturity Model. Washington, DC: CCRP Publications, 2010.

[6] Alberts D S, Richard E H. Understanding Command and Control. Washington, DC: CCRP Publication Series, 2006.

[7] IEEE Standards Information Network. IEEE 100, The Authoritative Dictionary of IEEE Standards Terms. Seventh Edition. New York: IEEE, 2000.

[8] Morris E, Levine L, Meyers C, et al. System of systems interoperability. https://resources.sei.cmu.edu/asset_files/TechnicalReport/2004_005_001_14375.pdf[2022-4-22].

[9] Commission of the European communities. The Role of eGovernment for Europe's Future. COM, Brussels, 2003, 567.

[10] Department of Defense. DoD dictionary of associated terms. http://www.dtic.mil/doctrine/jel/new_pubs/ jp1_02.pdf[2020-4-12].

[11] Joint Chiefs of Staff. Joint Vision 2020. http://pentagonus.ru/ doc/JV2020.pdf[2022-4-22].

[12] Meyers B C, Smith J. Programmatic Interoperability. https:// resources.sei.cmu.edu/asset_files/TechnicalNote/2007_004_001_14945.pdf[2022-4-22].

[13] Chen D, Daclin N. Barriers Driven Methodology for Enterprise Interoperability//Camarinha-Matos L M, Afsarmanesh H, Novais P, et al. PRO-VE 2007: Establishing the Foundation of Collaborative Networks. Boston: Springer, 2007: 453-460.

[14] Chen D, Vallespir B, Daclin N. An Approach for Enterprise Interoperability Measurement//Sophie E, Agnès F, Philippe L, et al. MoDISE-EUS 2008. Montpellier: CEUR, 2008: 1-12.

[15] Siemieniuch C, Sinclair M. Socio-technical considerations for enterprise system interfaces in systems of systems. The 7th International Conference on System of Systems Engineering, IEEE SoSE, 2012: 59-64.

[16] John H H. 隐秩序：适应性造就复杂性. 上海：上海科技教育出版社，2000.

[17] 曹江, 高岚岚. 互操作、互理解、互遵循——军事信息系统的新型能力目标与评估模型. 指挥控制学报，2015，1(1)：41-45.

第 5 章 体系韧性评估

韧性是系统和体系的一项重要的非功能特性。系统韧性通常利用系统性能指标来度量分析。性能与系统功能紧密关联，可以度量系统功能的优劣。体系相对系统而言更加强调能力，因此体系的韧性应该从体系能力的变化来着手分析，而不是聚焦在体系的具体性能指标上。本章介绍体系韧性评估的基本思路和相关模型。

5.1 概 述

5.1.1 韧性概念及内涵

韧性，最初来源于拉丁文字"resiliere"，原意为反弹，即指事物或者系统能够从干扰破坏中恢复至初始状态的能力，在已有的研究中广泛引用为弹性、可恢复性等概念。

Holling 在研究生态系统与外界环境关系时，最早给出了韧性的定义：与外界关系稳定时，生态系统具有的吸收外界破坏以持续进化的能力[1]。自此，韧性的研究受到多个领域的广泛关注。本节主要从企业、社会、经济、工程等方面讨论韧性的定义研究。

1) 企业韧性

企业一般是以营利为目的，从事生产、流通或服务活动的独立核算经济单位。随着社会的发展，可流动物资极大丰富，为企业的发展带来了极大的便利，但是，企业的目的性注定了企业生存环境的不稳定性。在企业内部人员的不稳定及企业间竞争性关系的环境下，如何保证企业顺利的存活乃至更进一步的发展才是重中之重。企业韧性一开始就是为了研究如何保证企业在激烈的市场环境下夺取先机，优先发展，避免被吞并的风险。

Sheffi 研究分析丰田、戴尔等企业在天灾人祸及商业冲击前的反应情况，发现了企业的命运更多地依赖破坏前的商业选择，而不是破坏中的选择，进而得出企业韧性的重要性及紧迫性，并在此基础上定义了企业韧性的具体概念，即企业能够在破坏干扰中恢复过来，其实现途径为企业的冗余性及灵活性[2]。

Vogus 从韧性对于企业发展的重要性入手，剖析韧性企业的组织过程，即全神贯注缺陷、把握整体情况、认真吸取教训、征求补救措施、积极实施方案，分析企业韧性的概念解释，认为韧性是企业在面对竞争对手时，顶住商业压力并将企业发展势头保持一定的能力[3]。

此外，Alblas[4]、Burnard[5]、Gilly[6]等均对企业韧性做了概念解释，他们对于企业韧性的定义均围绕保证企业在复杂市场环境下的竞争力展开，因此相似度比较高。

2) 社会韧性

作为复杂系统的典型代表，社会系统的结构更加复杂，要素更加众多。不同数量的人群组成形形色色的群体，群体之间及群体以内的人际交往关系也各有差异，加上自然环境的影响，社会系统是一个时时变化的系统。但是长久以来，社会都保持在稳定的状态往前迈进，究其原因，是社会系统韧性的存在。社会的韧性主要归功于个人、团体及自然环境。个人的灵活性、团体的协作性及环境的渐变性造成了社会的强韧性。

Adger[7]着眼于生态系统恢复力的角度，分析社会韧性与生态系统恢复能力的潜在关系，对人类生态学、生态经济学及农村社会学进行跨学科研究分析，认为社会韧性就是社会中的团体或个人具有的应对政治、经济和环境等外部压力和干扰的能力。

Keck[8]在当前社会脆弱性概念基础上，为应对全球变化的挑战提供新的韧性分析视觉，提出了社会韧性的三个维度：一是应对能力，即社会行动者应对和克服各种逆境的能力；二是适应能力，即社会行动者具备的总结学习过去经验，并用以适应未来日常生活中挑战的能力；三是变革能力，即社会行动者制定措施促进个人利益获取及增强社会稳健性以应对未来危机的能力。

此外，Cohen[9]及Pfefferbaum[10]也对社会韧性做了独特的定义解释。

3) 经济韧性

随着科学技术的发展及应用，人类社会中物资流动情况越来越频繁，促进经济系统的不断发展。伴随着利益问题，经济发展过程中肯定也伴随着经济系统的上下起伏。顾名思义，经济的稳定离不开政府的统一协调，但是其决定性因素在于市场这双无形的手。市场的调节作用使得经济系统能够自发地调节处理突发情况，保证经济系统持续稳定的发展。市场的调节作用就是经济系统自身的韧性。

Rose分析了自然灾害对经济的重大影响，认为经济韧性是为避免可能的损失而具有的适应性和继承性的能力[11]。研究了可计算一般均衡(CGE)模型对灾难分析的有效性，并给出了CGE模型分析的具体步骤，在波特兰大都会水系统中断事故的案例研究中得到了有效性验证。Martin认为经济韧性是经济所具有的调节自身的结构来保证贸易、财富等增长的能力，并研究了经济遭遇重大衰退时的反应[12]。

4) 工程韧性

工程是科学和数学的某种应用，通过这一应用，使自然界的物质和能源的特性能够通过各种结构、机器、产品、系统和过程，以最短的时间和精而少的人力做出高效、可靠且对人类有用的东西。作为新的研究领域，工程韧性的研究比经济、社会等领域起步较晚。比较常用的工程系统有电力系统、水利系统及运输系统等。

Dinh 研究防范重大危险事件，包括技术、人为故障及随机自然实践对工程的不利影响，提出了增进工业工程中韧性的六个原则和五个要素[13]。六个原则为灵活性、可控性、早期检测、失败最小化、后果限制及行政控制，五个要素为工程设计、潜力检测、应急计划、人为因素及安全管理。

美国国家基础设施顾问委员会(National Infrastructure Advisory Committee, NIAC)认为基础设施的韧性是减少破坏性事件的规模及持续时间的能力[14]，其能力包括预测破坏事件及对破坏事件的吸收、适应和恢复能力，包含三个主要特征：①鲁棒性，即应对危机以维护工程关键职能的能力；②资源丰富，准备及应对危机破坏的能力；③快速恢复，即工程中断时，快速有效重建工程的能力。

韧性不仅关注如何降低故障发生的可能性，同样强调从非期望的不平衡状态中恢复回来。韧性衡量系统在干扰下能够存活下来，并从干扰中进行恢复的程度和水平。韧性反映了系统/体系"反弹"的能力，是多方面因素的综合度量，包括组件可靠性、架构重构性、子系统或组件多样性等。韧性通常分为以下两类。

(1) 静态韧性，指系统或实体维持其功能的本领，或在干扰中存活下来的本领。

(2) 动态韧性，反映系统受冲击后的恢复。

静态韧性就是指的生存性，动态韧性指的是可恢复性。韧性通常被认为是生存性和可恢复性的综合，如图 5.1 所示。

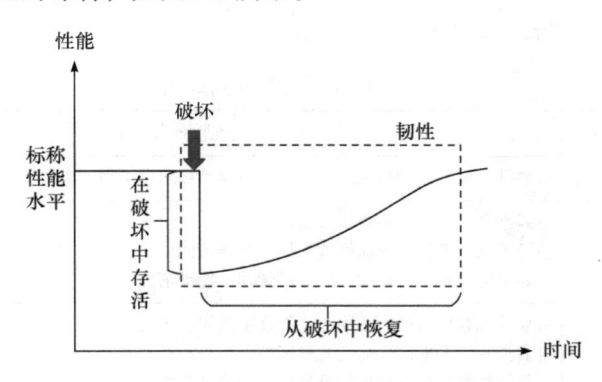

图 5.1 韧性概念图

韧性高度依赖上下文，包括系统(泛指，包含体系、组织、网络等)的架构、系统运行环境、干扰事件等。如为了提高韧性，北方的机场(北京、乌鲁木齐、哈尔滨等)要装备应对大雪、暴雪的设备，而南方的机场(长沙、广州)则仅需要装备应对小雪或雨夹雪的设备即可。一个系统可能对一种干扰具备韧性而对另一种干扰不具备韧性。如机场通常对极端天气事件具备韧性，而对网络攻击事件的韧性通常比较低。

体系的地位决定了其运行环境的复杂性。如何保证体系在内外干扰下，保持超过对方工作能力的体系状态，是确保体系制胜的关键。结合前述韧性的定义，给出体系韧性的概念，即体系韧性是指体系在内外干扰破坏的复杂环境下，具有的维持一定能力状态以继续完成作战任务，争取作战胜利的能力，主要包括承受吸收能力、适应能力和恢复能力三种子能力。

5.1.2 韧性与相关体系特性的比较

韧性作为一种体系属性特征，或体系质量特征，指体系响应可预测及不可预测变化的本领，聚焦于体系应该是怎么样的而不是体系应该做什么。体系质量特征通常包括鲁棒性、韧性、灵活性、适应性、生存性、互操作性、可持续性、可靠性、可用性、可维护性、安全性等。考虑到体系背景、演化周期及新出现的现象，每一种特性都强烈依赖各种因素，因此这些特性之间是互相关联影响的。

韧性是与灵活性、适应性、鲁棒性、可靠性等特性并列的属性，从内涵上看韧性与可靠性和鲁棒性的关系更加紧密。

1) 韧性与可靠性

在工程领域可靠性是指系统及其部件在规定的条件下在一段时间内执行规定功能的本领。当规模变得越来越大、成员越来越独立，从系统成为体系时，可靠性概念的内涵也发生了变化。为了从体系的角度对比可靠性和韧性的区别，从三个层次进行分析，如表 5.1 所示。

表 5.1 韧性与可靠性的对比

层次	比较
组件	可靠性和韧性是等价的。此时经典可靠性技术是可用、有效的。
简单系统 复杂系统	可靠性和韧性的区别在于程度的不同。 设计者来决定何时可靠性或韧性是更合适的。 经典可靠性技术可以用于可靠性管理的特殊情况。
体系	可靠性和韧性有很大不同。它们高度依赖上下文。 可靠性是体系整体性能的某种函数。 在可靠性管理中基于组件可靠性的经典可靠性技术需要通过一些附加工具来增强。

在组件层次，平均故障时间 MTTF、平均故障间隔时间 MTBF 可以用于描述组件的可靠性。这个层次上可靠性是开展组件设计和选择的重要因素。通过设计能够极小化组件发生故障的可能性。组件可以是可靠的，但不能说它是韧性的。

简单系统也可以采用经典可靠性方法进行设计与管理。对复杂系统，可靠性相关的上下文变得极其重要，难以定义类似 MTTF、MTBF 类的统计指标来度量可靠性，但是可靠性工程技术可以用来识别引起不可靠问题的因素和来源。

在体系层面，可靠性和韧性的概念内涵完全不同，它们高度依赖上下文。可靠性此时只是体系整体性能的某种函数。

2) 韧性与鲁棒性

鲁棒性是系统在环境不管怎么改变或系统内部如何变化时，仍能够满足一组特定需求的能力。韧性也隐含了类似的内涵。两者的区别在于鲁棒性不允许系统性能有任何的损失或下降，而韧性允许系统性能有一定程度的下降并"反弹"回所要求的水平。

从图 5.1 的角度看，鲁棒性与破坏之前性能情况对应，韧性则与恢复对应虚框矩形对应。在破坏之前系统/体系性能保持时间越长，系统鲁棒性越高。鲁棒性与韧性是两个互补的描述系统性能保持、变化及恢复情况的指标。

5.1.3 韧性设计问题及原则

韧性作为体系具备的一种非功能性属性特征，是需要设计和维护的。设计和维护体系韧性需要解决以下三个方面的问题。

(1) 何时强调韧性是合适的？主要是处理好韧性与其他体系属性特征的均衡问题。也就是明确与其他系统层面的属性特征比起来，何时强调韧性才是合适的？

(2) 韧性如何设计？要明确何时及如何创建体系韧性？体系韧性怎样评估？特定韧性增强策略在什么时候是合适的？体系韧性何时就足够了？

(3) 韧性如何维持？韧性何时会变化？如何跟踪变化的体系韧性？如何阻止体系韧性下降？

体系韧性设计通常采用以下原则。

(1) 物理冗余。
(2) 独立/功能冗余。
(3) 增强体系成员特性。
(4) 可维修。
(5) 节点间交互。
(6) 本地化能力。
(7) 人在回路。
(8) 漂移校正。

(9) 增强组织间交流。

(10) 层次化防护。

其中，物理冗余、独立/功能冗余、增强体系成员特性、可维修是针对体系成员(系统)的设计原则；节点间交互和本地化能力是网络层设计原则；人在回路、漂移校正和增强组织间交流是人因方面的原则；层次化防护是跨各层原则。各项原则通过减少干扰影响、提高生存性、减少恢复时间和缩短整体反应时间来提高体系韧性。不同原则发挥的作用不同，具体如表 5.2 所示。

表 5.2 韧性设计原则分类

分类	设计原则	减少干扰影响	提高生存性	减少恢复时间	缩短整体时间
系统层	(1) 物理冗余		√		
	(2) 功能冗余		√		
	(3) 增强体系成员特性		√	√	
	(4) 可维修				√
网络层	(5) 节点间交互		√	√	
	(6) 本地化能力		√		
人因	(7) 人在回路		√	√	
	(8) 漂移校正	√			
	(9) 增强组织间交流			√	
所有层	(10) 层次化防护	√	√		√

5.2 体系韧性评估的方法论

因为评估对象特点不同，已有系统韧性评估方法并不适合体系韧性评估，特别是军事体系韧性的评估。下面首先总结已有的韧性评估方法，然后分析体系韧性评估对象的变化，给出体系韧性评估的方法论。

5.2.1 韧性评估方法概述

5.2.1.1 定性分析方法

定性分析法主要依靠预测人员的丰富实践经验及主观的判断和分析能力，推断出韧性的性质。当前关于韧性的研究主要是给出韧性的评估框架及半定量评估方法。

Alliance 在研究生态系统应对外界变化时，提出了评估生态系统对环境适应恢复能力的韧性评估框架[15]，主要分为七步。

(1) 界定理解所研究的系统。
(2) 明确评估韧性的系统规模。
(3) 明确系统的驱动者及内外干扰情况。
(4) 明确系统的关键要素，包括人类和社会政府。
(5) 明确关键恢复活动，建立概念模型。
(6) 告知决策者第(5)步的概念模型。
(7) 总结前述步骤的发现。

Speranza 等研究了人类生活方式[16]，即人类生活所需物质及自身行为的韧性，提出了如下三个指标来衡量韧性。

(1) 缓冲容量，即整个系统所能承受、吸收、适应并且保持系统结构、性能等不变的最大破坏量。
(2) 自组织性，即作为多要素集成的整体，系统所具有的涌现性。
(3) 学习能力，即人类生活方式系统中的人类要素具有的学习适应能力，包括对环境的适应能力、对教训的吸收学习能力等。

Kahan 等提出了广义上评估系统韧性的如下八个指导原则[17]。

(1) 危害限度，即危害发生前分析系统可能受到的危害类型及强度。
(2) 系统鲁棒性，即系统所能承受的危害强度。
(3) 后果缓解，即利用已有设施和方法减轻危害造成的后果。
(4) 适应性，即系统对环境变化的适应能力。
(5) 风险信息规划，即综合危害及后果，制定恢复计划。
(6) 风险信息投资，即确定上述计划规划的成本与已有条件的关系。
(7) 目的协调，即确定上述准则的实施。
(8) 范围综合，即明确准则的作用范围。

5.2.1.2 半定量评估方法

半定量评估方法主要通过评估不同的系统特征，如冗余性、资源满意度等来度量韧性。例如，Pettit 等在研究工业供应链系统稳定性时，提出了评估供应链系统韧性的两个关键评估指标[18]：①供应链的脆弱性程度，用于度量供应链系统本身所具有的自身属性；②供应链系统承受破坏并且从破坏中恢复的能力，用于度量供应链系统针对外在破坏的实际表现。

Shirali 提出了分析工业过程韧性的评估方法[19]，给出了如下六个韧性评估指标。

(1) 顶层管理，即系统决策者的行为部署。
(2) 系统承诺，即系统事先声明要达到的效果。
(3) 学习能力，即系统在发展过程中具有的学习外界知识的能力。
(4) 清晰度，即整个系统的透明度强弱。
(5) 准备性，即系统针对外界破坏干扰事先准备部署的能力。
(6) 灵活性，即系统针对多变的任务及环境的灵活处理能力。

5.2.1.3 定量分析方法

定量分析方法主要通过具体的计算指标和模型来评估系统韧性。当前关于系统韧性的定量评估模型主要从两个角度入手构建。一个角度是分析破坏干扰前后系统性能的变化。内部结构及外部环境的变化造成的破坏干扰会导致系统性能降低，区别是不同系统其降低的程度及降低的速率不同，究其原因是系统韧性不同造成的。因此，从性能变化的角度分析韧性是一种合理的方式。另一个角度是分析系统结构依赖程度。作为多要素集成的整体，系统要素众多，要素间关系复杂，单个要素的工作状态呈现独立性，但是要素间呈现功能依赖关系。系统要素功能依赖关系的强弱决定了系统承受伤害及干扰恢复阶段的信息、资源等传递，进而影响系统的韧性。

Bruneau 在分析地震中社会韧性变化过程时，提出了一种用于分析系统韧性的静态指标[20]，即以地震事件发生时刻为初始时刻，以社会系统性能恢复初始值的时刻为终止时刻，分析初始时刻和终止时刻时间内社会系统性能变化量，衡量社会系统韧性的强弱。具体表达式为

$$RL = \int_{t_0}^{t_1} \left[100 - Q(t)\right] dt$$

其中，t_0 指破坏(地震)发生的具体时间，t_1 指社会系统恢复到破坏之前性能的具体时间，$Q(t)$ 指社会系统性能的函数。

Zobel 对上述方法进行了拓展，考虑了社会系统性能值在恢复初始值后社会系统性能的稳定性[21]。即在初始时刻不变的基础上，以社会系统性能恢复初始值之后的任一时刻为终止时刻，衡量其间性能的变化量。具体表达式为

$$R(X,T) = \frac{T^* - XT/2}{T^*} = 1 - \frac{XT}{2T^*}$$

其中，$X \in [0,1]$ 指社会系统受到破坏时性能降低所占的百分比。

Rose 将经济系统在应对干扰时保持系统运转的能力称为经济韧性[22]。他假设单个的经济系统都有正常运转与瘫痪的临界值，取之为经济系统所能承受的最大性能降低率。对于其承受的干扰破坏，都有相对应的预期性能损失率，取最大性

能降低率与预期性能降低率的差值与最大性能降低率的比值为经济系统的韧性。具体表达式为

$$R = \frac{\%\Delta DY^{max} - \%\Delta DY}{\%\Delta DY^{max}}$$

其中，$\%\Delta DY$ 指经济系统预期的性能下降比例，$\%\Delta DY^{max}$ 指系统性能可以下降的最大比例。

Henry 认为韧性的强弱与受到的破坏有关，且随时间的变化而变化[23]，可以以观察开始时刻 t_0 到破坏结束时刻 t_d 系统性能降低的最大值为分母，以系统在恢复时刻 $t_r(t_r \in [t_d, t_f])$，t_f 为恢复结束时刻）时性能值已恢复量为分子，得到评估特定破坏下随时间变化的系统韧性函数。具体表达式为

$$R_\varphi(t|e^j) = \frac{\varphi(t_r|e^j) - \varphi(t_d|e^j)}{\varphi(t_0) - \varphi(t_d|e^j)}$$

其中，$\varphi(\ )$ 指系统的性能函数，e^j 指破坏事件。

基于韧性能力的三种分类[24]，Nan 以性能降低阶段系统的鲁棒性作为韧性的吸收能力[25]，以性能恢复阶段系统性能的恢复速率和恢复量作为韧性适应能力及恢复能力，提出了综合分析系统韧性的方法。

Han 在研究体系的故障恢复能力时，认为体系韧性由体系架构及每个独立系统的可靠性决定，提出一种基于贝叶斯网络方法的体系韧性评估方法，即以条件恢复能力度量为指标，衡量体系中每个独立系统对整个体系韧性的贡献度[26]。

陈宽采用功能依赖网络分析(FDNA)方法分析体系结构的韧性水平[27]，定义了体系的最低有效可操作水平(一个与节点最低性能水平相联系的性能值，是评估者对该节点性能的最低可接受程度)，并结合 FDNA 中的依赖关系制约，讨论了体系的最大可恢复程度。在此基础上，从体系受损伤后的鲁棒性和可恢复性两方面来评估体系韧性。

5.2.2 体系韧性评估问题分析

5.2.2.1 评估对象的变化

传统系统或体系韧性评估以性能作为主要对象，根据体系受到干扰或破坏时性能下降和恢复的程度及持续的时间评估韧性的好坏，性能作为描述单要素性质的概念不适用于体系领域。体系与系统的一项根本区别在于系统强调功能，并以功能为核心组织系统的构成及结构，而体系强调能力围绕能力来进行设计和应用。能力作为描述体系效用的概念，可以准确地描述体系的用途。因此在体系韧性评估时，要把关注点从性能转到能力，以体系受到干扰破坏后能力的降低、恢复及

持续时间长短作为体系韧性评估的重点,具体如图 5.2 所示。

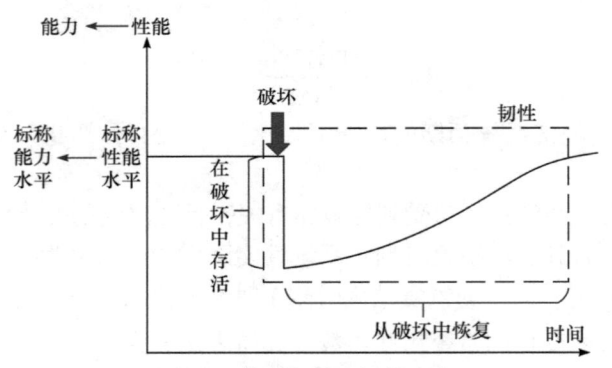

图 5.2　体系韧性内涵的变化

因此,对体系韧性评估的基本要求如下。

(1) 把握体系能力的概念和结构。能力作为描述体系效用的概念,可以准确地描述体系的用途。作为体系的顶层目的,体系能力结构复杂,层次要素众多,因此要准确地描述体系个类要素特征,建立体系能力结构模型。

(2) 考虑体系成员之间的复杂关系。作为复杂巨系统,要素众多、关系复杂是其基本特征。传统的系统分析难以抓住体系成员错综复杂的关系,因此建立的体系能力结构模型要准确地分析体系成员之间错综复杂的关系,以能力作为贯穿体系结构的主线。

5.2.2.2　体系故障与能力变化

对体系而言,其能力由活动产生,活动产生活动效果,体系能力通过活动效果得以实现。活动由执行者完成,活动执行时消耗和产生资源。对军事体系,活动执行者为组织、人员或系统、装备,称为作战要素或体系成员。

理想情况下,体系成员可以时刻处于工作状态,活动消耗的资源能够时刻充足,此时体系的能力状态处于动态稳定阶段。但是,在实际作战中,体系成员可能受到打击,其工作状态并非稳定不变;活动执行时使用的资源常常受到数量制约从而影响活动的完成效果,这体现为体系能力状态达不到理想水平。当作战要素受到打击破坏或长时间超负荷运行后,会发生故障,作战要素的工作状态可以用故障率来衡量。

故障率通常指工作到某一时刻尚未发生故障的产品,在该时刻后,单位时间内发生故障的概率。要素的故障率会影响作战活动效果的高低,使得作战活动效果成为一个随时间变化的函数。作战活动效果的变化影响作战活动的完成度,作战活动的完成度进一步影响体系能力值的大小。由此可见,故障率应该是时间 t 的函数。根据作战要素与活动的关系，可知活动效果应该也是时间 t 的函数，同时，体系能力也是时间 t 的函数。

值得注意的是，韧性评估过程中需要考虑活动网络中的相继故障问题。活动网络中的相继故障指一个或少数几个活动节点出现故障，产生连锁反应，通过活动网络中的节点依赖耦合关系导致其他节点出现故障，最终导致整个活动网络瘫痪，影响整个体系的能力值。此时体系的韧性分析模型中不仅要考虑能力与活动、活动与作战要素的纵向连接关系，同时也要考虑活动与活动之间的横向依赖关系。

5.2.2.3 面向韧性的体系能力变化过程

结合 5.2.2.2 节中韧性评估对象的改变，从体系能力的变化角度，分析体系能力在干扰破坏时各个阶段的变化，如图 5.3 所示。

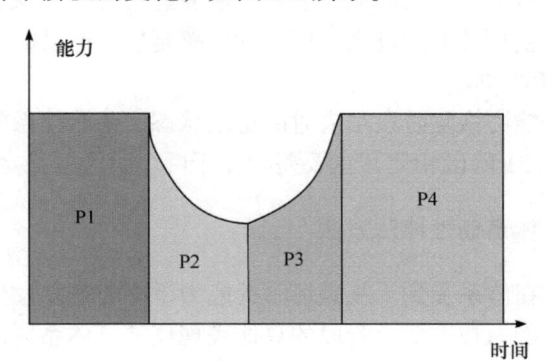

图 5.3 体系受干扰破坏时能力变化的四个阶段

1) 动态稳定阶段(P1)

此阶段主要描述体系未受到内外环境破坏干扰前的体系能力状态。正常情况下，体系发挥自身的效用，保证体系的有序运行及训练的正常展开，其能力状态处于平稳地步。但是由于体系的庞大复杂，其运行维护过程中不可避免地发生小的扰动，但是处于体系的承受能力范围之内，进而使得体系的能力状态处于动态稳定之中。

动态稳定可分为小扰动动态稳定和大扰动动态稳定，其中小扰动动态稳定指扰动量足够小，体系可用线性化状态方程描述的动态稳定过程；大扰动动态稳定指扰动量大到系统必须用非线性方程来描述的动态稳定过程。对体系而言，其动态稳定类别主要取决于体系本身所能承受的扰动总量。

2) 能力降低阶段(P2)

此阶段主要是描述体系在受到强内外环境破坏干扰时的体系能力状态。对于小破坏干扰，体系本身固有的承受能力可以实现体系的动态稳定，但是一旦内外环境动态干扰的强度和范围超过体系本身的承受范围，体系的能力状态会迎来急剧下降的过程。

能力降低过程中，其降低的速率和总量取决于体系对破坏干扰的吸收能力及破坏干扰的强度，其吸收能力越强，降低的速率越慢，降低的总量越小；其破坏干扰强度越大，降低的速率越快，降低的总量越多。

3) 能力恢复阶段(P3)

此阶段主要描述体系受到干扰破坏之后，体系韧性发挥作用时的能力状态。对于能力降低阶段造成的影响，体系韧性中的恢复力及适应力及时发挥作用，改善体系的缺陷，促成体系能力的回升。

能力恢复阶段，其恢复的速率和总量取决于体系的适应能力和恢复能力及针对破坏干扰的恢复行动。体系的适应能力、恢复能力越强，恢复的速率越快，恢复的总量越多；恢复行动力度越大，恢复的速率越快，恢复的总量越多。

4) 动态稳定阶段(P4)

此阶段主要是能力恢复阶段结束时的稳定状态，此时体系的能力状态重新恢复至动态稳定。与 P1 阶段相比，主要差异在于两个阶段的稳定值可能不同。

5.2.3 基于能力的体系韧性评估方法

如上节所述，在体系受到干扰破坏时的能力下降与恢复发生在能力降低阶段和能力恢复阶段，能力在这两个阶段的具体表现反映了体系韧性的强弱。因此可以从这两个阶段入手提出韧性评估方法。分析图 5.3 并将能力变化量用图 5.4 所示的方法进行标记，则 S_1、S_2、S_3 和 S_4 面积的大小体现了能力变化的一些细节信息。

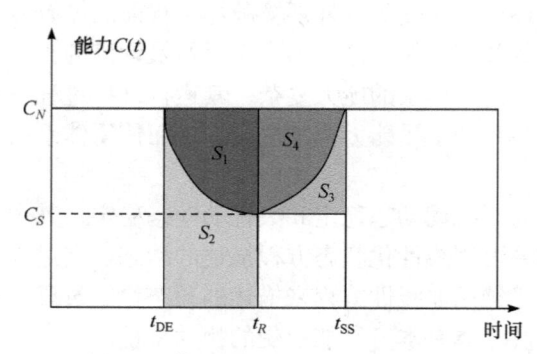

图 5.4 体系韧性过程中的能力变化

1) 能力降低阶段的韧性评估

在体系受外部干扰破坏时,体系成员本身出现故障,体系成员之间的信息交互出现问题,造成体系能力降低,不能正常完成任务。在整个能力降低过程中,体系组成和运行方面的一些韧性机制会发挥作用,降低影响的程度。

这一阶段体系韧性具体表现在两个方面。一是体系能力降低的程度。体系能力下降程度越低,体系在这个阶段的韧性越好。二是体系能力下降的持续时间。体系能力下降的持续时间越短,体系韧性越好。

综合考虑这一阶段体系韧性的两方面表现,可以能力降低总量来度量。能力降低总量描述在干扰破坏的时间段内,体系能力丢失的总量,既考虑了整个时间段内的降低速率,又考虑了各个时刻的体系能力值,可以作为能力降低阶段的韧性指标。考虑到不同体系的能力初始值及各个时刻的值不尽相同,因此不适宜用能力降低总量的绝对值来评估韧性。这里用能力降低总量与该阶段理论上能力总量的比值来评估能力降低阶段的韧性。用 R_D 表示该阶段的评估结果。在图 5.4 中能力降低阶段是 $t_{DE} \sim t_R$ 时间段,计算 R_D 的具体表达式为

$$R_D = \frac{S_2}{S_1 + S_2}$$

其中,S_1 为能力降低阶段体系能力降低的总量,S_2 为能力降低阶段体系能力的剩余总量。具体有:

$$S_1 = \int_{t_{DE}}^{t_R} (C_N - C(t)) dt$$

$$S_2 = \int_{t_{DE}}^{t_R} C(t) dt$$

因此有:

$$R_D = \frac{\int_{t_{DE}}^{t_R} C(t) dt}{\int_{t_{DE}}^{t_R} (C_N - C(t)) dt + \int_{t_{DE}}^{t_R} C(t) dt}$$

$$= \frac{\int_{t_{DE}}^{t_R} C(t) dt}{C_N (t_R - t_{DE})}$$

R_D 反映了在体系受到干扰破坏时单位时间内能力的平均保持程度,$1 - R_D$ 则反映了在体系受到干扰破坏时单位时间内能力的平均下降幅度。显然 R_D 越大,体系韧性越好。

2) 能力恢复阶段的韧性评估

体系受到干扰破坏后,一般会触发体系的响应机制,通过维修、重新分配任

务、结构重构等方法，使体系能力恢复到原有水平。体系能力恢复的本领反映了体系的适应能力和恢复能力的强弱。体系的适应性机制可以不断自发调整自身结构、关系和任务分工，以适应环境的动态变化，最后实现体系能力的恢复。恢复能力则直接作用于受干扰破坏影响的体系成员或者间接影响的活动，进而恢复体系能力。

与能力降低阶段的韧性评估方法相似，可以用能力恢复总量与该阶段的能力恢复理想总量的比值来评估能力恢复阶段的体系韧性。用 R_R 表示该阶段的评估结果。图 5.4 中能力恢复阶段是 $t_R \sim t_{SS}$ 时间段，计算 R_R 的具体表达式为

$$R_R = \frac{S_3}{S_3 + S_4}$$

其中，S_3 为能力恢复阶段体系能力的实际恢复量，S_4 为能力恢复阶段体系能力的未恢复量。具体有：

$$S_3 = \int_{R}^{t_{SS}} (C(t) - C_S) dt$$

$$S_4 = \int_{t_R}^{t_{SS}} (C_N - C(t)) dt$$

因此有：

$$R_R = \frac{\int_{R}^{t_{SS}} (C(t) - C_S) dt}{\int_{R}^{t_{SS}} (C(t) - C_S) dt + \int_{t_R}^{t_{SS}} (C_N - C(t)) dt} = \frac{\int_{R}^{t_{SS}} (C(t) - C_S) dt}{(C_N - C_S)(t_{SS} - t_R)}$$

R_R 反映了在体系能力开始恢复后单位时间内能力的恢复程度，R_R 越大，体系的韧性越好。

当体系受到干扰破坏时能力突然失效，也就是能力突然降到某个较低的水平，能力降低时间可以忽略不计，则体系能力随时间变化的关系如图 5.5 所示。此时 t_{DE} 与 t_R 近乎重合，则

$$R_D = \frac{\int_{t_{DE}}^{t_R} C_S dt}{\int_{t_{DE}}^{t_R} C_N dt} = \frac{C_S}{C_N}$$

$$R_R = \frac{S_3}{S_3 + S_4} = \frac{\int_{t_R}^{t_{SS}} (C(t) - C_S) dt}{(C_N - C_S)(t_{SS} - t_R)}$$

体系在能力降低阶段的韧性强弱是保证体系具有最低运行能力的基础，在能

力恢复阶段的韧性强弱则是确保体系尽快恢复能力的关键，是确保体系制胜的关键特征。这两个阶段的韧性指标相互依赖、相辅相成。综合考虑 R_D 和 R_R，可以对体系韧性进行整体度量。一种简单的体系韧性综合方法可表示为

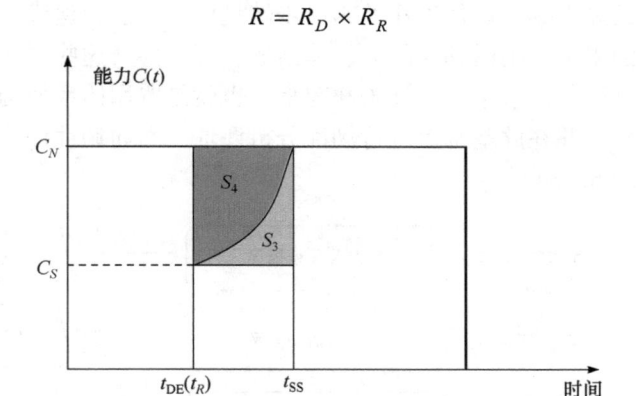

$$R = R_D \times R_R$$

图 5.5　突然失效情况下体系能力随时间变化图

以上是基于能力的体系韧性评估的基本思想，在实际运用中还存在许多问题要解决，以下是几个典型问题。

(1) 体系具备多种能力，如何根据体系受到干扰破坏时多种能力的下降及恢复情况计算韧性？这里涉及能力综合问题，或针对每种能力的体系韧性分计算及综合问题。

(2) 体系运行中受到的干扰破坏是随机发生的，因此在一段时间内体系能力会发生多次下降-恢复的过程，如何进行综合分析？

(3) 体系成员在完成任务时是存在相互影响关系的，一个体系成员受到破坏出现故障后不能完成其任务，会进一步影响到"下游"任务的执行，也就是依赖此体系成员任务输出的其他体系成员也不能执行任务。虽然其他成员状态没有故障，但是客观上与存在故障造成的后果是相同的，因为没有及时完成自身任务，类似复杂网络中级联失效的情况，此时如何评估体系韧性？

5.3　面向韧性评估的体系建模

5.3.1　面向韧性评估的体系能力建模问题

体系能力结构复杂，层次要素众多，因此要准确地描述体系各类要素特征，建立体系能力结构模型。正确评估体系能力是体系建设和运用的重要保证，而构建体系能力模型是进行体系能力评估的前提。为了能指导建立较为完善、合理的

评估指标体系，可以采用自顶向下的方法对体系能力建模，即能力—活动—要素逐级分析建模。体系能力模型是对体系能力的构成、要素及其间关系的描述。体系能力评估是度量体系的有效手段，是对能力活动执行效果的总体度量。

基于能力的体系韧性评估工作的第一步就是体系的能力建模，体系能力建模涉及多方面的因素，包括活动、能力、体系成员等，要对这些要素及其关系进行建模描述，而且要与体系架构设计关联起来，也就是要用体系架构设计中的模型来完成能力建模，并在此基础上进行韧性分析评估。面向韧性评估的体系能力建模大致思路如图 5.6 所示。

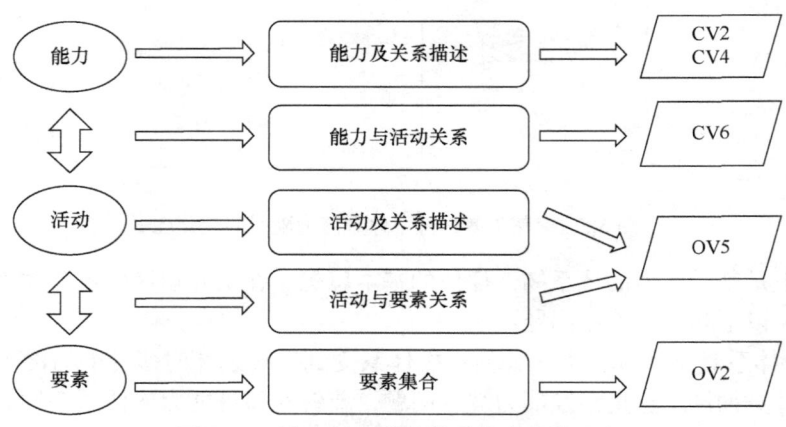

图 5.6 面向韧性评估的体系能力建模思路

在体系能力建模基础上，还需要完成体系能力评估才能实现体系韧性评估。正如体系能力建模以活动为基础，体系能力评估同样要以活动及其活动效果为基础来开展。

活动之间是有关联关系的，如信息关系、命令关系等，基于活动效果评估能力有两种思路，区别在于是否考虑活动失效(不能执行或完成)时的传播问题。

第一种思路是不考虑活动失效时的传播，也就是一项活动不能完成时，不会影响其他活动的执行。这时体系韧性评估思路如图 5.7 所示，具体包括以下内容。

(1) 对体系成员的故障和恢复的状态进行假设和建模。

(2) 根据体系成员所执行的活动，建立活动状态与体系成员状态的关联关系。

(3) 根据能力与活动间的映射关系和活动状态，计算体系能力的平均发挥水平、最高水平和最低水平、平均能力下降时间和恢复时间等指标，以此为基础计算体系韧性。

另一种思路是考虑活动故障或失效的传播，也就是考虑级联失效和恢复的情况。这时体系韧性评估的思路如图 5.8 所示，具体包括以下内容。

图 5.7 不考虑能力失效传播的韧性评估思路

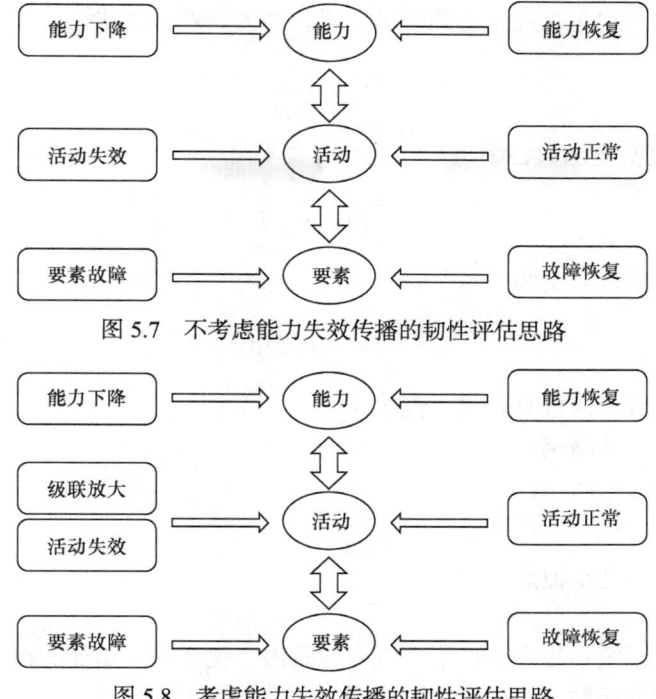

图 5.8 考虑能力失效传播的韧性评估思路

(1) 对体系成员故障及恢复情况、活动失效及恢复情况、活动失效故障传播情况进行综合建模。可以采用马尔科夫链、网络分析法(analytic network process, ANP)等理论方法，建立体系成员状态和活动状态的综合模型。

(2) 根据体系能力与活动之间的关系，建立体系能力状态的表示模型。

(3) 对体系能力下降的平均水平、平均时间和体系能力恢复的平均水平、平均时间进行计算，以此为基础计算体系韧性。

在上述韧性评估基础上，进一步结合体系成员执行活动时的自组织等能力，通过概要建模分析(假设要素冗余量、体系自动接替概率和延迟时间)，探讨作战体系能力冗余与自组织等体系机理对体系韧性的影响。

5.3.2 可靠性与维修性概念基础

体系成员可能受到外部攻击、环境影响及自身部件性能影响而出现失效的情况，当体系成员失效时就不能完成所承担活动的执行，此时从能力角度看就会出现能力下降的情况。当体系成员状态恢复时，又能执行相关活动，此时能力也会恢复。对体系而言，体系成员失效通常是退化失效，很少情况下会突然失效。下面的分析中只对退化失效进行研究。

系统失效时间 T 在理论上的分布曲线，称为失效密度曲线，其数学表达式为

$$f(t) = \frac{\mathrm{d}n(t)}{N\mathrm{d}t}$$

称 $f(t)$ 为失效密度函数，满足：

$$\int_0^\infty f(t)\mathrm{d}t = 1$$

失效分布函数定义为

$$F(t) = \int_0^t f(\tau)\mathrm{d}\tau$$

显然失效分布函数具有以下性质。
(1) $F(t)$ 为非降函数。
(2) $F(0) = 0, F(\infty) = 1$。
(3) $0 \leqslant F(t) \leqslant 1$。

下面先介绍几个概念。

1) 可靠度

可靠度是系统在规定条件下和规定时间内，完成规定功能的概率，一般记为 R。它是时间的函数，也记为 $R(t)$，称为可靠度函数，满足：

$$R(t) = 1 - F(t)$$

$R(t), F(t)$ 和 $f(t)$ 的关系如图 5.9 所示。

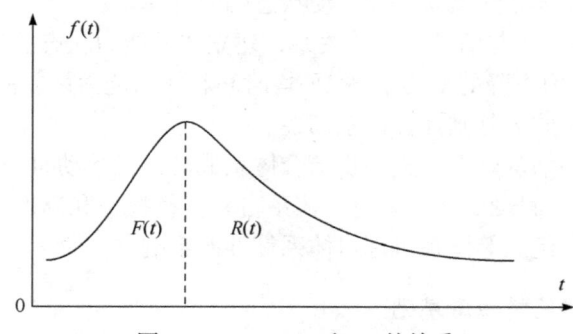

图 5.9　$R(t)$、$F(T)$ 和 $f(t)$ 的关系

2) 失效率

系统失效率是衡量系统可靠性的一个重要指标，定义为工作到时刻 t 尚未发生失效的系统，在时刻 t 后的单位时间内发生失效的概率，称为系统在时刻 t 的失效率(或称故障率)，也称为失效率函数，通常记为 $\lambda(t)$。可知：

$$R(t) = e^{-\int_0^t \lambda(\tau)d\tau}$$

当 $\lambda(t) = \lambda$ 时,有:

$$R(t) = e^{-\lambda t}$$

3) 平均寿命

对于可修复系统,系统的寿命是指两次相邻失效(故障)之间的工作时间,系统的平均寿命就是系统平均无故障时间,也就是系统平均失效间隔 MTBF(mean time between failure),通常有:

$$\text{MTBF} = \bar{t} = \int_0^\infty tf(t)dt = \int_0^\infty R(t)dt$$

当 $\lambda(t) = \lambda$ 时,有:

$$\text{MTBF} = \bar{t} = \frac{1}{\lambda}$$

4) 维修度

维修度指在规定条件下使用的可维修产品,在规定时间内,按规定的程序和方法进行维修时,保持或恢复到能完成规定功能的概率,记为 $M(t)$。如果 $M(t)$ 连续可导,则 $M(t)$ 的倒数称为维修密度函数,记为 $m(t)$。

5) 修复率

修复率指修理时间已经达到某一时刻,但尚未修复的产品在该时刻后的单位时间内完成修理的概率。通常记为 $\mu(t)$,满足:

$$\mu(t) = \frac{m(t)}{1-M(t)}$$

若 $M(t)$ 服从指数分布,即

$$M(t) = 1 - e^{-\mu t}$$

那么修复率为常数 μ。

6) 平均修复时间

平均修复时间指可修复产品的平均修理时间,其估计值为修复时间总和与修复次数之比,记做 MTTR(mean time to repair)。MTTR 的数学定义如下:

$$\text{MTTR} = \int_0^\infty t dM(t)$$

若修复时间服从指数分布,那么平均修复时间是修复率的倒数,即

$$\text{MTTR} = \frac{1}{\mu}$$

5.4 体系成员韧性评估模型

5.4.1 体系成员故障及修复的评估

传统的可靠性评估通常需要大样本寿命数据进行统计分析，即通过大量的试验得到产品的失效数据，然后依据统计判断准则，建立最合适的系统或部件寿命统计分析模型，最后得出产品的可靠度。然而，当可靠性试验资源与试验所需时间等越来越受限时，产品的失效数据就会存在不足，此时通过传统的可靠性分析必然会带来所谓的可信度危机。

基于产品的性能退化分析方法克服了无失效数据和失效数据缺少给传统可靠性分析带来的困扰。在产品使用过程中，随着工作时间的增加，在外部应力作用下，产品的性能会逐渐下降直至最后发生失效。在此过程中，通过实时测量其性能退化数据就可获得丰富的产品寿命信息，提高可靠性分析的精度，这样既可有效地控制试验时间，又可大大地降低试验成本。因此，基于产品的性能退化数据逐渐成为一种系统或元器件可靠性分析的重要方法，已逐渐成为可靠性分析的一个新动向。

与体系韧性评估相关的体系受干扰及恢复过程如下。以执行活动的一个体系成员为例，把执行活动的体系成员(体系成员)看成一个系统，在系统受到首次干扰或打击后，开始退化失效，性能逐渐下降；当性能下降到一定阈值时，系统检测到性能下降并开始修复，直至修复完成(性能恢复至初始水平，或未达到初始水平)。这一过程如图 5.10 所示。

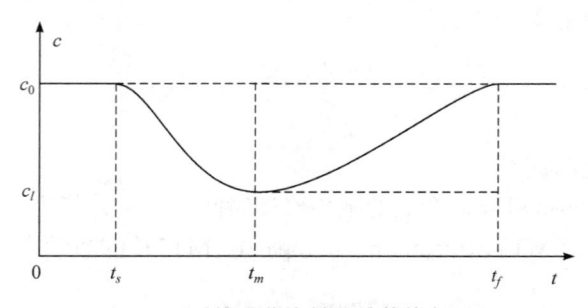

图 5.10 系统退化失效及维修恢复过程

为进行量化分析，给出以下三个假设。
(1) 系统在 t_s 时刻受到首次干扰或打击。

(2) 当系统受到首次干扰或打击后，性能开始退化，在 t_m 时刻系统检测到性能退化到预设阈值。

(3) 当系统检测到性能下降到预设阈值，会影响系统执行业务活动，因此系统会启动维修过程。

设系统寿命服从参数为 λ 的负指数分布，即失效分布函数为

$$F(t) = 1 - e^{-\lambda t}, t \geq 0$$

失效密度函数为

$$f(t) = \lambda e^{-\lambda t}, t \geq 0$$

则系统平均寿命为

$$\text{MTBF} = \frac{1}{\lambda}$$

所以由假设(1)，即系统在 t_s 时刻受到首次干扰或打击，可知：

$$t_s = \text{MTBF} = \frac{1}{\lambda}$$

记 t 时刻系统性能为 $c(t)$，当 $t \geq t_s$ 时令 $s = t - t_s$，则令

$$x(s) = c(0) - c(s) = c(0) - c(t_s + s) \triangleq c_0 - c(t_s + s)$$

由假设(2)可知当系统受到首次干扰或打击后，性能开始退化，在 t_m 时刻系统检测到性能退化到预设阈值，所以假设 $x(s)$ 在 $(0, t_m - t_s)$ 内是一个带漂移的一元 Wiener 过程，则根据 Wiener 过程的定义可知它是一个齐次马尔可夫过程，其均值和方差如下：

$$E(x(s)) = \mu s$$

$$\text{Var}(x(s)) = \sigma^2 s$$

设 c_l 为系统性能下降的阈值，即当系统性能低到 c_l 时，系统能够检测到并启动维修过程，那么系统从性能开始退化到性能下降到预设阈值的时间为

$$T = \inf\{s \mid x(s) = c_0 - c_l, s \geq 0\}$$

可以推导 T 服从逆高斯分布，分布函数和密度函数分别为

$$F(s) = \Phi\left(\frac{\mu s - c_0 + c_l}{\sigma \sqrt{s}}\right) + e^{\frac{2\mu(c_0 - c_l)}{\sigma^2}} \Phi\left(\frac{-c_0 + c_l - \mu s}{\sigma \sqrt{s}}\right)$$

$$f(s) = \frac{c_0 - c_l}{\sigma s \sqrt{2\pi s}} e^{-\frac{(c_0 - c_l - \mu s)^2}{2\sigma^2 s}}$$

T 的期望和方差为

$$E(T) = \frac{(c_0 - c_l)}{\mu}, \ \text{Var}(T) = \frac{(c_0 - c_l)\sigma^2}{\mu^3}$$

因此可以令 $t_m = t_s + \dfrac{c_0 - c_l}{\mu}$ 作为系统检测到性能下降到预设阈值并启动维修的时刻。

图 5.11 给出了一些逆高斯分布函数的示例。

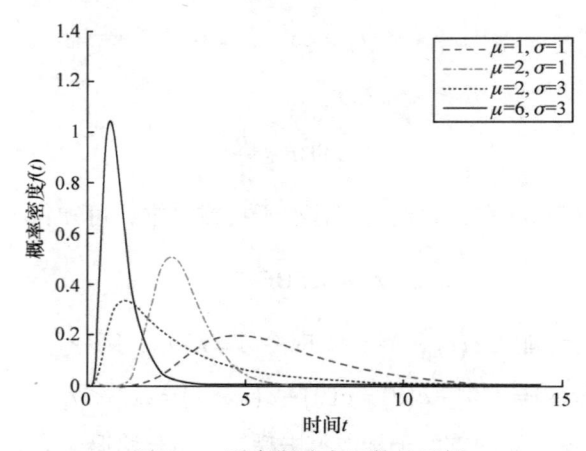

图 5.11 逆高斯分布函数的示例

当系统检测到性能下降到预设阈值后,系统会启动维修过程。假设修复时间服从参数为 β 的负指数分布,那么

$$M(r) = 1 - e^{-\beta r}$$

所以平均修复时间为

$$\text{MTTR} = \frac{1}{\beta}$$

其中,β 为修复率。

因此可以令 $t_f = t_m + \dfrac{1}{\beta}$ 作为维修结束的时刻。

5.4.2 体系成员韧性评估

假设对一个特定体系成员,其对活动效果的影响趋势与其性能变化趋势一致,也就是说如果体系成员性能变化如图 5.10 所示,那么活动效果评估结果随时间变化曲线也与图 5.10 中曲线相似，区别在于幅度大小的不同。

5.2 节中体系韧性采用能力下降阶段和能力恢复阶段的韧性指标之积来计算。当能力是一个集合时，此时判断能力何时下降、何时恢复在整体上是难以做到的。因此这里对前面的计算方法做简化处理：以能力下降幅度和能力下降恢复及时度来衡量。能力下降幅度度量体系的抗干扰能力和恢复能力，能力下降恢复及时度衡量体系反应的灵敏性。

首先给出以下假设。

(1) 体系成员寿命服从参数为 λ 的负指数分布。

(2) 在受到首次干扰或打击后，性能变化是带漂移的一元 Wiener 过程 $x(s)$，$E(x(s)) = \mu s$，$\mathrm{Var}(x(s)) = \sigma^2 s$，性能下降到原性能的 $\theta \times 100\%$ 时，启动维修过程。

(3) 修复时间服从参数为 β 的指数分布，当修复完成时体系成员性能恢复到初始水平。

那么如图 5.12 所示，根据前一节的分析有：

$$t_s = \frac{1}{\lambda}, \quad t_m = t_s + \frac{1-\theta}{\mu}, \quad t_f = t_m + \frac{1}{\beta}$$

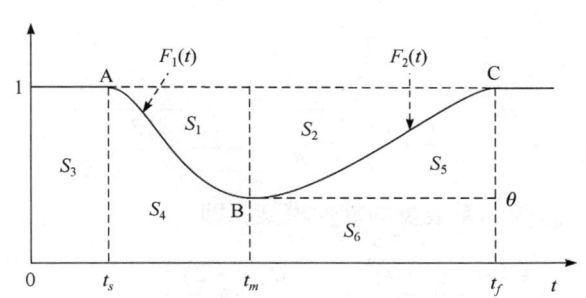

图 5.12 体系成员韧性计算思路示意

AB 段函数 $F_1(t)$ 采用 $E(x(s))$，$s \in [0, t_m - t_s]$，BC 段函数 $F_2(t)$ 采用修复时间分布函数，那么有：

$$F_1(t) = \mu(t - t_s), \quad t \in [t_s, t_m]$$

$$F_2(t) = \theta + \frac{1-\theta}{1-\mathrm{e}^{-1}}\left(1 - \mathrm{e}^{-\beta(t-t_m)}\right)$$

因此

$$S = \sum_{i=1}^{6} S_i = t_f = \frac{1}{\lambda} + \frac{1-\theta}{\mu} + \frac{1}{\beta}$$

$$S_1 = \frac{1-\theta}{\mu} - \int_{t_s}^{t_m} F_1(t)\,\mathrm{d}t = \frac{1-\theta}{\mu} - \int_{t_s}^{t_m} \mu(t-t_s)\,\mathrm{d}t$$

$$= \frac{1-\theta}{\mu} - \int_0^{\frac{(1-\theta)}{\mu}} \mu s\,\mathrm{d}s = \frac{1-\theta}{\mu} - \frac{(1-\theta)^2}{2\mu^2}$$

$$S_2 = \frac{1}{\beta} - \int_{t_m}^{t_f} F_2(t)\,\mathrm{d}t = \frac{1}{\beta} - \int_0^{\frac{1}{\beta}} \left(\theta + \frac{1-\theta}{1-\mathrm{e}^{-1}}\left(1-\mathrm{e}^{-\beta s}\right)\right)\mathrm{d}s$$

$$= \frac{1-\theta}{\beta} - \frac{1-\theta}{1-\mathrm{e}^{-1}} \cdot \frac{\mathrm{e}^{-1}}{\beta} = \frac{(1-\theta)(\mathrm{e}-2)}{\beta(\mathrm{e}-1)}$$

由此采用 $\eta_{\mathrm{DD}} = \dfrac{S - S_1 - S_2}{S}$ 来度量能力下降幅度(descend depth)，即

$$\eta_{\mathrm{DD}} = 1 - \frac{\dfrac{1-\theta}{\mu} - \dfrac{(1-\theta)^2}{2\mu^2} + \dfrac{(1-\theta)(\mathrm{e}-2)}{\beta(\mathrm{e}-1)}}{\dfrac{1}{\lambda} + \dfrac{1-\theta}{\mu} + \dfrac{1}{\beta}}$$

用 $\eta_{\mathrm{RT}} = 1 - \dfrac{t_f - t_s}{t_f}$ 来度量能力下降恢复及时度(recovery timeliness)，即

$$\eta_{\mathrm{RT}} = \frac{\dfrac{1}{\lambda}}{\dfrac{1}{\lambda} + \dfrac{1-\theta}{\mu} + \dfrac{1}{\beta}} = \frac{1}{1 + \dfrac{(1-\theta)\lambda}{\mu} + \dfrac{\lambda}{\beta}}$$

定义 $\eta = \eta_{\mathrm{DD}}\eta_{\mathrm{RT}}$ 为体系成员的韧性模型，即

$$\eta = \left(1 - \frac{\dfrac{1-\theta}{\mu} - \dfrac{(1-\theta)^2}{2\mu^2} + \dfrac{(1-\theta)(\mathrm{e}-2)}{\beta(\mathrm{e}-1)}}{\dfrac{1}{\lambda} + \dfrac{1-\theta}{\mu} + \dfrac{1}{\beta}}\right) \cdot \frac{1}{1 + \dfrac{(1-\theta)\lambda}{\mu} + \dfrac{\lambda}{\beta}}$$

5.5 基于能力的体系韧性评估模型

本节从能力变化的角度提出体系韧性评估模型，分析体系成员的工作能力及资源的保障能力对体系能力值的影响，研究能力构成要素活动之间相继故障的相关问题。在韧性评估的基础上，分析体系韧性影响因素及提升方法。

5.5.1 面向韧性评估的体系能力综合评估

第 2 章 2.3 节给出了面向效果的体系能力评估方法，其基本思路是遵循"能力-活动-属性(效果)-能力指标"的建模框架，建立能力指标到能力的量化关联关系，通过能力指标等级评定值的加权分布情况，反映能力整体水平等级的分布。

这一方法用于体系韧性评估时，存在两方面的不足：①能力指标以等级水平进行量化，难以精准反映体系受到干扰破坏时能力的下降和恢复情况；②2.3 节的方法只给出了单项能力到能力指标集的关联关系，没有给出当存在多项能力(能力集合存在层次分解关系)时，单项能力水平进行综合的方法。

针对以上两方面的不足，本节在 2.3 节的基础上做适当扩展，给出面向韧性评估的能力综合评估方法。方法中涉及相关要素及标记如图 5.13 所示。

对图 5.13 中记号的具体说明如下。

(1) 能力活动集合为 $S_{\mathrm{act}}=\{\mathrm{act}_i\,|\,i=1,2,\cdots,N_A\}$，活动属性集合为 $S_{\mathrm{attr}}=\{\mathrm{attr}_j\,|\,j=1,2,\cdots,N_E\}$，度量指标(即能力指标)集合为 $S_{\mathrm{index}}=\{\mathrm{index}_k\,|\,k=1,2,\cdots,N_I\}$。

(2) C_{EI} 为能力指标与活动效果间的关联关系矩阵，$C_{\mathrm{EI}}=\left(b_{jk}\right)_{N_E\times N_I}$。指标 index_k 用于描述活动效果为 attr_j 时 $b_{jk}=1$，否则 $b_{jk}=0$。当某项活动效果被不同的活动用来度量活动的水平时，在 S_{attr} 中处理为不同的活动效果，因此有 $\sum_{k=1}^{N_I}b_{jk}=1$。

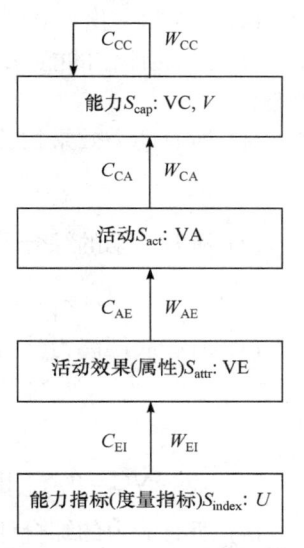

图 5.13 面向韧性评估的能力综合评估方法要素及关系

W_{EI} 为能力指标相对活动效果的重要度矩阵，$W_{\mathrm{EI}}=\left(w_{jk}^{(\mathrm{EI})}\right)_{N_E\times N_I}$。当 $b_{jk}=1$ 时，指标 index_k 被用来度量活动效果 attr_j，根据效果指标的重要度等级，即极度重要(记为 A)、一般重要(记为 B)、相对重要(记为 C)，$w_{jk}^{(\mathrm{EI})}$ 分别取值 5、3、1；$b_{jk}=0$ 时，$w_{jk}^{(\mathrm{EI})}=0$，$j=1,2,\cdots,N_E$，$k=1,2,\cdots,N_I$。

度量指标相对活动效果的归一化权重为

$$\hat{w}_{jk}^{(\mathrm{EI})}=\frac{w_{jk}^{(\mathrm{EI})}}{\sum_{t=1}^{N_I}w_{jt}^{(\mathrm{EI})}},\ j=1,2,\cdots,N_E;k=1,2,\cdots,N_I$$

记 I_x 为元素全为 1 的 x 维列向量($x\geqslant 1$)，$\mathrm{diag}(\cdot)$ 为根据列向量或行向量生成对应对角线矩阵的函数，那么可以简记为

$$\hat{W}_{\mathrm{EI}} = \left[\mathrm{diag}\left(W_{\mathrm{EI}} I_{N_I}\right)\right]^{-1} W_{\mathrm{EI}}$$

其中，$\mathrm{diag}(\cdot)$ 为根据列向量或行向量生成对应对角线矩阵的函数，$\left[\mathrm{diag}\left(W_{\mathrm{EI}} I_{N_I}\right)\right]^{-1}$ 表示矩阵 $\mathrm{diag}\left(W_{\mathrm{EI}} I_{N_I}\right)$ 的逆矩阵。

(3) C_{AE} 为活动效果与活动间的关联关系矩阵，W_{AE} 为活动效果相对活动的重要度矩阵。C_{CA} 为能力与活动间的关联关系矩阵，W_{CA} 为能力相对活动的重要度矩阵。C_{CC} 为能力间的分解关系，W_{CA} 为能力相对活动的重要度矩阵。这些记号的定义类似 C_{EI} 和 W_{EI}，此处略。

(4) U 为归一化到 0 到 1 间的能力指标值。

面向韧性评估的能力综合评估方法的具体模型如下(推导过程类似 2.3 节，此处略)。

(1) 所有能力效果的综合评估值向量 VE 为

$$\mathrm{VE} = \left[\mathrm{diag}\left(W_{\mathrm{EI}} I_{N_I}\right)\right]^{-1} W_{\mathrm{EI}} U$$

(2) 所有活动的综合评估值向量 VA 为

$$\mathrm{VA} = \left[\mathrm{diag}\left(W_{\mathrm{AE}} I_{N_E}\right)\right]^{-1} W_{\mathrm{AE}} \left[\mathrm{diag}\left(W_{\mathrm{EI}} I_{N_I}\right)\right]^{-1} W_{\mathrm{EI}} U$$

(3) 所有底层能力(与活动直接关联的能力)的综合评估值向量 VC 为

$$\mathrm{VC} = W_{\mathrm{CA}} \mathrm{VA}$$

即

$$\mathrm{VC} = W_{\mathrm{CA}} \left[\mathrm{diag}\left(W_{\mathrm{AE}} I_{N_E}\right)\right]^{-1} W_{\mathrm{AE}} \left[\mathrm{diag}\left(W_{\mathrm{EI}} I_{N_I}\right)\right]^{-1} W_{\mathrm{EI}} U$$

(4) 所有能力的综合评估值向量 V 为

$$V = \left(E - W_{\mathrm{CC}}\right)^{-1} \mathrm{VC}$$

5.5.2 基于能力下降幅度的韧性评估模型

只考虑能力下降幅度而不考虑恢复及时性时，不同体系成员对活动影响体现为

$$\eta_{\mathrm{DD}} = 1 - \frac{\dfrac{1-\theta}{\mu} - \dfrac{(1-\theta)^2}{2\mu^2} + \dfrac{(1-\theta)(\mathrm{e}-2)}{\beta(\mathrm{e}-1)}}{\dfrac{1}{\lambda} + \dfrac{1-\theta}{\mu} + \dfrac{1}{\beta}}$$

对每一个体系成员 $\mathrm{pfm}_p \in S_{\mathrm{pfm}} = \{\mathrm{pfm}_p \mid p=1,2,\cdots,N_P\}$，给出以下假设。

(1) 体系成员寿命服从参数为 λ_p 的负指数分布。

(2) 在受到首次干扰或打击后，性能变化是带漂移的一元 Wiener 过程 $x_p(s)$，$E\left(x_p(s)\right) = \mu_p s$，$\mathrm{Var}\left(x_p(s)\right) = \sigma_p^2 s$，性能下降到原性能的 $\theta_p \times 100\%$ 时，启动维修

过程。

(3) 修复时间服从参数为 β_p 的指数分布,当修复完成时体系成员性能恢复到初始水平。

那么可知只考虑能力下降幅度的体系成员韧性模型为

$$\eta_{\text{DD},p} = 1 - \frac{\dfrac{\theta_p}{\mu_p} - \dfrac{(1-\theta_p)^2}{2\mu_p^2} + \dfrac{(1-\theta_p)(\mathrm{e}-2)}{\beta_p(\mathrm{e}-1)}}{\dfrac{1}{\lambda_p} + \dfrac{1-\theta_p}{\mu_p} + \dfrac{1}{\beta_p}}$$

如前所设,记活动与体系成员之间的对应关系矩阵为 $C_{\text{AP}} = (u_{ip})_{N_A \times N_P}$,当体系成员 pfm_p 执行活动时 $u_{ip} = 1$,否则 $u_{ip} = 0$。假设每项活动只能有一个体系成员,一个体系成员可以执行多项活动,即 $\sum_{p=1}^{N_P} u_{ip} = 1$。

记

$$\overline{\eta}_{\text{DD}} = \begin{pmatrix} \eta_{\text{DD},1} \\ \eta_{\text{DD},2} \\ \vdots \\ \eta_{\text{DD},N_P} \end{pmatrix}$$

那么只考虑能力下降幅度的综合能力为

$$V_D = (E - W_{\text{CC}})^{-1} W_{\text{CA}} \text{diag}(\text{VA}) C_{\text{AP}} \overline{\eta}_{\text{DD}}$$

设 V_D 和 V 的第 1 个分量 $V_D(1)$ 和 $V(1)$ 对应最顶层能力,那么此时体系的韧性为

$$R_{\text{DD}} = \frac{V_D(1)}{V(1)}$$

其中

$$V = (E - W_{\text{CC}})^{-1} W_{\text{CA}} \text{VA}$$

$$\text{VA} = \left[\text{diag}(W_{\text{AE}} I_{N_E}) \right]^{-1} W_{\text{AE}} \left[\text{diag}(W_{\text{EI}} I_{N_I}) \right]^{-1} W_{\text{EI}} U$$

5.5.3 基于能力下降幅度和恢复及时度的韧性评估模型

在 5.5.2 节的基础上,记

$$\eta = \begin{pmatrix} \eta_{\mathrm{DD},1} \eta_{\mathrm{RT},1} \\ \eta_{\mathrm{DD},2} \eta_{\mathrm{RT},2} \\ \vdots \\ \eta_{\mathrm{DD},N_P} \eta_{\mathrm{RT},N_P} \end{pmatrix}$$

那么考虑干扰及恢复情况的综合能力为

$$\hat{V}_D = (E - W_{\mathrm{CC}})^{-1} W_{\mathrm{CA}} \mathrm{diag}(\mathrm{VA}) C_{\mathrm{AP}} \eta$$

设 $\hat{V}_D$ 和 V 的第 1 个分量 $\hat{V}_D(1)$ 和 $V(1)$ 对应最顶层能力的评估值，那么此时体系的韧性为

$$R = \frac{\hat{V}_D(1)}{V(1)}$$

其中

$$V = (E - W_{\mathrm{CC}})^{-1} W_{\mathrm{CA}} \mathrm{VA}$$

$$\mathrm{VA} = \left[\mathrm{diag}(W_{\mathrm{AE}} I_{N_E}) \right]^{-1} W_{\mathrm{AE}} \left[\mathrm{diag}(W_{\mathrm{EI}} I_{N_I}) \right]^{-1} W_{\mathrm{EI}} U$$

5.5.4 示例

设一个体系的能力组成如图 5.14 所示。

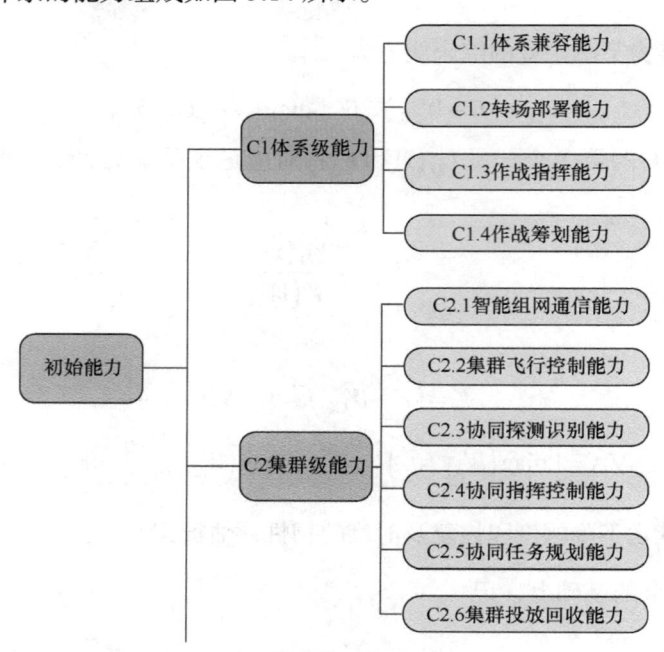

图 5.14 体系能力组成例

下层能力对上层能力的重要度如表 5.3 所示。

表 5.3 能力清单及能力重要度

序号	能力编号	能力名称	能力重要度	权重
1	C	初始能力	1	1
2	C1	体系级能力	3	0.375
3	C1.1	体系兼容能力	3	0.25
4	C1.2	转场部署能力	1	0.083
5	C1.3	作战指挥能力	3	0.25
6	C1.4	作战筹划能力	5	0.417
7	C2	集群级能力	5	0.625
8	C2.1	智能组网通信能力	3	0.15
9	C2.2	集群飞行控制能力	1	0.05
10	C2.3	协同探测识别能力	3	0.15
11	C2.4	协同指挥控制能力	5	0.25
12	C2.5	协同任务规划能力	5	0.25
13	C2.6	集群投放回收能力	3	0.15

假设作战活动集合如表 5.4 所示，其中各项内容及取值只是为了演示评估模型的使用，并无具体含义。活动指标值已经归一化到[0, 1]。

表 5.4 作战活动、活动效果、效果指标重要度计评估值

序号	活动名称	活动评估值	活动效果	效果重要度	效果评估值	效果指标	指标重要度	活动指标值
1	Act1	0.81	effect1	3	0.97	p1	1	0.97
2	Act1	0.81	effect2	1	0.34	p2	1	0.34
3	Act2	0.72	effect3	1	0.72	p3	1	0.72
4	Act3	0.47	effect4	3	0.83	p4	1	0.83
5	Act3	0.47	effect5	5	0.25	p5	2	0.54
6	Act3	0.47	effect5	5	0.25	p6	3	0.06
7	Act4	0.46	effect6	2	0.40	p7	1	0.4
8	Act4	0.46	effect7	1	0.58	p8	1	0.58
9	Act5	0.24	effect8	1	0.24	p9	3	0.19
10	Act5	0.24	effect8	1	0.24	p10	1	0.37

续表

序号	活动名称	活动评估值	活动效果	效果重要度	效果评估值	效果指标	指标重要度	活动指标值
11	Act6	0.80	effect9	1	0.80	p11	1	0.8
12	Act7	0.54	effect10	1	0.54	p12	1	0.54
13	Act8	0.68	effect11	1	0.68	p13	3	0.25
14						p14	5	0.93
15	Act9	0.50	effect12	1	0.50	p15	1	0.5
16	Act10	0.91	effect13	1	0.91	p16	1	0.91
17	Act11	0.27	effect14	1	0.27	p17	2	0.79
18						p18	5	0.06
19	Act12	0.73	effect15	1	0.73	p19	1	0.73
20	Act13	0.71	effect16	1	0.71	p20	1	0.71
21	Act14	0.60	effect17	1	0.60	p21	1	0.76
22						p22	3	0.55
23	Act15	0.14	effect18	1	0.14	p23	1	0.14
24	Act16	0.57	effect19	1	0.57	p24	1	0.57
25	Act17	0.46	effect20	1	0.46	p25	1	0.46
26	Act18	0.25	effect21	1	0.09	P26	1	0.09
27			effect22	3	0.32	P27	1	0.32
28			effect23	4	0.24	P28	1	0.24

再假设活动与能力的映射关系矩阵如表 5.5。

表 5.5　活动与能力映射关系矩阵

	C1.1	C1.2	C1.3	C1.4	C2.1	C2.2	C2.3	C2.4	C2.5	C2.6
Act1	1									
Act2		1								
Act3		1								
Act4			1							
Act5				1						
Act6				1						
Act7				1						
Act8						1				
Act9						1				
Act10							1			
Act11							1			

续表

	C1.1	C1.2	C1.3	C1.4	C2.1	C2.2	C2.3	C2.4	C2.5	C2.6
Act12							1			
Act13								1		
Act14								1		
Act15									1	
Act16									1	
Act17									1	
Act18										1

各活动对相关能力的重要度如表 5.6 所示。

表 5.6 活动对能力的重要度

	C1.1	C1.2	C1.3	C1.4	C2.1	C2.2	C2.3	C2.4	C2.5	C2.6
Act1	1									
Act2		3								
Act3		5								
Act4			1							
Act5				2						
Act6				3						
Act7				5						
Act8					1					
Act9						1				
Act10							3			
Act11							1			
Act12							3			
Act13								1		
Act14								2		
Act15									3	
Act16									5	
Act17									3	
Act18										1

则计算可得各子能力的评估值如表 5.7 所示。

表 5.7 子能力评估值

C1.1	C1.2	C1.3	C1.4	C2.1	C2.2	C2.3	C2.4	C2.5	C2.6
0.81	0.56	0.46	0.56	0.68	0.50	0.74	0.64	0.42	0.25

再根据各能力指标的重要度可得综合能力评估值如表 5.8 所示。

表 5.8 能力评估值表

序号	能力编号	能力名称	权重	评估值
1	C	初始能力	1	0.56
2	C1	体系级能力	0.375	0.60
3	C1.1	体系兼容能力	0.25	0.81
4	C1.2	转场部署能力	0.083	0.56
5	C1.3	作战指挥能力	0.25	0.46
6	C1.4	作战筹划能力	0.417	0.56
7	C2	集群级能力	0.625	0.54
8	C2.1	智能组网通信能力	0.15	0.68
9	C2.2	集群飞行控制能力	0.05	0.50
10	C2.3	协同探测识别能力	0.15	0.74
11	C2.4	协同指挥控制能力	0.25	0.64
12	C2.5	协同任务规划能力	0.25	0.42
13	C2.6	集群投放回收能力	0.15	0.25

再假设有 8 个体系成员 $S_{\text{pfm}} = \{\text{pfm}_p \mid p = 1, 2, \cdots, 8\}$，满足以下条件。

(1) 体系成员寿命服从参数为 λ_p 的负指数分布。

(2) 在受到首次干扰或打击后，性能变化是带漂移的一元 Wiener 过程 $x_p(s)$，$E(x_p(s)) = \mu_p s$，$\text{Var}(x_p(s)) = \sigma_p^2 s$，性能下降到原性能的 $\theta_p \times 100\%$ 时，启动维修过程。

(3) 修复时间服从参数为 β_p 的指数分布，当修复完成时体系成员性能恢复到初始水平。

各参数的具体值如表 5.9 所示。

表 5.9 体系成员故障及维修相关参数表

序号	体系成员	λ_p	μ_p	θ_p	β_p
1	pfm_1	0.001	0.03	0.6	0.02
2	pfm_2	0.004	0.04	0.5	0.02
3	pfm_3	0.003	0.03	0.45	0.006

续表

序号	体系成员	λ_p	μ_p	θ_p	β_p
4	pfm$_4$	0.02	0.05	0.4	0.03
5	pfm$_5$	0.001	0.01	0.6	0.04
6	pfm$_6$	0.007	0.01	0.8	0.003
7	pfm$_7$	0.01	0.02	0.4	0.001
8	pfm$_8$	0.005	0.02	0.6	0.035

根据表 5.9 可以得到各体系成员的韧性评估结果，如表 5.10 所示。

表 5.10 体系成员韧性评估值

序号	体系成员	η_1	η_2	η
1	pfm$_1$	0.908545	0.940439	0.854431
2	pfm$_2$	0.716566	0.8	0.573253
3	pfm$_3$	0.601867	0.643087	0.387053
4	pfm$_4$	0.157078	0.524476	0.082384
5	pfm$_5$	0.244902	0.938967	0.229955
6	pfm$_6$	0.540777	0.287908	0.155694
7	pfm$_7$	0.379861	0.088496	0.033616
8	pfm$_8$	0.176187	0.804598	0.14176

设各活动与体系成员的关系矩阵如表 5.11 所示。

表 5.11 活动与体系成员映射关系矩阵

	pfm$_1$	pfm$_2$	pfm$_3$	pfm$_4$	pfm$_5$	pfm$_6$	pfm$_7$	pfm$_8$
Act1	1							
Act2		1						
Act3			1					
Act4				1				
Act5					1			
Act6	1							
Act7						1		
Act8						1		

续表

	pfm$_1$	pfm$_2$	pfm$_3$	pfm$_4$	pfm$_5$	pfm$_6$	pfm$_7$	pfm$_8$
Act9							1	
Act10						1		
Act11								1
Act12								1
Act13					1			
Act14			1					
Act15		1						
Act16					1			
Act17				1				
Act18						1		

那么考虑体系成员受干扰及恢复情况对活动效果的影响，各活动评估值如表 5.12 所示。

表 5.12 考虑韧性的活动评估值

活动名称	评估值	体系成员韧性 1	体系成员韧性 2	活动评估值 1	活动评估值 2
Act1	0.81	0.908545	0.854431	0.7359	0.6921
Act2	0.72	0.716566	0.573253	0.5159	0.4127
Act3	0.47	0.601867	0.387053	0.2829	0.1819
Act4	0.46	0.601867	0.387053	0.2769	0.1780
Act5	0.24	0.157078	0.082384	0.0377	0.0198
Act6	0.8	0.908545	0.854431	0.7268	0.6835
Act7	0.54	0.244902	0.229955	0.1322	0.1242
Act8	0.68	0.244902	0.229955	0.1665	0.1564
Act9	0.5	0.379861	0.033616	0.1899	0.0168
Act10	0.91	0.540777	0.155694	0.4921	0.1417
Act11	0.27	0.176187	0.14176	0.0476	0.0383
Act12	0.73	0.176187	0.14176	0.1286	0.1035
Act13	0.71	0.540777	0.155694	0.3840	0.1105
Act14	0.6	0.601867	0.387053	0.3611	0.2322
Act15	0.14	0.716566	0.573253	0.1003	0.0803
Act16	0.57	0.244902	0.229955	0.1396	0.1311
Act17	0.46	0.157078	0.082384	0.0723	0.0379
Act18	0.25	0.379861	0.033616	0.0950	0.0084

此时各子能力的评估值如表 5.13 所示。

表 5.13　考虑韧性的子能力评估值

子能力	C1.1	C1.2	C1.3	C1.4	C2.1	C2.2	C2.3	C2.4	C2.5	C2.6
评估值1	0.74	0.37	0.28	0.29	0.17	0.19	0.27	0.37	0.11	0.10
评估值2	0.69	0.27	0.18	0.27	0.16	0.02	0.11	0.19	0.09	0.01

能力的综合评估值如表 5.14 所示。

表 5.14　考虑韧性的能力评估值

序号	能力编号	能力名称	权重	原评估值	评估值1	评估值2
1	C	初始能力	1	0.56	0.28	0.20
2	C1	体系级能力	0.375	0.60	0.41	0.35
3	C1.1	体系兼容能力	0.25	0.81	0.74	0.69
4	C1.2	转场部署能力	0.083	0.56	0.37	0.27
5	C1.3	作战指挥能力	0.25	0.46	0.28	0.18
6	C1.4	作战筹划能力	0.417	0.56	0.29	0.27
7	C2	集群级能力	0.625	0.54	0.21	0.11
8	C2.1	智能组网通信能力	0.15	0.68	0.17	0.16
9	C2.2	集群飞行控制能力	0.05	0.50	0.19	0.02
10	C2.3	协同探测识别能力	0.15	0.74	0.27	0.11
11	C2.4	协同指挥控制能力	0.25	0.64	0.37	0.19
12	C2.5	协同任务规划能力	0.25	0.42	0.11	0.09
13	C2.6	集群投放回收能力	0.15	0.25	0.1	0.01

根据以上分析，体系的韧性为

$$R_{\mathrm{DD}} = \frac{0.28}{0.56} = 50\%$$

或

$$R = \frac{0.20}{0.56} = 35.71\%$$

基于上述过程数据，还可以进行深化分析，研究各体系成员对韧性的影响程度。表 5.15 列出了体系成员韧性因素对活动评估值的影响，表 5.16、表 5.17 列出了各体系成员对能力韧性的"贡献"。

表 5.15　体系成员韧性因素对活动的影响

活动名称	评估值	对综合能力的组合权重	体系成员韧性 1	体系成员韧性 2	活动值的影响 1	活动值的影响 2
Act1	0.81	0.09375	0.908545	0.854431	0.006945	0.011054
Act2	0.72	0.011625	0.716566	0.573253	0.002372	0.003572
Act3	0.47	0.019375	0.601867	0.387053	0.003625	0.005582
Act4	0.46	0.094	0.601867	0.387053	0.017215	0.026504
Act5	0.24	0.0312	0.157078	0.082384	0.006312	0.006871
Act6	0.8	0.0468	0.908545	0.854431	0.003424	0.00545
Act7	0.54	0.078	0.244902	0.229955	0.031805	0.032434
Act8	0.68	0.094	0.244902	0.229955	0.048266	0.049221
Act9	0.5	0.031	0.379861	0.033616	0.009612	0.014979
Act10	0.91	0.040286	0.540777	0.155694	0.016835	0.030952
Act11	0.27	0.013429	0.176187	0.14176	0.002987	0.003112
Act12	0.73	0.040286	0.176187	0.14176	0.024227	0.02524
Act13	0.71	0.052	0.540777	0.155694	0.016955	0.031172
Act14	0.6	0.104	0.601867	0.387053	0.024843	0.038248
Act15	0.14	0.042545	0.716566	0.573253	0.001688	0.002542
Act16	0.57	0.070909	0.244902	0.229955	0.03052	0.031124
Act17	0.46	0.042545	0.157078	0.082384	0.016497	0.017959
Act18	0.25	0.094	0.379861	0.033616	0.014573	0.02271

表 5.16　各体系成员对能力韧性的"贡献"——情况 1

体系成员	"贡献"程度
pfm_5	0.110591
pfm_3	0.045683
pfm_6	0.03379
pfm_8	0.027214
pfm_7	0.024185
pfm_4	0.022809
pfm_1	0.010369
pfm_2	0.00406

表 5.17　各体系成员对能力韧性的"贡献"——情况 2

体系成员	"贡献"程度
pfm_5	0.112779
pfm_3	0.070334
pfm_6	0.062124
pfm_7	0.037689
pfm_8	0.028352
pfm_4	0.02483
pfm_1	0.016504
pfm_2	0.006114

表 5.16、表 5.17 中体系成员的排序基本一致，区别在于 pfm_7 和 pfm_8 的"贡献"程度稍有差别。分析"贡献"排序可知，pfm_5 故障对能力下降及恢复的影响最大。由表 5.10 可知 pfm_5 的韧性评估值并不是最高的，但根据表 5.11 和表 5.15，可知其所执行的活动所对应的(对综合能力的)组合权重和较大是造成这一排序结果的原因。

上述排序分析是基于特定的活动效果指标值开展的，存在一定的不足，即如果一项活动的评估值较低，那么即使相对应体系成员的韧性评估值和活动的组合权重值较大,也可能得到该体系成员对韧性影响较小的结论。如果相关活动评估值增大时,其体系成员韧性对体系韧性的影响会快速增加。

因此,还存在一种相对客观的处理方式,即不考虑活动评估值,或假设活动评估值相同,此时考虑各体系成员韧性对体系韧性的影响,以找出影响最大的体系成员。表 5.18 列出了假设活动评估值相同时的结果,与表 5.16、表 5.17 对比可知 pfm_6、pfm_7 对能力韧性的贡献排序发生了变化。

表 5.18 各体系成员对能力韧性的"贡献"

体系成员	"贡献"程度
pfm_5	0.18342
pfm_3	0.086545
pfm_7	0.077517
pfm_4	0.062161
pfm_8	0.044251
pfm_6	0.04238
pfm_2	0.015354
pfm_1	0.012854

5.6 体系韧性影响因素及提升方法

5.6.1 韧性影响因素

1) 人、武器装备等作战要素

作为体系的基本成员,作战要素等实体单元的状态直接影响体系能力值的强弱,进而影响体系韧性的强弱。从实体成员的角度,可以分析得到影响体系韧性的因素有以下几种。

(1) 作战要素本身的韧性。显而易见,作为体系中的实体单元,破坏干扰对于人、武器装备等实体单元的影响是明显且现实可见的。小破坏干扰对体系的影响微乎其微,其中就有作战要素的功劳。作战要素的承受吸收能力越强,体系的承受吸收能力越强,破坏干扰造成的影响越小;作战要素对环境的适应能力越强,体系的适应能力就越强,能力恢复得就越彻底,恢复速度越快;作战要素的自我恢复能力越强，体系的恢复能力就越强，恢复速度越快。

(2) 作战要素的数量。冷兵器时代的军事斗争主要取决于交战双方的人数；信息化时代，作战样式及作战武器发生巨大改变，双方人数的影响变得不太重要，但是仍然具有一定的影响。对体系韧性而言，作战要素的数量同样影响体系韧性的强弱。

2) 体系结构

体系结构把体系中的各类作战要素按照一定的规则组织起来，使之发挥单个成员无法实现的用途，其重要性对于体系本身是重大的。

5.6.2 韧性提升方法

对照上述韧性影响因素，并结合 5.5.1 节案例分析，体系韧性提升方法可以分为以下三种。

1) 增强体系中体系成员本身的韧性

经济基础决定上层建筑，体系成员的性质在一定程度上影响着整个体系的性质。增强体系成员的抗压性、鲁棒性，增强体系成员对环境的适应性，对于整个体系韧性的提升具有极大的促进作用。

2) 增加体系成员的数量

对体系而言，其功能结构复杂，成员的类型众多，但是单个类型的成员数量往往受到各种各样的限制，比如技术问题、资金问题，使得成员在受到破坏干扰失去工作能力时影响作战活动的完成，进而影响整个体系能力值大小。因此，增加体系成员的数量是增强体系韧性的有效手段。

(1) 通过冗余来增加体系成员的实际数量。冗余有两层含义，第一层含义是指多余的不需要的部分，第二层含义是指人为地增加重复部分，其目的是用来对原本的单一部分进行备份。这里的冗余是第二层含义，即人为地增加单个类型的体系成员数量作为备份，使得原体系成员在失效时有可以替代的发挥作用，从而不影响整个体系的运行。

关于冗余的执行策略有两种方式，一种是活跃冗余，即冗余体系成员和必要体系成员同时发挥效用，等到必要体系成员故障时自动替补以发挥效用，维持体系原有的能力值不降低；另一种是静默冗余，即必要体系成员工作时，冗余体系成员处于静默状态，直到必要体系成员故障时，在体系监督员的调度下，冗余体系成员开始替代必要体系成员发挥效用。两种策略的区别在于体系有没有监督员，能够及时发现必要体系成员的工作状态。

(2) 通过增强体系成员的全面工作能力来增加体系成员的数量。冗余策略增加了体系成员的实际数量，增强体系成员的全面能力是增强了体系成员的虚拟数量。一般来说，不同类型的体系成员执行的任务不同，因而掌握的技能不同。增强体系成员的全面能力就是增强体系成员的全面工作能力，使之能够适应多个位置的工作，使得体系中体系成员发生故障时，其他位置的体系成员可以临时兼顾原故障成员的位置发挥效用，保证作战活动不受影响。

增强体系成员数量的两种方法各有优缺点。对冗余策略来讲，其优点是极大地增强了整个体系对于破坏干扰的适应能力，保证了体系在破坏干扰下的运行能力，其缺点不言而喻是成本太大。对当前的体系而言，体系成员的各类成本太大，建造成本、运行成本、维护成本对于体系的费用都是一个极大的负担。此外，体系成员的冗余度会增加整个体系的冗余度，成员冗余度过大，会影响整个体系的运行，因此可以在极其重要的位置执行冗余策略。对于增强体系成员综合能力的策略，优点是成本低，所需要的主要是体系成员自身的学习提高，对于整个体系的体系成员数量没有要求；缺点是体系成员的负担太大，稍有不慎会造成整个体系最底层的瘫痪，从而造成整个体系的瘫痪。

3) 改善体系结构

纵观军事改变的历史，军事成员的改变固然巨大，但是最主要的还是整个体系的改变，体系的发展从初始到现在，经过了无数代的努力。因此，对体系韧性而言，体系结构的影响极大。合理的体系结构可以极大地促进体系成员效用的集成，发挥远超体系成员效用之和的能力。

参 考 文 献

[1] Holling C S. Resilience and stability of ecological systems. Annual Review of Ecology & Systematics, 1973, 4(4):1-23.

[2] Sheffi Y. The resilient enterprise: overcoming vulnerability for competitive advantage. The Resilient Enterprise, 2005: 41-48.

[3] Vogus T J, Sutcliffe K M. Organizational resilience: towards a theory and research agenda. IEEE International Conference on Systems, Man and Cybernetics, 2007:3418-3422.

[4] Jayaram J. Design resilience in the fuzzy front end (FFE) context: an empirical examination. International Journal of Production Research, 2015, 53(22):6820-6838.

[5] Kevin B, Ran B. Organisational resilience: development of a conceptual framework for organisational responses. International Journal of Production Research, 2011, 49(18):5581-5599.

[6] Gilly J P, Kechidi M, Talbot D. Resilience of organizations and territories: the role of pivot firms. European Management Journal, 2014, 32(4):596-602.

[7] Adger W N. Social and ecological resilience: are they related? Progress in Human Geography, 2000, 24(3):347-364.

[8] Keck M, Sakdapolrak P. What is social resilience? lessons learned and ways forward. Erdkunde, 2013, 67(1):5-19.

[9] Cohen O, Leykin D, Lahad M, et al. The conjoint community resiliency assessment measure as a baseline for profiling and predicting community resilience for emergencies. Technological Forecasting & Social Change, 2013, 80(9):1732-1741.

[10] Pfefferbaum B J, Reissman D B, Pfefferbaum R L, et al. Building Resilience to Mass Trauma Events//Doll L S, Bonzo S E, Sleet D A, et al. Handbook of Injury and Violence Prevention. Boston: Springer, 2008:347-358.

[11] Rose A, Liao S Y. Modeling regional economic resilience to disasters: a computable general equilibrium analysis of water service disruptions. Journal of Regional Science, 2005, 45(1):75-112.

[12] Martin R. Regional economic resilience, hysteresis and recessionary shocks. Papers in Evolutionary Economic Geography, 2010, 12(12):1-32.

[13] Dinh L, Pasman H, Gao X, et al. Resilience engineering of industrial processes: principles and contributing factors. Journal of Loss Prevention in the Process Industries, 2012, 25(2):233-241.

[14] National infrastructure advisory council (NIAC). Critical infrastructure resilience: final report and recommendations. https://www.cisa.gov/sites/ default/files/publications/niac-critical-infrastructure-resilience-final-report-09-08-09-508.pdf[2022-5-5].

[15] Resilience Alliance. Assessing and Managing Resilience in Social-Ecological Systems: A Practitioners Workbook.https://citeseerx.ist.psu.edu/ viewdoc/download?doi=10.1.1.730. 3334 & rep=rep1&type=pdf[2022-5-5].

[16] Speranza C I, Wiesmann U, Rist S. An indicator framework for assessing livelihood resilience in the context of social–ecological dynamics. Global Environmental Change, 2014, 28(1):109-119.

[17] Kahan J H, Allen A C, George J K. An operational framework for resilience. Journal of Homeland Security & Emergency Management, 2009, 6(1): 1-50.

[18] Pettit T J, Fiksel J, Croxton K L. Ensuring supply chain resilience: development of a conceptual framework. Journal of Business Logistics, 2010, 31(1):1-21.

[19] Shirali G A, Mohammadfam I, Ebrahimipour V. A new method for quantitative assessment of resilience engineering by PCA and NT approach: a case study in a process industry. Reliability Engineering & System Safety, 2013, 119(119):88-94.

[20] Bruneau M, Chang S E, Eguchi R T, et al. A framework to quantitatively assess and enhance seismic resilience of communities. Earthquake Spectra, 2003, 19(4):733-752.

[21] Zobel C W. Representing perceived tradeoffs in defining disaster resilience. Decision Support Systems, 2011, 50(2):394-403.

[22] Rose A. Economic resilience to natural and man-made disasters: multidisciplinary origins and contextual dimensions. Environmental Hazards, 2007, 7(4):383-398.

[23] Henry D, Ramirez-Marquez J E. Generic metrics and quantitative approaches for system resilience as a function of time. Reliability Engineering & System Safety, 2012, 99(99):114-122.

[24] Vugrin E D, Warren D E, Ehlen M A. A Framework for Assessing the Resilience of Infrastructure and Economic Systems//Gopalakrishnan K, Peeta S. Sustainable and Resilient Critical Infrastructure Systems. Berlin: Springer, 2010.

[25] Cen N, Sansavini G. A quantitative method for assessing resilience of interdependent

infrastructures. Reliability Engineering & System Safety, 2016, 157:35-53.
[26] Han S Y, Marais K, Delaurentis D. Evaluating system of systems resilience using interdependency analysis. IEEE International Conference on Systems, Man, and Cybernetics, 2012:1251-1256.
[27] 陈宽，李元元，罗云峰，等. 基于功能依赖网络的韧性分析. 指挥与控制学报, 2016, 2(3): 256-260.

第 6 章 体系贡献度评估

贡献度评估最开始用于评估武器装备在装备体系中的地位和作用。随着这一概念应用到一般军事体系，其内涵和方法也发生了变化。本章提出体系贡献度评估的范式框架，给出体系贡献度评估的过程，介绍了多种体系贡献度评估方法，并将这些方法简化用于体系规划阶段的项目遴选分析。

6.1 贡献度的概念内涵

6.1.1 经济学中贡献的概念

贡献度是衡量贡献大小的指标，最初应用于经济领域。在经济学中，贡献指的是决策引起的增量收入减去由决策引起的增量成本，即等于由于决策引起的增量利润，通常记为

$$\Delta \pi = \Delta R - \Delta C$$

贡献分析法实质上是增量分析法，有贡献说明这一决策能使利润增加，因此方案是可以接受的。当有两个以上方案进行比较时，贡献大的方案就是较优的方案。用贡献分析法进行决策分析时，不必考虑固定成本的大小，因为固定成本不受决策的影响，属于沉没成本。由于贡献可以用来补偿固定成本和提供利润，因此也称为对固定成本和利润的贡献。

6.1.2 体系贡献度

贡献度在军事领域尚是一个比较新的概念，目前并没有权威的定义。直观来看，贡献度就是一个事物 A(成为贡献者)对另一个事物 B(成为受益者)贡献程度的度量。

体系贡献度概念主要用来描述体系成员在体系中发挥作用的大小。理解或定义这个概念需要把握并回答以下几个问题。

(1) 贡献主体是什么？贡献主体指做出贡献的对象，对体系而言通常指组成体系的成员系统。

(2) 贡献的客体是什么？贡献的客体指接受贡献的对象，这里显然是整个体系。

(3) 什么被贡献了？这是最复杂和难以回答的问题。在经济领域，贡献指的是增量利润，任何决策的优劣最后都统一到这一指标上进行度量。但是对体系而言问题变复杂了，经济角度的利润显然不是体系贡献分析要重点关注的内容。

体系贡献度提出的初衷，是为了评估武器装备对体系完成作战任务的促进和提升作用。被评武器装备之所以对体系完成任务有促进和提升作用，在于被评武器装备提升了体系原有的能力，或通过与体系中其他成员一起工作，形成了新的体系能力。体系能力的变化最终影响到体系完成任务的程度和效果。因此，可以认为体系贡献度的"贡献"本质上是指在体系能力方面的贡献。

据此，可以给出定义：体系贡献度是指体系成员对体系能力影响作用的度量。

有研究认为，体系贡献度体现为体系成员加入体系时体系能力三方面的变化：一是己方体系新形成的能力，二是己方体系能力在原有基础上的增强情况，三是对手体系能力的降低程度。我们认为前两方面的认识与本书中的定义是一致的，但是对第三方面的认识并不认同，原因解释如下。

(1) 体系成员加入体系后，会提升体系能力或新增某些能力，这些能力变化会使对手某些体系能力在某些场景下达不到预期效果，这里体现的是能力抵消或能力对抗使对手的某些能力"可使用范围"降低了，是体系能力应用效果发生了变化，对手的能力实质上并没有变。

(2) 根据能力的定义，体系能力是体系固有的特性，体系能力应用效果可能随应用场景的不同而不同(即作战效能或任务效能的概念)，并不是体系能力对应用场景的变化而增强或降低。

(3) 对不同的对手，体系成员在执行特定任务时发挥的作用不同，最终反映到任务执行效果/结果上来，因此在体系成员提升了某些能力从而使任务执行效果增强时，感觉上是降低了对手的体系能力，实际上降低的是对手体系能力的效果。

6.1.3 研究现状

从当前作战体系贡献度评估的研究成果看，多数还是基于还原论的思想，侧重评估指标的计算获取上。一般遵循的框架和流程主要是：首先，确定评估目的与对象；其次，依据评估目的和潜在对手的体系对抗构想，设计作战背景；然后，根据作战背景和评估目的需求，结合评估对象特点和能力，建立评估指标体系(多为树状)并设计计算模型；接着，依据评估指标计算需求，分析评估所需数据源，开展试验、采集评估所需数据，进行评估指标的计算；最后，根据计算得到的评估指标，提出评估结果、存在问题和对策建议。

目前关于体系贡献度的相关研究几乎都是围绕武器装备体系开展的，聚焦在体系贡献度评估的方法、模型和技术上。文献[1]探讨了武器装备体系贡献度的概念，文献[2]、[3]综述了武器装备体系贡献度/贡献率评估的方法，文献[4]提出了基于多视角的武器装备体系贡献率评估指标体系构建问题。

按所采用技术手段的不同，可以将现有武器装备体系贡献度评估方法分为三类。第一类是基于体系表征模型研究贡献度评估方法，主要有基于 SEM[5]、作战网络模型[6]的贡献度评估方法。第二类是基于体系作战模型研究贡献度评估方法，主要有基于作战环[7,8]、多任务模型[9]、OODA 模型[10]的贡献度评估方法。第三类是基于其他技术手段研究贡献度评估方法，如基于粗糙集[11]、基于仿真实验[12]研究贡献度评估方法。

为了评估武器装备体系贡献度，有的学者研究了装备体系能力评估模型[13]和体系评估方法[14]。

此外有少量针对空间作战体系贡献度评估的研究[15]。

6.2 体系贡献度评估的范式

6.2.1 体系贡献度评估范式框架

借鉴阿尔金"树"分类方式[16]，考虑体系的特点，从评估对象、评估内容、评估方法、评估过程和应用五个维度提出体系贡献度评估范式框架，如图 6.1 所示。

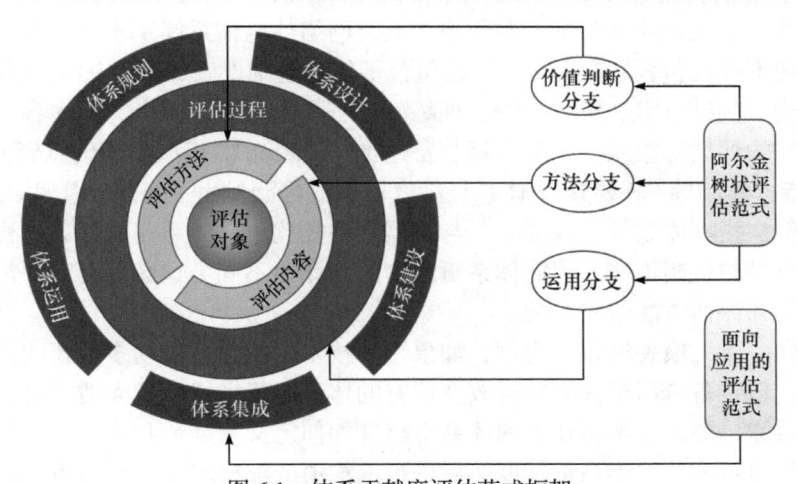

图 6.1 体系贡献度评估范式框架

(1) 体系贡献度的评估对象是评估的核心和基础，只有明确了评估对象，才能进一步确定评估内容和开展评估所使用的方法。

(2) 评估内容维明确了评估的范围和具体的评估指标等对象，从这个意义上看，与阿尔金树状范式中的方法分支是相吻合的。方法分支中从"目标导向的评估"到"理论引导下的评估",本质上还是指评估范围,也就是评估的具体对象从项目目标变化到项目理论所明确的逻辑模型或逻辑框架模式。

(3) 评估方法维明确对具体的评估内容,如不同的贡献度指标等,应该采用什么样的方法模型进行测算。这里可以参考阿尔金树状评估范式的价值判断分支,综合运用度量、描述、判断、协商等方法,给出评估指标的计算模型。当然具体指标不同,模型也不一样,度量、描述、判断、协商等方法只是给出了评估方法的类别形式。

(4) 评估过程维规范了开展体系贡献度评估的主要步骤、数据准备、评估指标、评估模型、结果分析等工作,其中的评估指标是根据评估内容确定的,评估模型是根据评估方法构建的。评估过程维的具体细节可以参考阿尔金树状范式的运用分支确定。

(5) 应用维度的具体细节可以参考面向应用的评估范式分类确定,从不同利益相关者的角度,从体系规划、体系设计、体系构建、体系集成和体系运用的体系工程过程入手,说明体系贡献度可能的运用场景、解决的主要问题、产生的有利作用等情况。

6.2.2 体系贡献度评估的对象

体系贡献度概念最初适用于评估武器装备在作战体系完成任务中所做的贡献,评估的对象是武器装备。对作战体系、网络信息体系等军事体系而言,因为体系组成不仅仅包含了武器装备,还包含了信息基础设施、信息资源、标准规范、组织机构、关键技术、条令条例、训练教育、人才力量等多个方面内容,所以体系贡献度的评估对象从传统的武器装备这类"硬系统",拓展到了信息资源、条令条例、指挥体制等"软要素",体系贡献度概念的内涵发生了拓展。因为信息资源、条令条例、指挥体制等"软要素"与武器装备相比,在体系完成任务过程中发挥作用的机理与机制不同,因此体系贡献度的内涵也不同。这必然会对评估内容、评估过程和评估方法带来影响。

例如,以一项关键技术为例,如果一项技术的突破会带动多种新的武器装备的出现,新装备应用于作战后会改变现有的体系运行方式,极大地提升任务完成概率与效能,那么这项新技术的体系贡献度如何定义、度量和分析? 此时不应该是评估各项新装备的体系贡献度然后进行求均值或加权求和这么简单。因为评估中要考虑体系的演变情况,也就是技术创新带动的新装备的出现是有延迟效应的,不能把新装备简单放入现有体系中去考察,而必须放到未来的体系中、用未来的任务场景去考察分析。从这种意义上讲,技术的体系贡献度是一种潜在的体系贡献度。

再以作战条例为例说明。如果一项条例是约束和规范跨域作战协同的，在缺少这个条例前，各个域的作战要素在完成任务时不知道和谁协同、如何协同、协同什么、协同到什么程度，而有了这项条例，上述问题便迎刃而解、有章可循了，那么这项作战条例对体系是否有体系贡献度？答案是肯定的。如何评估分析呢？与武器装备的体系贡献度评估应该也有区别。

因此从评估对象方面看，体系贡献度评估相对传统武器装备的体系贡献度评估的区别之一，就在于不仅仅评估单一装备的体系贡献度，还包含对编制体制、标准规范、条令条例、基础设施、信息系统、关键技术、人才力量等体系要素的体系贡献度。

还存在一种可能出现的情形：单独评估某一要素的贡献度时，按常规方法得到的结果是 0，因为这一要素(可以是装备、信息系统、条令条例等)必须要与其他要素(装备、系统、条令条例等)组合在一起，才能发挥作用。这时候评估的其实是体系要素组合的贡献度。

在 1.1.1 节中，本书从体系建设角度将体系分解为功能子体系、功能系统和体系要素，从体系运用角度将体系分解为任务子体系、任务系统和体系要素。其中的体系要素包括编制体制、标准规范、条令条例、基础设施、信息系统、武器装备、关键技术、人才力量等要素。本章体系贡献度评估的对象主要分为两类，一类是功能系统、任务系统等体系成员系统，一类是体系要素，还包括体系要素在建设阶段的具体形态——建设项目。默认情况下指功能系统、任务系统等成员系统的体系贡献度，有时以信息系统、武器装备等要素的名称来代指以其为主体的成员系统。

6.2.3 体系贡献度评估的内容

1) 基本思路分析

体系贡献度评估的内容指贡献度评估的具体着眼点和着力点，如各类能力指标、任务效能指标等，是对贡献度评估范围的明确。

由于体系贡献度评估对象的多样化及作用机理机制的不同，各种贡献度评估的指标和方法可能不同。但是这种不同会给评估实施和后续应用带来困难，也就是说如果采用不同的度量规范，那么即使评估得到了不同成员的贡献度，因为其可比性存在疑问，评估结果的可用性也会大打折扣。如希望通过贡献度评估来对比分析一项技术攻关和一个软件研制的重要性并做出选择，如果两者的评估规范和标准不同，相当于采用的度量衡是不一样的，因此虽有贡献度评估结果，但是这个结果并不能或难以用作决策依据。

因此，要建立一套共同的"度量衡"，能够对各类"硬系统"和"软要素"都能一视同仁地判断其体系贡献度，可以用这种"度量衡"对不同类型的体系建设任务或不同体系成员的贡献度进行对比分析。

评估一个事物 A 对另一个事物 B 的影响,从根本上讲有两种思路:第一种思路是由内而外法,或称为从本质到现象法;第二种思路是由外而内法,或称为从现象到本质法。

由内而外法就是把 A 如何影响 B 的细节理清楚,通过一组内涵的定义 A 影响 B 的前提条件(偏好和约束),分析各种影响因素和被影响因素之前的解析关系,建立数学模型,通过模型逻辑推理和分析,来评判 A 的某一属性变化对 B 的某一属性的影响,并通过综合得到 A 对 B 的整体影响。这种方法的好处是逻辑严谨、结论可信、结果量化,缺点是 A 影响 B 的数学模型通常是建立不起来的,即使建立起来数学模型,也可能会因为模型的不确定性和对环境等参量依赖的灵敏性,而降低模型的可信度和分析结论的可信性。这种思路的思想根源是还原论思想,即认为只要把 A 和 B 分解得足够细足够小,就能够找到 A 影响 B 的机理和机制。但还原论用低层次规律来代替高层次规律的做法,容易产生机械论的错误。

由外而内法从最表层的现象入手观察并确立相应的理解,也就是所研究问题或事物的外延定义,根据外延定义继续收集数据,以得到更深入的理解和更深入的外延定义,逐步接近所研究问题的本质性的理解,逐渐观察并理解更深层的现象,这一理解本身体现了复杂事物涌现秩序的内涵。对于分析 A 影响 B 这个问题来说,可以从分析 A 的主要影响因素和 B 被影响后的主要表现入手,通过观察分析表示出他们之间的关系(如用回归法等),对其中变化较大的地方进一步深入,就如同用放大镜进行放大后再细化分析,如此反复迭代,直到分析结论满足问题需要。由外而内法的不足在于应用过程中要能够获得足够的数据以支持分析的深入,当问题比较复杂、事物规模比较大、获取试验数据和经验数据比较困难时,会制约这种方法的使用。

由内而外法和由外而内法的最终目的是相同的,即建立现象与事物本质之间的联系,区别在于选择的路子不同。由内而外法强调逻辑分析和演绎,由外而内法重视经验总结和归纳,在最终目的之下,都是要建立本质和现象之间联系的表示,对复杂事物或问题,这种表示要包含对非线性、涌现、层次化、多样化等内容的描述。

因此,综合两种思路的优点,以由外而内法为主,以由内而外法为辅,从体系贡献度的定义出发来研究确定评估的具体内容。

2) 层次分类

体系贡献度是指体系成员/要素对体系能力影响作用的度量,衡量的是体系成员或要素对体系完成作战任务的促进和提升作用。

最直接的想法是根据体系成员对作战任务中发挥的作用来评估贡献度,这也是很多研究采用的方法。但是这种方法存在一个巨大的难题,即选择哪些任务作为评估背景，如何界定评估问题的范围？一类体系成员通常对少量任务有明显作用，选择哪些任务直接关系到最终的评估结果，所选任务集与待评体系成员关联不大，那么评估结果没有意义。即使所选任务集与体系成员关联紧密，评估结果还受任务执行时作战环境、作战对手等因素的影响，也受指挥方式、指挥体制、信息保障、协作力量等因素的影响，这些因素变化引起的最终评估结果变化的幅度如果超过了待评体系成员影响的幅度，那么待评体系成员的贡献度就"淹没"在了各种不确定因素所造成影响的巨大"噪声"中，评估结果就失去了价值。

以一个篮球队为背景，通过分析一个球员(体系成员)对球队(体系)的贡献有多大，来说明上述方法的难点。这里的作战任务可以理解为常规赛、季后赛等。当然常规赛对手很多，比赛环境(作战环境)也是差异极大。未来具体的比赛胜负与对手情况、主客场、常规赛还是季后赛、教练员排兵布阵、队友能力和状态、赛程等相关，再说远一点，与球队的训练保障力量、薪资水平、奖励制度等都相关。在赛季开始前，试图确定一个球员对球队未来一个赛季中比赛的贡献度，而且试图量化到小数点后两位数，难度极大。

但是这种方法也不是完全没有意义或应用价值。当研究对特定的作战任务选择哪些体系成员来完成任务最好的问题时，这种方法是直接且有效的。

如何避免以任务为中心的贡献度评估的难题？一种可行思路是把评估的着眼点收回到体系内部，从能力的视角来分析体系成员的贡献。仍是以篮球队为例，虽然一个球员对未来比赛胜负的影响难以预测，但是对于一个球员在球队中的定位还是容易判断的。该球员是强化了球队的进攻能力，还是弥补了球队的防守能力，抑或发挥了攻防转换的衔接能力？该球员是不可替代的，还是可有可无的？可见，从能力角度看，判断一个球员对球队的贡献是相对容易的。对军事领域的体系，同样可以按上述思路进行分析。

需要注意的是不同体系成员对体系能力的影响是不同的。有的影响与体系完成任务或发挥的作用直接相关，会提升体系执行相关活动的水平，如防空体系加入新体制雷达可能大大提升侦察预警能力；有的影响通过提升体系的质量特性间接提升体系能力水平，如信息基础设施等体系成员的加入或改进会提高体系的韧性、适应性、灵活性等特性，进而间接提升体系的指挥控制、侦察预警等能力。对前一种能力，我们称为功能性能力，简称为体系能力。后一种质量特性类能力，称为非功能性能力，简称为体系质量特征。可以通过考察体系成员对具体体系能力提升或质量特征水平提升的作用，来评估体系成员的体系贡献度。

综上所述，可以从任务、体系能力和体系质量特征三个角度开展体系贡献度评估，也就是体系贡献度评估的内容具体落到体系的任务贡献度、能力贡献度和质量特征贡献度上。这里的三类贡献度与传统军事领域评估分类是相合的。美国军事运筹学会(Military Operations Research Society，MORS)对 C^3I 系统评估时将指标分为尺度参数(dimensional parameter, DP)、性能指标(measure of performance, MOP)、效能指标(measure of effectiveness, MOE)、作战效能指标(measure of force effectiveness, MOFE)四类。体系任务贡献度、能力贡献度和质量特征贡献度与作战效能指标、效能指标、性能指标是近似对应的，如图 6.2 所示。

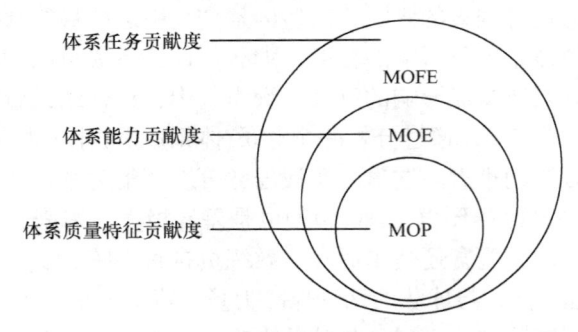

图 6.2 体系贡献度的分类

下面对三类体系贡献度进行简要阐述。

1) 体系质量特征贡献度

体系质量特征贡献度是体系成员对体系质量特征影响作用的度量。这里的体系质量特征指的是体系内在的、本质的特性，如适应性、灵活性、抗毁性等，是体系全局性的非功能性能力(区别于打击、通信、作战等对外部事物发挥作用的能力)。体系功能性能力和非功能性能力的关系类似软件功能需求与非功能需求的关系。体系质量特征通常包括鲁棒性、韧性、灵活性、适应性、生存性、互操作性、可持续性、可靠性、可用性、可维护性、安全性等。不同质量特征指标的影响因素不同，评估方法和模型也不同，很难有一类体系成员能够对所有的体系质量特征指标产生显著影响。因此，在评估体系成员的质量特征贡献度时，需要明确是对哪种质量特征有贡献。

2) 体系能力贡献度

体系能力贡献度是体系成员对体系能力影响作用的度量，具体体现为体系成员在执行功能性能力对应的活动时，对提升活动效果所起的作用。由于一类体系成员很难对所有的体系能力都产生显著影响，因此度量体现成员的能力贡献度时，最好明确是对哪种体系能力的贡献度。

3) 体系任务贡献度

体系任务贡献度是体系成员对体系完成任务程度和效果的影响作用的度量。由于影响一项任务完成程度和效果的因素比较多，除了体系自身组成、关系、运用、状态等方面的因素外，任务执行的上下文(环境)、任务边界、对手能力水平等也会对任务完成程度与效果有较大的影响。此外，任务本身的复杂程度、规模、难度等也会影响任务完成情况与效果。因此，如何从诸多因素影响的总结果中把待评估考察的体系成员对任务影响的净效果分离出来，是一项极其困难的工作。因此在评估体系任务贡献度时，要选择一组典型的任务集，通过综合该要素对所有任务的体系贡献度，得到要素贡献度的最终结果。

6.2.4 体系贡献度评估的一般过程

在 1.3 节评估框架的基础上，结合体系贡献度评估问题，提出如下的体系贡献度评估过程。

1) 问题描述

问题描述阶段主要是对体系及其边界进行概括描述，阐述待研究的对象及需要研究的问题，分析关键变量及影响因素。

(1) 概括描述体系及边界。

明确体系的边界、体系组成及关系，梳理确定体系的主要使命任务，并阐述体系完成任务的业务/作战模式。尽可能用架构方法对体系进行描述，建立体系的能力架构、业务架构相关视图模型，理清楚体系使命任务、能力目标、要素组成、结构关系、业务流程、业务规则、信息交互关系、组织体制等内容。

(2) 描述评估对象及待研究问题。

确定待评估的对象及待研究的问题。一般情况下待研究对象是物化的体系成员(可以是系统、装备、组织等)，但也不排除将标准规范、规章条例、组织体制、基础设施等体系要素作为研究对象。对待研究的问题要分析问题的假设条件和背景。

由于体系一般规模较大，而待评估对象和待研究问题相对体系整体而言偏小，在分析前需要对体系进行裁剪，也就是根据待研究对象及待研究问题，梳理出只密切相关的体系成员、业务过程和活动、业务流程、组织要素、信息关系等，舍弃与研究不相关的因素，简化研究复杂度。

(3) 分析关键变量及影响因素。

针对待研究对象及问题，分析表征问题结果的指标。指标选取时要遵循可分辨、无二义、可度量、不相关等准则。对每一项表征指标，分析影响指标的体系变量。

2) 制定策略

研究制定如何开展贡献度评估的策略。策略的选择与评估的对象和内容密切相关，根据评估对象和内容的不同，提出作战想定(体系任务贡献度)或体系的应用场景(体系质量特征贡献度和体系能力贡献度)，并制定贡献度评估的研究管理计划，明确相关术语、分析计划、工具配置及仿真计划、数据采集计划、配置管理计划等内容。

3) 确定评估指标

区分评估对象对体系的可能作用，明确采用体系质量特征贡献度、体系能力贡献度还是体系任务贡献度，然后有针对性地选择相关指标。

4) 选择评估方法

根据评估对象和评估内容的不同，结合所选择的应用场景或作战想定，明确贡献度评估选择度量、比量、价值判断、比较中的哪一种方法。

5) 准备评估数据

常用的贡献度评估数据来自三种途径。

(1) 第一种途径是来自体系的顶层设计，具体体现为架构设计数据，根据架构设计中对体系的信息描述，可以满足一部分贡献度评估的数据需求。

(2) 第二种途径是实际的训练、演习或专家评估数据。对大型复杂军事体系，当所选择的指标较多、量化程度较高时，通常难以从训练、演习中获得所需的评估数据。

(3) 第三种途径是来自仿真模拟。这是一种可行的数据获取方式。需要说明的是，数据的有效性与仿真实验的设计密切相关，必须根据评估需要设计实验，以充分体现所考察指标在不同样本下的表现，也即实验设计方案需要对贡献度评估所选择的指标具备可辨识性。

6) 评估执行

对数据进行预处理，剔除明显有问题的数据或可信度不高的数据，应用前面几步确定的指标和方法计算贡献度指标的值。

7) 评估结果输出

总结整理以上内容，形成贡献度评估报告。

6.2.5 体系贡献度评估的基本方法

参考阿尔金树状评估范式的价值判断分支，将体系贡献度评估方法分为度量、比量、价值判断、比较四类。

1) 度量

度量就是按照一定的准则和规范，给出评估对象的量化或半量化的测度值。度量方法是最基本的评估方法，也是其他方法的基础。

在体系任务贡献度评估中，需要采用度量方法对任务完成率、兵力或装备损失率、任务持续时间等表征任务执行情况的指标，给出定量的测算值。

在体系能力贡献度评估中，需要根据"能力-作战活动-活动效果-效果属性-效果指标"的关系链，用可度量的能力指标来表征能力的水平。

在体系质量特征贡献度评估中，需要用比率、百分比、等级模型等方法，来度量体系的鲁棒性、韧性、灵活性、适应性、互操作性等特性指标。当采用等级模型进行半量化度量时，要注意给出每个等级对应的详细、可操作的判断规则。

2) 比量

度量方法在体系贡献度评估中的使用范围是有限的，仅仅在固定评估对象和单一评估指标的情况下，通过评估指标值的变化判断评估对象对所选用评估指标的贡献。当评估对象对体系的影响表现在多个评估指标上时，如果这些评估指标的量纲和取值范围不同，就会造成难以给出最终的贡献度评估值。如一种新雷达的使用，会对探测范围和数据处理延时都产生影响，探测范围以百公里计，而数据处理延时则以秒为量纲，显然直接对比他们的值是没有意义的。

消除指标量纲和取值范围对评估影响的通用做法是进行指标值的归一化，而归一化的基础就是要明确指标的参考值，以参考值为依据，查看度量值超出或差距参考值的多少，以此进行判断。这里把基于参考值的评判方法称为比量方法。

比量方法是与古巴和林肯的第二代评估范式"描述"内涵近似的方法，是在度量方法基础上发展出来的。其基本思路类似古巴和林肯的第三代评估范式"判断"，只不过判断的结果是给出度量值与比量标准的差，但不对这个差值的效用进行判断。基本思路与斯塔克的描述与判断矩阵相近，我们称之为简化的斯塔克式比量矩阵，如图 6.3 所示。

3) 价值判断

价值判断是对评估对象在体系中产生作用有效性或价值的评估。价值与评估对象的应用场景相关，与评估者的主观价值观相关，与被评估对象的相关对象的状态也相关。例如，评估一种预警雷达系统的探测能力(距离、精度、更

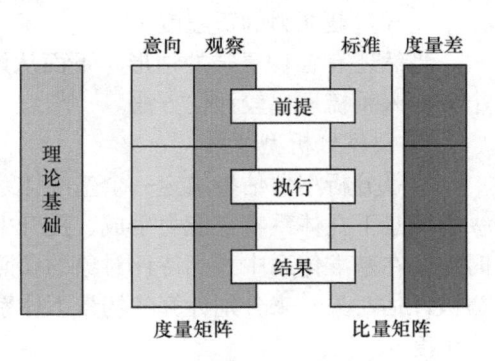

图 6.3 斯塔克式比量矩阵

新率等指标具体度量)对体系的贡献。如果评估对象所在的体系是水下作战体系，那么可以说预警雷达这种成员系统在这个体系中几乎没有价值；如果这个体系是陆军轻型快速反击作战体系，那么这种雷达的价值也不大；对空中突击作战体系而言，这种雷达有一定的价值；对要地防空反导体系，这种雷达对体系的贡献可能较大，因此价值也比较大。当然即使是对要地防空体系而言，这种雷达的价值也与体系中配合使用的指挥控制系统、拦截武器装备的能力等密切相关。任务相关各系统的匹配性越好，各自的价值越大，也就对体系更有用，贡献更大。

可见，影响评估对象价值的因素比较多，在评估时要把相关的影响因素以假设或约束的方式说清楚，离开了前提假设和约束条件而泛泛地谈评估对象的价值是没有意义的。

评估一个对象的价值时可以采用斯塔克的描述与判断矩阵来开展(相当于用

比量结果进行价值判断),也可以直接用度量结果进行价值判断。

4) 比较

比较评估方法是体系贡献度评估特有的方法,它综合运用度量、比量和价值判断方法评估体系成员体系贡献度。

开展比较评估时会遇到各种情况,如以下的有无对比的情况。

(1) 有对比的情况。即通过度量不包含体系成员时体系能力水平与加入该体系成员时体系能力水平的变化量,来表征体系成员对体系能力的影响。

(2) 无对比的情况。被评体系成员是体系的关键组成部分,没有这类体系成员,体系将不具备某项能力,这时体系成员对该项体系能力的贡献就是100%的作用。但是有可能存在这样的情况,该项体系能力的形成并不仅仅是被评体系成员独自生成的,而是与体系其他成员一起,基于体系涌现性而生成的。此时,很难说该体系成员对某体系能力的贡献度是100%。举例来说,雷达系统 A 与指控系统 B、防空导弹系统 C 共同形成任务子体系,具备特定的反导拦截能力。缺少了A、B、C 中的任何一个,体系的反导拦截能力将不复存在。如何度量 A、B、C 对体系反导拦截能力的贡献度?

当然还有各种复杂的情形。下面从评估对象、评估指标(内容)和评估场景三个方面入手梳理比较评估方法。

1) 贡献分析型评估

贡献分析型评估指给定一个基准体系,对一个给定的评估对象,评估他们在一组场景下在体系特定能力生成、提升中发挥作用的贡献程度。贡献分析型评估时需要在基准体系中找到待评对象的参照对象,通过将基准体系中参照对象替换为被评估对象,来分别计算各场景下体系能力的变化情况,以此计算评估对象的贡献度。

贡献分析型评估有两种应用模式。

模式 M1:给定一个评估对象和一组应用场景,选定一个评估指标,通过评估该对象在这组应用场景下对体系能力的贡献,找出最适合该评估对象的应用场景,进而明确该对象最适合执行的作战任务。

模式 M2:给定一个评估对象和一组应用场景,对每个应用场景分别选择评估指标,通过评估该对象在这组应用场景下对体系能力的贡献,找出最适合该评估对象的应用场景,进而明确该对象最适合执行的作战任务。

与应用模式 M1 相比,M2 的难点在于不同应用场景所选指标的不同,使得不同场景下贡献度评估结果不具有直接可对比性,如一种场景下的指标量纲是距离,范围是 500~3000 公里,另一种场景下的指标量纲是分钟,范围是 10~30 分钟,显然基于这两种指标的贡献度评估结果难以直接对比优劣。

2) 横向对比型评估

横向对比型评估指给定一个待评体系,对体系中一组给定的不同类型的评估对象,选择评估指标和应用场景,计算各评估对象在各应用场景下的体系贡献,以比较不同评估对象在体系中的重要性。

横向对比型评估没有基准体系和参照对象,而是把所有评估对象都纳入体系中一起分析,如一个新型反导体系,预警雷达、指控系统和拦截武器装备作为评估对象一起纳入体系进行建模分析,剔除了任何一个对象,体系就无法运行,以致体系的能力没法形成,因此贡献度评估就不能开展。这种情况就是前面所说的无对比情况下的贡献度评估。

横向对比型评估有三种应用模式。

模式 M3:给定一组评估对象,选定贡献度评估的指标和应用场景,分别评估各对象在该场景下的体系能力贡献。

模式 M4:给定一组评估对象和应用场景,对不同对象分别选定贡献度评估指标,分别评估各对象在该场景下的体系能力贡献。

模式 M5:给定一组评估对象和各自应用场景,对不同对象分别选定贡献度评估指标,分别评估各对象在相应场景下的体系能力贡献。

对于模式 M3,可以利用评估结果直接对比评估对象的重要性,而对于 M4 和 M5 模式,因为指标或场景的变化,贡献度评估结果不能直接用于对比分析,必须进一步进行规范化处理后才能使用。

3) 纵向对比型评估

纵向对比型评估指给定一个基准体系,对一组给定的评估对象,选择评估指标和应用场景,评估他们在各应用场景下的体系贡献,以比较不同评估对象在体系中的重要性。

纵向对比型评估是贡献分析型评估的扩展,是在贡献分析型评估基础上开展的,在对每个评估对象分别进行贡献分析型评估之后,基于评估结果的对比来分析各评估对象的贡献大小。

纵向对比型评估有两种应用模式。

模式 M6:各评估对象的参照对象相同。

模式 M7:各评估对象的参照对象不同。

M6 和 M7 评估时还要区分应用场景和评估指标的差异,这里不进一步细分。

显然 M6 模式比较容易开展,其实质是比较一组同类型对象的贡献度。M7 模式难度较大,其实质是比较不同类型评估对象的贡献度,由于参照对象不同,需要在评估结果基础上进行二次评估,进行对齐和规范化处理。

对以上七种模式从评估对象数量、应用场景、评估指标、评估内容、参照物、用途等方面进行总结对比,结果如表 6.1 所示。

表 6.1 体系贡献度评估方法对比表

类型	模式	评估对象	应用场景	评估指标	参照	用途
贡献分析型	M1	给定一个评估对象	给定一组应用场景	确定的能力和评估指标	有	明确评估对象最适合执行的作战任务及应用场景
贡献分析型	M2	给定一个评估对象	给定一组应用场景	确定的能力，评估指标依赖于应用场景	有	明确评估对象最适合执行的作战任务及应用场景
横向对比型	M3	给定一组评估对象	给定应用场景	确定的能力，确定的评估指标	无	直接对比评估对象的重要性
横向对比型	M4	给定一组评估对象	给定应用场景	评估指标依赖于评估对象	无	间接用于对比评估对象的重要性
横向对比型	M5	给定一组评估对象	应用场景依赖于评估对象	评估指标依赖于评估对象、应用场景	无	间接用于对比评估对象的重要性
纵向对比型	M6	给定一组评估对象	给定一组应用场景	确定的能力和评估指标	有，相同	比较评估对象的重要性
纵向对比型	M7	给定一组评估对象	给定一组应用场景	确定的能力，评估指标依赖于应用场景	有，不同	比较评估对象的重要性

6.3 面向体系质量特征的体系贡献度评估

6.3.1 基本步骤

体系质量特征是体系内在的本质特性。作为一类复杂适应系统，可以借鉴复杂网络、社会网络分析等领域的方法，研究体系的质量特征。本节介绍基于成员关系网络评估体系成员对体系质量特征贡献度的方法。

与体系能力密切相关的是体系所执行的各类活动，各类活动之间存在信息交互、资源流动等各种关系。活动都是由体系成员执行的，因此根据活动间的关系可以推理得到体系成员之间的关系，这些成员及相互关系形成了成员关系网络。

体系的质量特征如韧性、灵活性、脆性、适应性、鲁棒性等，反映了体系运行、恢复、抗干扰等方面的本领。体系运行的好坏、是否抗干扰、毁伤后的恢复能力等特性，可以用成员关系网络的特性指标来表征。体系运行得越好，抗干扰能力越强，从故障中恢复的速度越快，则体系成员关系网络的某些指标越优。通过考察某个体系成员加入或退出体系时，体系质量特征指标的变化情况，可以评估该成员的体系贡献度。

基于体系成员关系网络的体系质量特征贡献度评估过程如图 6.4 所示。

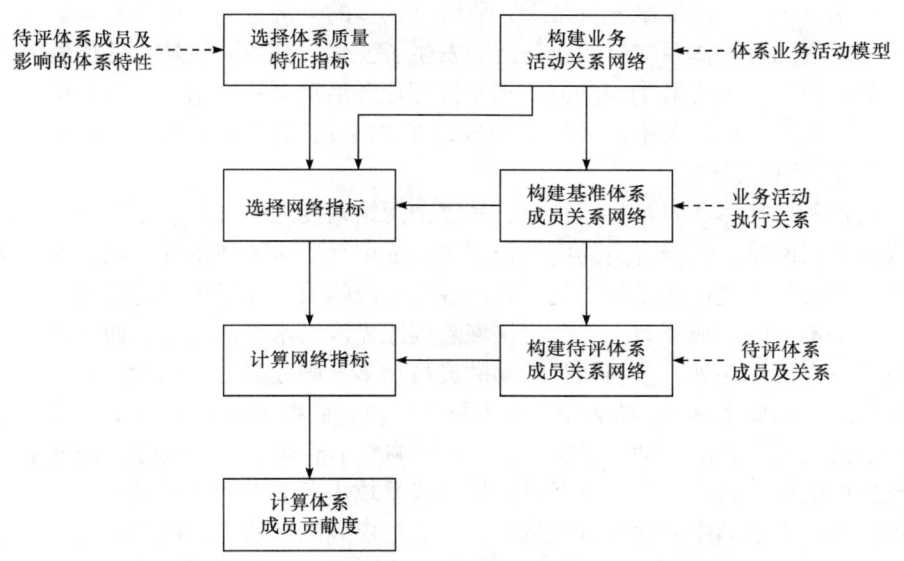

图 6.4 基于成员关系网络的贡献度评估主要步骤

1) 选择体系质量特征指标

分析所关注体系成员在体系中承担的职能或发挥的作用，选择合适的体系质量特征指标。2.1.3 节列出了常用的体系质量特征指标，选择指标时可作为参考。

2) 构建业务活动关系网络

基于体系业务活动模型，将业务活动(可以是作战活动、信息活动等)看作网络的节点，业务活动之间的关系(主要是信息关系)看作网络的边，建立业务活动关系网络。

3) 构建基准体系成员关系网络

基于业务活动关系网络，根据业务活动与体系成员之间的执行关系，建立基准体系成员关系网络。简单的体系成员关系网络以体系成员为节点，以成员之间的信息关系为边。有时为了分析的需要，也可以进一步细化拓展，如对体系成员进一步描述其类型，对边进一步描述成员间所交互信息的种类等。本节只针对简单的体系成员关系网络进行研究。

4) 构建待评体系成员关系网络

一般情况下，从体系中去除某体系成员并不会影响体系业务活动的执行，也就是体系业务活动模型是不变的。但这也不是绝对的，如果有的体系业务活动只能由待评体系成员来执行，那么去除待评体系成员后，体系业务活动模型也会发生变化。针对评估所关心的体系成员，首先分析去除该体系成员后体系业务活动是否发生变化，如果没有发生变化，那么分析不考虑该体系成员时的业务活动-体系成员执行关系，并根据分析结果，采用第3)步的方法建立待评体系成员关系网络；如果去除待评体系成员后业务活动发生了变化，则需要先建立变化后的体系业务活动模型，采用第2)步的方式建立待评业务活动关系网络，然后分析业务活动与体系成员的执行关系，采用第3)步的方法建立待评体系成员关系网络。

5) 选择网络指标

根据所选择体系质量特征指标，从复杂网络角度入手分析业务活动关系网络和成员关系网络，选择合适的网络指标来表征体系质量特征指标。以韧性为例，体现韧性反映的是体系受到干扰、打击或发生故障时，体系抵抗这种变化以保持能力水平不下降，或能力下降后尽快恢复到原先能力水平的特性。通常体系能力对应着一个活动序列，参与执行活动的成员越多，则故障概率越大，或在体系对抗时被攻击的概率越高，则活动序列不能顺利执行的概率越大(某个成员故障或受攻击会造成其负责的活动不能执行，进而影响整个活动序列的执行)，因此能力降级或失效的概率越大。如果体系成员故障或受攻击后失效的概率是一定的，显然一项能力对应活动序列的执行成员越少，活动序列顺利执行的概率越高，体系受攻击后可重组的能力越强。这样可以近似用成员关系网络的直径或业务活动关系网络的平均最短路长度来度量体系韧性。

通常可以选择的网络指标有以下几种。

(1) 节点的度：度表示与节点相关的边的数量。这里的节点指活动或体系成员。可分别对成员关系网络/业务活动关系网络中各节点的入度、出度、综合度数进行计算。度数高的节点是更多节点的前继和后续节点，具有更加重要的地位。

(2) 网络的平均度数：各体系成员度的平均值。平均度数越高，表示各节点间的关联关系更加紧密，体系各组成要素的融合程度更高。

(3) 介数：各体系成员间的最短路径经过某节点的次数之和为该节点的介数。介数高的节点，更有可能具有更大的影响力。

(4) 平均路径长度：网络中存在的最短路长度的平均值。越小的值表示体系运行时所需的交互越少，复杂度越低，更有利于任务的完成。

(5) 最大流：整个网络中的最大流即为最大割集中的节点/边数。最大流越大，在最差的情况下完成任务的候选路径多，对任务的完成越有利。

6) 计算网络指标

根据业务活动关系网络、体系成员关系网络、待评业务活动关系网络和待评体系成员关系网络，计算所选择的网络度量指标。

7) 计算体系成员的体系质量特征贡献度

按下式计算待评体系成员的体系质量特征贡献度为

$$c_{\text{QOS}} = \frac{p_0 - p}{p} \times 100\%$$

其中，p 为体系不包含待评成员系统时的指标值，p_0 为包含待评成员系统时的指标值。需要说明的是，如果所选的网络度量指标是成本型指标，则需要归一化处理后再计算贡献度。

6.3.2 体系成员对体系韧性的贡献度评估示例

以 3.5.1 节的案例为例分析各体系成员对体系韧性的贡献度。

1) 选择体系质量特征指标

选择体系韧性作为考察的指标，分析各要素对体系韧性的贡献程度。

2) 构建业务活动关系网络

根据图 3.16 得到简化的导弹防空作战的作战活动模型如图 6.5 所示。

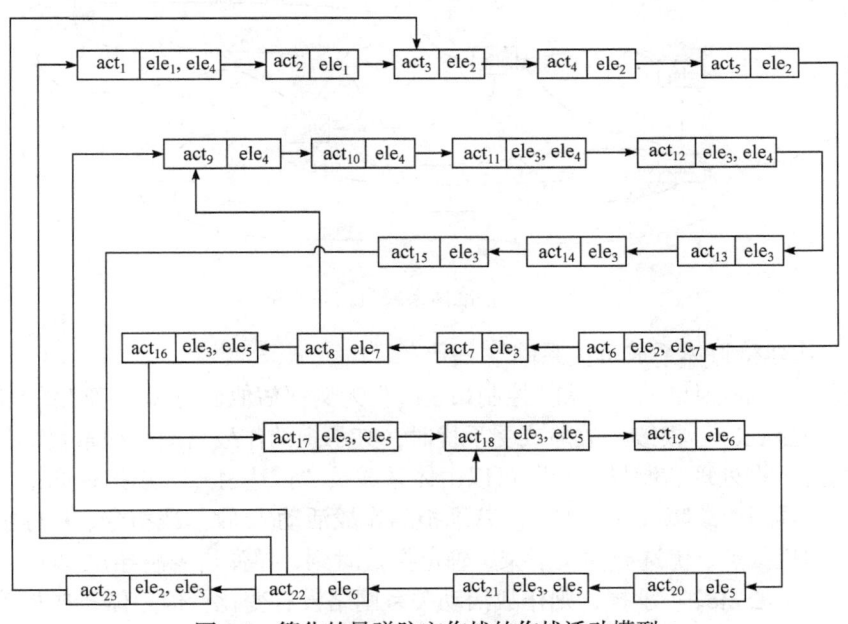

图 6.5 简化的导弹防空作战的作战活动模型

进一步处理得到作战活动关系网络如图 6.6 所示。

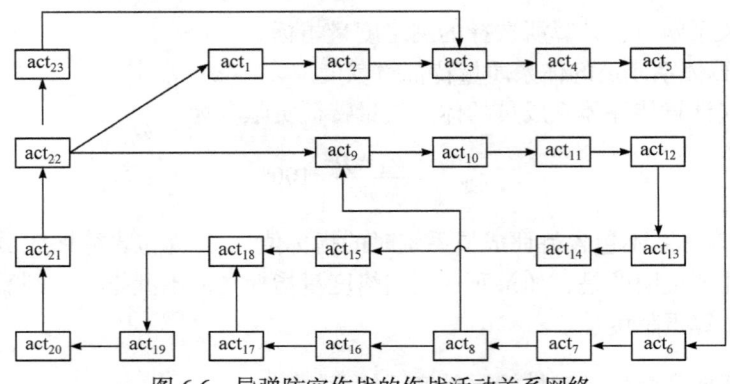

图 6.6 导弹防空作战的作战活动关系网络

3) 构建基准体系成员关系网络

根据作战活动与体系成员间的执行关系，得到图 6.7 所示的基准体系成员关系网络，记为 G_0。

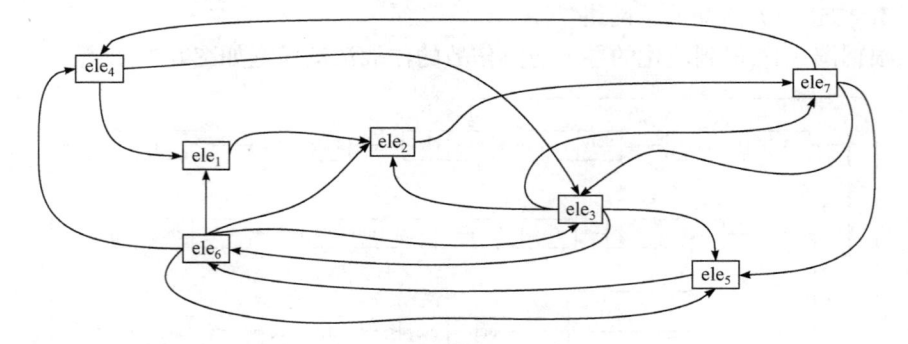

图 6.7 基准体系成员关系网络

4) 构建待评体系成员关系网络

以体系的"卫星 ele_1"和"控制站 ele_3"为例评估他们对体系韧性的贡献度。如果"卫星 ele_1"损毁、故障或受干扰时，其承担的作战活动"搜索目标信息、原始信息数据处理、制导飞行"可以由体系成员"雷达 ele_4"承担；如果"控制站 ele_3"损毁、故障或受干扰时，其承担的作战活动(接收作战指令、目标威胁评定、预测拦截点、优选导弹发射架、确定拦截时刻、导弹指令制导)可以由体系成员"指控中心 ele_2"承担，则作战活动关系网络没有变化，但是体系成员关系网络发生变化。体系成员"卫星 ele_1"相关的网络模型如图 6.8 所示，记为 G_1。

体系成员"控制站 ele_3"相关的网络模型如图 6.9 所示，记为 G_2。

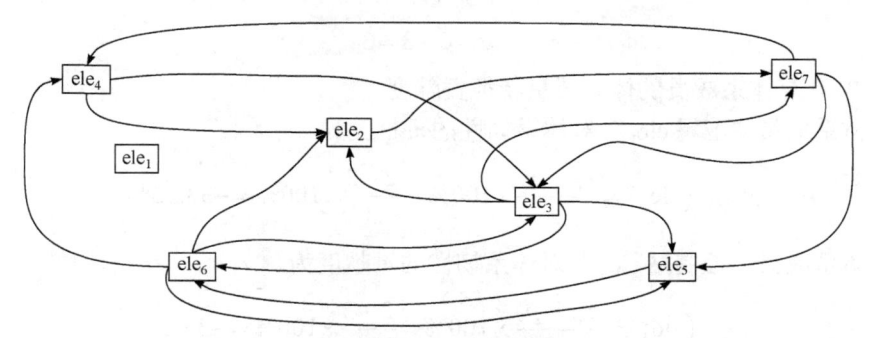

图 6.8　待评体系成员关系网络 1

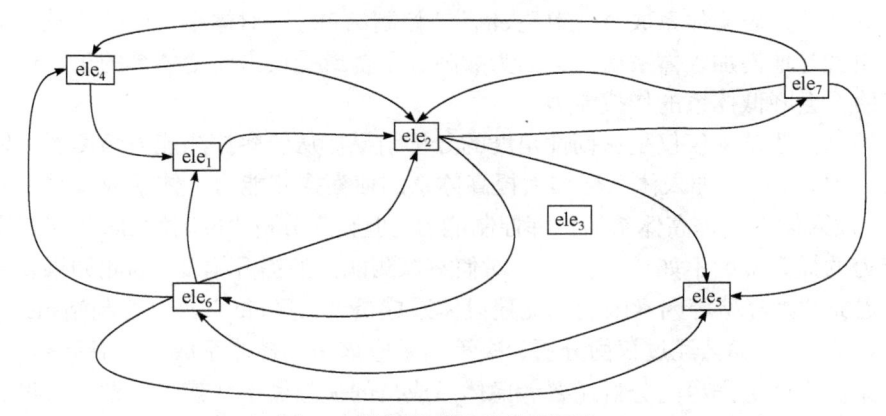

图 6.9　待评体系成员关系网络 2

5) 选择网络指标

参考 6.3.1 节的分析，以体系成员关系网络的直径作为体系韧性度量。

6) 计算网络指标

基于第 3)、4)步得到的 G_0、G_1 和 G_2，计算可知：

$$d(G_0) = d(\text{ele}_1, \text{ele}_6) = 4$$

$$d(G_1) = d(\text{ele}_2, \text{ele}_6) = d(\text{ele}_5, \text{ele}_7) = 3$$

$$d(G_2) = d(\text{ele}_1, \text{ele}_4) = d(\text{ele}_5, \text{ele}_7) = 3$$

由于网络直径度量体系韧性时是一个成本型指标，网络直径越小，体系韧性越高，因此以最大可能网络直径(体系成员数减去 1)与网络直径的差来进行归一化，即有：

$$p_0 = 6 - 4 = 2$$

$$p_1 = 6 - 3 = 3$$

$$p_2 = 6 - 3 = 3$$

7) 计算体系成员的体系质量特征贡献度

体系成员"卫星 ele_1"对体系韧性的贡献度为

$$c_{\text{QOS}}(\text{ele}_1) = \frac{p_0 - p_1}{p_1} \times 100\% = \frac{2-3}{3} \times 100\% = -33.33\%$$

体系成员"控制站 ele_3"对体系韧性的贡献度为

$$c_{\text{QOS}}(\text{ele}_3) = \frac{p_0 - p_2}{p_2} \times 100\% = \frac{2-3}{3} \times 100\% = -33.33\%$$

评估结果表明体系成员"卫星 ele_1""控制站 ele_3"对体系韧性的贡献是负贡献，也就是他们加入体系后，会因为故障、干扰或受攻击而给体系的正常运行带来风险，会降低体系的作战能力。

但是上述结果仅仅是从韧性角度的分析结果。从侦察探测能力角度看，体系成员"卫星 ele_1"加入体系会加大提高体系的侦察探测能力，体系成员"控制站 ele_3"加入体系会提高体系的指挥控制能力。但直观分析"控制站 ele_3"对指挥控制能力的提升幅度不如"卫星 ele_1"对侦察探测能力的提升幅度。因此如果要研究的问题是"因经费等因素限制只能建设体系成员'卫星 ele_1'或'控制站 ele_3'之一加入体系"，那么经过权衡分析，决策结果应该是选择体系成员"卫星 ele_1"加入体系。当然更详尽的分析还要考虑体系成员的失效概率、建设周期、建设和运维经费需求、技术成熟度等因素，本节只是通过该例说明基于体系质量特征的体系成员贡献度评估方法。

6.4 无约束条件下体系能力贡献度评估

体系能力贡献度评估是指从能力角度评估体系成员对能力提升的影响程度。由于体系能力之间存在着影响和依赖关系，体系能力评估分为不考虑能力间相互关系的评估和考虑能力组合关系的评估。本节研究采用不考虑能力间相互关系进行能力评估的体系成员贡献度，称这种评估方式为无约束条件下体系能力贡献度评估。

6.4.1 基本步骤

无约束条件下体系能力贡献度评估的主要思路是根据评估成员所支持开展的作战活动，以及作战活动与能力之间的对应关系，得到评估成员可能影响到的所有能力的集合。应用不考虑能力间相互关系的体系能力评估方法，评估该对象加入和不加入体系两种情况下相关能力集的能力评估结果，对比分析能力评估结果，计算贡献度。主要过程如图 6.10 所示。

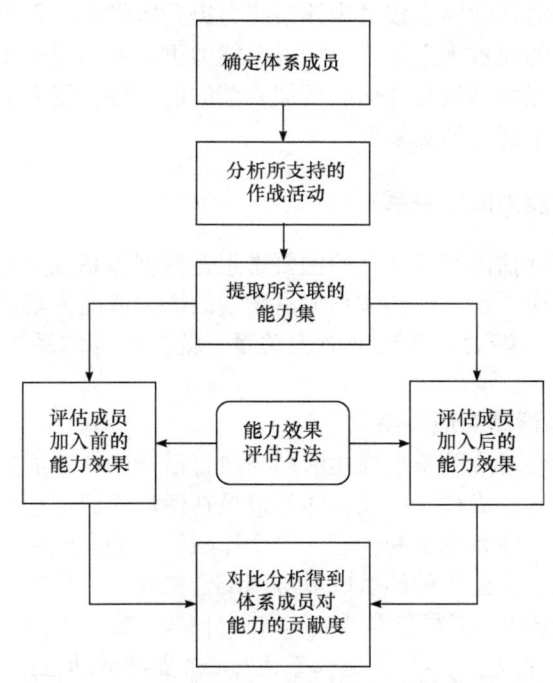

图 6.10　无约束条件下体系能力贡献度评估过程

1) 确定评估的体系成员

确定需评估贡献度的体系成员，明确其相关的任务目标，分析与任务目标相关的其他体系成员。这些相关成员与所需评估的体系成员共同组成贯穿贡献度评估全过程的体系成员集合。

2) 分析作战活动

针对上一步骤中明确的任务目标，分析该目标相关的作战场景、作战活动/业务活动，结合明确的体系成员集合，分析作战活动/业务活动之间的信息交互、资源交互等关系。

3) 提取能力集

遍历作战活动集合，分析每项作战活动对应的能力，梳理能力度量指标。对所形成的能力体系进行整理归纳，合并重复/类似能力，形成评估所需的能力集合。

4) 能力效果评估

分别对剔除所评估体系成员前后的体系成员集合所具备的能力进行评估。

5) 对比分析能力贡献度

按照基于活动和效果的体系能力评估方法，分别计算两种情况下能力集各能力的评估值。对每种情况下能力集中的能力值进行综合，对比分析两种情况下的综合能力差值，即为评估体系成员为体系能力提升所带来的贡献。在能力值综合时，可以选择合适的权重确定方式，如根据能力重要度确定权重，或根据能力关系确定权重。综合能力差值与评估成员加入前的能力综合能力值的比值，即为该评估体系成员对体系能力的贡献度。

6.4.2 体系成员与能力间的关系

基于能力效果评估体系贡献度的主要思想是根据体系成员所支持的活动，以及活动与能力的对应关系，得到体系成员影响的能力或能力集合。确定体系成员与活动的对应关系、能力与活动的对应关系，就能确定体系成员与能力的对应关系。

1) 体系成员与活动对应关系

体系成员与活动对应关系是描述活动与执行活动的体系成员之间的关系，明确各活动所包含的体系成员，以及各体系成员在活动完成过程中发挥作用的重要性。活动的完成依赖体系成员的性能，单个作战活动的完成往往不是单个体系成员发挥作用的结果，需要多种体系成员协调配合实现。一种体系成员也可以支持多个活动的开展。记体系成员集合为 $S_{cs} = \{cs_m \mid m = 1, 2, \cdots, N_M\}$，活动与成员的映射关系矩阵为 $C_{AM} = (f_{im})_{N_A \times N_M}$，当体系成员 cs_m 支持活动 act_i 开展时，$f_{im} = 1$，否则 $f_{im} = 0$。

2) 体系成员与能力对应关系

体系成员与能力的对应关系是描述体系成员与受其影响的能力之间的关系。遍历与体系成员有关的活动，分析与活动对应的能力，再对相应的能力进行整理归纳，形成评估所需的能力集合。一种体系成员可能影响多项能力，一项能力可能受多种体系成员影响。记受体系成员影响的能力集合为 $S_{c-e} = \{ce_l \mid l = 1, 2, \cdots, N_C\}$，体系成员与能力的映射关系矩阵为 $C_{CM} = (f_{lm})_{N_C \times N_M}$，当要素 cs_m 影响能力 cap_l 时，$f_{lm} = 1$，否则 $f_{lm} = 0$。易知，$C_{CM} = C_{CA} \times C_{AM}$。

6.4.3 贡献度评估模型

在 6.4.1 节的论述中，介绍了在无约束条件下评估体系成员贡献度的两种情况，不同的情况采用的评估方式略有不同。在已经通过活动和效果评估能力综合值的前提下，采取合适的方式计算体系贡献度。

1) 方式一：对比分析能力差值

设体系成员集合为 $S_{cs} = \{cs_m | m = 1, 2, \cdots, N_M\}$。选定评估成员 $cs_m (1 \leqslant m \leqslant N_M)$ 后，按照基于活动和效果的体系能力评估方法，分别对剔除 cs_m 前后的体系成员集合所具备的能力进行评估。

以 vc 表示未剔除体系成员 cs_m 前基于活动和效果计算所得的体系能力值向量，vc′ 表示剔除体系成员 cs_m 后的能力值向量。记未剔除体系成员 cs_m 前 cs_m 相关的综合能力值为 v_m，剔除体系成员 cs_m 后 cs_m 相关能力的综合值为 v_{-m}，综合能力差值为 Δv_m，则

$$v_m = \sum_{l=1}^{N_C} f_{lm} vc_l$$

$$v_{-m} = \sum_{l=1}^{N_C} f_{lm} vc_l'$$

$$\Delta v_m = v_m - v_{-m}$$

记该种方式下体系贡献度集合为 $S_{CSA} = \{c_A(cs_m) | m = 1, 2, \cdots, N_M\}$，则体系成员 cs_m 对体系能力的贡献度为

$$c_A(cs_m) = \frac{\Delta v_m}{v_{-m}} \times 100\% = \frac{v_m - v_{-m}}{v_{-m}} \times 100\%$$

2) 方式二：能力值占总值的比例

当无法通过剔除体系成员前后的综合能力值对比来评估体系贡献度时，可以采取受体系成员影响的能力集合的综合能力值占总能力值的比例来表示该对象的体系贡献度。记总体能力值为 v_{sum}，则

$$v_{sum} = \sum_{l=1}^{N_C} vc_l$$

则体系成员 cs_m 对体系能力的贡献度为

$$c_R(cs_m) = \frac{v_m}{v_{sum}} \times 100\% = \frac{v_m}{\sum_{l=1}^{N_C} vc_l} \times 100\%$$

6.4.4 示例

以 3.5 节的案例为例说明本节的体系贡献度评估方法。

1) 确定评估的体系成员

体系的所有成员系统为卫星 ele_1、指控中心 ele_2、控制站 ele_3、雷达 ele_4、导

弹发射车 ele_5、防空导弹 ele_6、通信设备 ele_7。选择"卫星 ele_1"和"控制站 ele_3"作为待评系统。

2) 分析作战活动

体系的导弹防空作战活动模型如图 6.11 所示。

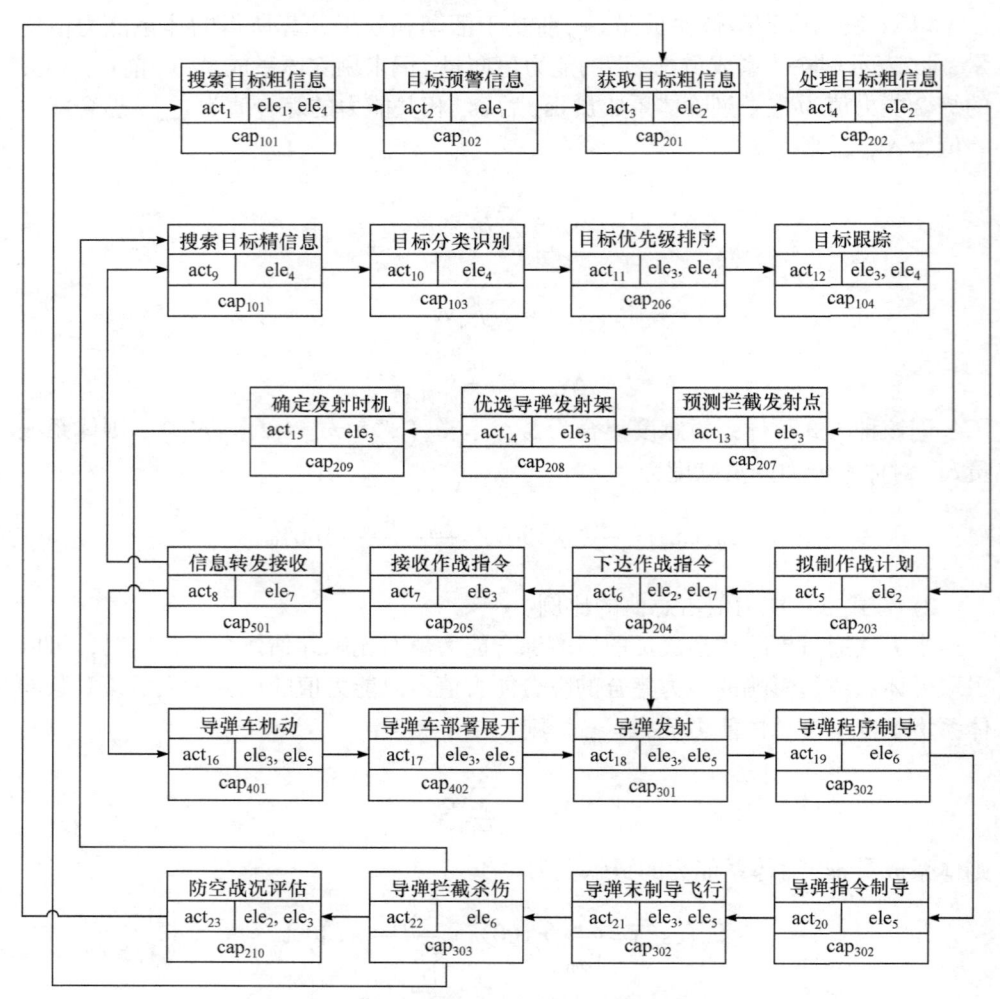

搜索目标粗信息	目标预警信息	获取目标粗信息	处理目标粗信息
act_1 | ele_1, ele_4	act_2 | ele_1	act_3 | ele_2	act_4 | ele_2
cap_{101}	cap_{102}	cap_{201}	cap_{202}

搜索目标精信息	目标分类识别	目标优先级排序	目标跟踪
act_9 | ele_4	act_{10} | ele_4	act_{11} | ele_3, ele_4	act_{12} | ele_3, ele_4
cap_{101}	cap_{103}	cap_{206}	cap_{104}

确定发射时机	优选导弹发射架	预测拦截发射点
act_{15} | ele_3	act_{14} | ele_3	act_{13} | ele_3
cap_{209}	cap_{208}	cap_{207}

信息转发接收	接收作战指令	下达作战指令	拟制作战计划
act_8 | ele_7	act_7 | ele_3	act_6 | ele_2, ele_7	act_5 | ele_2
cap_{501}	cap_{205}	cap_{204}	cap_{203}

导弹车机动	导弹车部署展开	导弹发射	导弹程序制导
act_{16} | ele_3, ele_5	act_{17} | ele_3, ele_5	act_{18} | ele_3, ele_5	act_{19} | ele_6
cap_{401}	cap_{402}	cap_{301}	cap_{302}

防空战况评估	导弹拦截杀伤	导弹末制导飞行	导弹指令制导
act_{23} | ele_2, ele_3	act_{22} | ele_6	act_{21} | ele_3, ele_5	act_{20} | ele_5
cap_{210}	cap_{303}	cap_{302}	cap_{302}

图 6.11　体系的导弹防空作战活动模型

3) 提取能力集

体系能力集合如图 3.15 所示。

4) 能力效果评估

使用面向效果的体系能力评估方法评估体系包含待评成员和不包含待评成员时的能力综合值，结果如表 6.2 所示。

第 6 章 体系贡献度评估

表 6.2 能力评估结果示例

cap_i	\multicolumn{10}{c	}{i}
	101	102	103	104	201	202	203	204	205	206
w_c	0.08	0.03	0.06	0.06	0.04	0.04	0.04	0.04	0.04	0.06
$\bar{v}_{i,0}$	4.5	3.49	3.85	4.4	4.1	4.27	3.84	3.33	3.7	3.91
$\bar{v}_{i,-1}$	3.6	2.8	3.22	3.8	4.1	4.27	3.84	3.33	3.7	3.35
$\bar{v}_{i,-3}$	4.5	3.49	3.85	4.2	3.8	3.95	3.72	3.12	3.24	3.41

cap_i	\multicolumn{10}{c	}{i}
	207	208	209	210	301	302	303	401	402	501
w_c	0.06	0.06	0.06	0.01	0.07	0.07	0.06	0.06	0.06	0.01
$\bar{v}_{i,0}$	4.28	4.62	3.87	3.73	4.23	3.94	3.61	3.69	3.76	4.17
$\bar{v}_{i,-1}$	4.28	4.62	3.87	3.73	4.23	3.94	3.61	3.69	3.76	4.17
$\bar{v}_{i,-3}$	3.88	4.38	3.75	3.49	3.97	3.76	3.61	3.19	3.55	4.17

综合得到上一层能力的评估值为

cap_i	\multicolumn{5}{c	}{i}	和	均值
	1	2	3	4	5		
$\bar{v}_i$	0.94	1.81	0.78	0.42	0.04	3.99	0.80
$\bar{v}_{i,-1}$	0.78	1.77	0.78	0.42	0.04	3.79	0.76
$\bar{v}_{i,-3}$	0.93	1.67	0.75	0.38	0.04	3.77	0.75

设五项子能力的权重相等，则体系包含所有成员时能力的综合评估值为 $\bar{v}_0 = 0.7897$，不包含"卫星 ele_1"时的能力综合评估值为 0.7469，不包含"控制站 ele_3"时的能力综合评估值为 0.7486。

5) 对比分析能力贡献度

(1) 基于对比分析能力差值的贡献度评估

如果体系不包含"卫星 ele_1"，其负责的活动由"雷达 ele_4"执行；体系不包含"控制站 ele_3"时，其负责的活动由"指控中心 ele_2"执行，则可以采用贡献度评估模型中第一种方式进行评估。

计算可知"卫星 ele_1"对体系能力的贡献度为

$$c_A(ele_1) = \frac{\bar{v}_0 - \bar{v}_{-1}}{\bar{v}_{-1}} \times 100\% = \frac{0.80 - 0.76}{0.76} \times 100\% = 5.18\%$$

"控制站 ele_3"对体系能力的贡献度为

$$c_A(\text{ele}_3) = \frac{\overline{v}_0 - \overline{v}_{-3}}{\overline{v}_{-3}} \times 100\% = \frac{0.80 - 0.75}{0.75} \times 100\% = 5.73\%$$

可见,"控制站 ele_3"对体系能力的贡献度稍高于"卫星 ele_1"对体系能力的贡献度,但贡献水平基本相当。

(2) 基于能力值占总值比例的贡献度评估

如果所分析的体系中任何成员系统都是不可或缺的,那么可以采用贡献度评估模型中第二种方式来评估各成员系统对体系能力的贡献度。由于一项能力可能关联到多个体系成员,这意味着该能力是由多个体系成员提供的。为了便于分析,做以下的简单处理:将该能力评估值按能力关联的活动数进行平分,按体系成员执行的活动数来"分摊"其对该能力的贡献。

表 6.3 列出了体系成员提供能力时所执行的活动数,表 6.4 列出了能力评估结果"分摊"表。

表 6.3　体系成员提供能力时执行的活动数

体系成员　　　能力	卫星 ele_1	指控中心 ele_2	控制站 ele_3	雷达 ele_4	导弹发射车 ele_5	防空导弹 ele_6	通信设备 ele_7
cap_{101}	1	0	0	2	0	0	0
cap_{102}	1	0	0	0	0	0	0
cap_{103}	0	0	0	1	0	0	0
cap_{104}	0	0	1	1	0	0	0
cap_{201}	0	1	0	0	0	0	0
cap_{202}	0	1	0	0	0	0	0
cap_{203}	0	1	0	0	0	0	0
cap_{204}	0	1	0	0	0	0	1
cap_{205}	0	0	1	0	0	0	0
cap_{206}	0	0	1	1	0	0	0
cap_{207}	0	0	1	0	0	0	0
cap_{208}	0	0	1	0	0	0	0
cap_{209}	0	0	1	0	0	0	0
cap_{210}	0	1	1	0	0	0	0

续表

体系成员 能力	卫星 ele_1	指控中心 ele_2	控制站 ele_3	雷达 ele_4	导弹发射车 ele_5	防空导弹 ele_6	通信设备 ele_7
cap_{301}	0	0	1	0	1	0	0
cap_{302}	0	0	1	0	2	1	0
cap_{303}	0	0	0	0	0	1	0
cap_{401}	0	0	1	0	1	0	0
cap_{402}	0	0	1	0	1	0	0
cap_{501}	0	0	0	0	0	0	1

表 6.4 体系成员"分摊"的能力评估结果

成员 能力	评估值	权重	ele_1	ele_2	ele_3	ele_4	ele_5	ele_6	ele_7
cap_{101}	4.5	0.08	1.50	0.00	0.00	3.00	0.00	0.00	0.00
cap_{102}	3.49	0.03	3.49	0.00	0.00	0.00	0.00	0.00	0.00
cap_{103}	3.85	0.06	0.00	0.00	0.00	3.85	0.00	0.00	0.00
cap_{104}	4.4	0.06	0.00	0.00	2.20	2.20	0.00	0.00	0.00
cap_{201}	4.1	0.04	0.00	4.10	0.00	0.00	0.00	0.00	0.00
cap_{202}	4.27	0.04	0.00	4.27	0.00	0.00	0.00	0.00	0.00
cap_{203}	3.84	0.04	0.00	3.84	0.00	0.00	0.00	0.00	0.00
cap_{204}	3.33	0.04	0.00	1.67	0.00	0.00	0.00	0.00	1.67
cap_{205}	3.7	0.04	0.00	0.00	3.70	0.00	0.00	0.00	0.00
cap_{206}	3.91	0.06	0.00	0.00	1.96	1.96	0.00	0.00	0.00
cap_{207}	4.28	0.06	0.00	0.00	4.28	0.00	0.00	0.00	0.00
cap_{208}	4.62	0.06	0.00	0.00	4.62	0.00	0.00	0.00	0.00
cap_{209}	3.87	0.06	0.00	0.00	3.87	0.00	0.00	0.00	0.00
cap_{210}	3.73	0.01	0.00	1.87	1.87	0.00	0.00	0.00	0.00
cap_{301}	4.23	0.07	0.00	0.00	2.12	0.00	2.12	0.00	0.00
cap_{302}	3.94	0.07	0.00	0.00	0.99	0.00	1.97	0.99	0.00

续表

能力＼成员	评估值	权重	ele$_1$	ele$_2$	ele$_3$	ele$_4$	ele$_5$	ele$_6$	ele$_7$
cap$_{303}$	3.61	0.06	0.00	0.00	0.00	0.00	0.00	3.61	0.00
cap$_{401}$	3.69	0.06	0.00	0.00	1.85	0.00	1.85	0.00	0.00
cap$_{402}$	3.76	0.06	0.00	0.00	1.88	0.00	1.88	0.00	0.00
cap$_{501}$	4.17	0.01	0.00	0.00	0.00	0.00	0.00	0.00	4.17

各体系成员"分摊"的能力评估结果之和及相应的贡献度如表 6.5 所示。

表 6.5　体系成员"分摊"的能力评估结果之和及贡献度

体系成员	ele$_1$	ele$_2$	ele$_3$	ele$_4$	ele$_5$	ele$_6$	ele$_7$
加权和	0.23	0.61	1.56	0.70	0.50	0.27	0.13
贡献度	5.62%	15.29%	39.05%	17.59%	12.42%	6.81%	3.22%

按体系成员系统对体系能力的贡献度进行排序，结果为：控制站 ele$_3$ ≻ 雷达 ele$_4$ ≻ 指控中心 ele$_2$ ≻ 导弹发射车 ele$_5$ ≻ 防空导弹 ele$_6$ ≻ 卫星 ele$_1$ ≻ 通信设备 ele$_7$。

6.5　能力组合约束下体系能力贡献度评估

6.5.1　基本步骤与评估模型

体系能力间存在的影响、依赖等关系，表明体系不是单独使用某项能力，而是联合使用多项具有关联关系的能力来完成特定任务或使命的。在评估体系成员系统对体系能力的贡献时，需要综合考虑体系成员所实现能力相关联其他能力水平的影响，因为可能存在待评成员系统关联的某项能力水平很高，但是该能力关联的其他能力(即共同完成特定使命任务的其他能力)较低，因此体系整体能力水平发挥不佳的情况。如体系侦察能力和打击能力是互相依赖/影响的，武器装备的打击半径和侦察半径不匹配，那么整体能力只会发挥出"短板"能力的水平，即能力只能达到打击半径或侦察半径的最小值。当然也可能存在待评成员系统关联的某项能力水平较低，但是该能力关联的其他能力很高，从而该能力评估值超出本身能力水平值等级的情况。

因此，在评估时要充分考虑各种不同能力组合的实际发挥水平，以此作为体系贡献度评估的基础。

可按图 6.12 所示的过程开展能力约束条件下体系能力贡献度评估。

1) 待评成员系统关联能力分析

设体系成员集合为 $S_{cs} = \{cs_m | m = 1, 2, \cdots, N_M\}$，体系能力集合为 $S_C = \{cap_i | i = 1, 2, \cdots, N_C\}$。根据体系业务活动关系模型、体系成员系统与业务活动的执行关系、体系能力与业务活动的映射关系，得到体系成员系统与体系能力的关联关系，明确待评成员系统所关联的能力子集。对任意待评估成员系统 $cs_m (1 \leq m \leq N_M)$，记其关联的能力子集为 $S_{C,m}$。

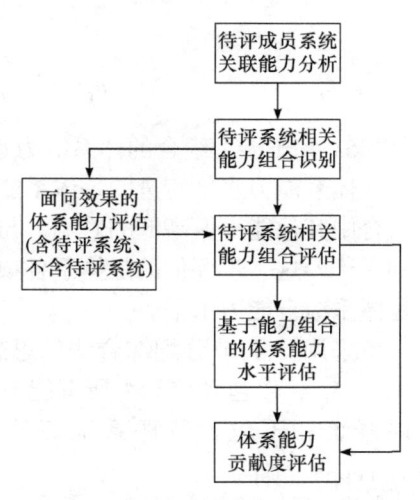

图 6.12 能力约束条件下体系能力贡献度评估过程

2) 待评成员系统相关能力组合识别

应用 3.3.1 节的方法，识别出所有的体系能力组合。那么所有能力组合方案 S_{cb} 是 S_C 的幂集的子集，即 $S_{cb} \subseteq 2^{S_C}$。对待评估成员系统 $cs_m (1 \leq m \leq N_M)$，记与其相关的能力组合子集为 $S_{cb,m}$，则

$$S_{cb,m} = \{cb | cb \in S_{cb} \wedge \exists cap \in S_{C,m}, \text{s.t.} cap \in cb\}$$

3) 面向效果的体系能力评估

按照第 2 章的体系能力评估方法，考虑体系包含待评系统和不包含待评系统两种情况，分别进行体系能力评估，明确体系各项能力在两种情况下的评估值。任意能力 $cap \in S_C$，记包含待评系统和不包含待评系统两种情况下 cap 的评估值分别为 $\bar{v}(cap)$ 和 $\hat{v}(cap)$。

4) 待评成员系统能力组合评估

可以采用 3.3.3 节的方法进行能力组合评估。对任意 $cb \in S_{cb,m}$，体系包含待评成员系统时，记采用短板策略、均值策略和折中策略得到的能力组合评估值为 $u_s(cb)$、$u_a(cb)$、$u_t(cb)$，不包含待评成员系统时的评估值为 $\hat{u}_s(cb)$、$\hat{u}_a(cb)$、$\hat{u}_t(cb)$，则有：

$$u_s(cb) = \min_{cap \in cb} \bar{v}(cap)$$

$$u_a(cb) = \frac{1}{N_{cb}} \sum_{cap \in cb} \bar{v}(cap)$$

$$u_t(cb) = \rho \max_{cap \in cb} \bar{v}(cap) + (1-\rho) \min_{cap \in cb} \bar{v}(cap)$$

$$\hat{u}_s(\mathrm{cb}) = \min_{\mathrm{cap}\in\mathrm{cb}} \hat{v}(\mathrm{cap})$$

$$\hat{u}_a(\mathrm{cb}) = \frac{1}{N_{\mathrm{cb}}} \sum_{\mathrm{cap}\in\mathrm{cb}} \hat{v}(\mathrm{cap})$$

$$\hat{u}_t(\mathrm{cb}) = \rho \max_{\mathrm{cap}\in\mathrm{cb}} \hat{v}(\mathrm{cap}) + (1-\rho) \min_{\mathrm{cap}\in\mathrm{cb}} \hat{v}(\mathrm{cap})$$

5) 基于能力组合的体系能力水平评估

体系能力水平衡量的是体系能力实际表现出的能力效果，受能力所在的能力组合中其他能力值高低的影响。与 3.4 节基于能力组合的体系能力综合评估的区别在于，这一步评估的是体系各项能力实际发挥出的水平，而 3.4 节方法评估的是体系综合能力水平。

采用 3.4 节分配综合法的思想来评估各项能力的水平，即指对每一项能力 $\mathrm{cap}\in S_C$，以包含该能力所有能力组合的评估值均值作为该能力水平。记包含待评系统和不包含待评系统两种情况下 cap 的能力水平值分别为 $\bar{v}_{\mathrm{cb}}(\mathrm{cap})$ 和 $\hat{v}_{\mathrm{cb}}(\mathrm{cap})$，则

$$\bar{v}_{\mathrm{cb}}(\mathrm{cap}) = \frac{1}{\|S_{\mathrm{cb}}|_{\mathrm{cap}}\|} \sum_{\mathrm{cb}\in S_{\mathrm{cb}}|_{\mathrm{cap}}} \bar{u}(\mathrm{cb})$$

$$\hat{v}_{\mathrm{cb}}(\mathrm{cap}) = \frac{1}{\|S_{\mathrm{cb}}|_{\mathrm{cap}}\|} \sum_{\mathrm{cb}\in S_{\mathrm{cb}}|_{\mathrm{cap}}} \hat{u}(\mathrm{cb})$$

其中，$S_{\mathrm{cb}}|_{\mathrm{cap}}$ 是 S_{cb} 中所有包含能力 cap 的能力组合形成的子集，$\bar{u}(\mathrm{cb})$ 取值 $u_s(\mathrm{cb})$、$u_a(\mathrm{cb})$ 或 $u_t(\mathrm{cb})$，$\hat{u}(\mathrm{cb})$ 取值 $\hat{u}_s(\mathrm{cb})$、$\hat{u}_a(\mathrm{cb})$ 或 $\hat{u}_t(\mathrm{cb})$。

6) 体系能力贡献度评估

基于体系包含和不包含待评成员系统时体系能力水平评估值和能力组合评估值，按贡献度概念计算不包含待评成员系统时体系能力水平评估值/能力组合评估值的增量，与包含待评成员系统时体系能力水平评估值/能力组合评估值的百分比，可以得到体系成员系统对体系能力的贡献度。

(1) 基于能力水平的贡献度评估

对任意体系成员系统 $\mathrm{cs}_m \in S_{\mathrm{cs}}$，体系包含 cs_m 时的能力水平综合值为

$$\bar{v}_0 = \sum_{i=1}^{N_C} w_i^{(\mathrm{cap})} \bar{v}_{\mathrm{cb}}(\mathrm{cap}_i)$$

其中，$w_i^{(\mathrm{cap})}$ 的定义见式(3.4.1)。

体系不包含 cs_m 时的能力水平综合值为

$$\hat{v}_m = \sum_{i=1}^{N_C} w_i^{(\mathrm{cap})} \hat{v}_{\mathrm{cb}}(\mathrm{cap}_i)$$

成员系统 cs_m 基于能力水平的体系贡献度为

$$c_{a,c}(\text{cs}_m) = \frac{\Delta \bar{v}_m}{\hat{v}_m} \times 100\% = \frac{\hat{v}_m - \bar{v}_0}{\hat{v}_m} \times 100\%$$

(2) 基于能力组合的贡献度评估

对任意体系成员系统 $\text{cs}_m \in S_{\text{cs}}$，体系包含 cs_m 时的能力组合综合值为

$$\bar{u}_0 = \sum_{p=1}^{N_B} \hat{w}_p^{(\text{CB})} \bar{u}(\text{cb}_p)$$

体系不包含 cs_m 时的能力组合综合值为

$$\hat{u}_m = \sum_{p=1}^{N_B} \hat{w}_p^{(\text{CB})} \hat{u}(\text{cb}_p)$$

其中，$\hat{w}_p^{(\text{CB})}$ 的定义见式(3.4.2)。

成员系统 cs_m 的基于能力组合的体系贡献度为

$$c_{a,\text{cb}}(\text{cs}_m) = \frac{\Delta \bar{u}_m}{\hat{u}_m} \times 100\% = \frac{\hat{u}_m - \bar{u}_0}{\hat{u}_m} \times 100\%$$

6.5.2 基于体系能力贡献度的成员系统方案优选

当需要从一组所提供相似/相近能力的成员系统中选择一种系统加入体系时，可以将他们对体系能力的贡献度用于决策。可以将不同方案对应的系统分别作为待评系统，按照 6.5.1 节的方法评估他们对体系能力的绝对贡献度，综合考虑能力贡献度和成员系统加入体系及运行的成本进行权衡。

为了简化计算，可以只针对这些成员系统相关的能力、能力组合进行评估。具体对 6.5.1 节的评估基本过程做以下处理。

1) 待评成员系统关联能力分析环节

在明确各待评系统关联能力子集合之后，进行集合并集操作，得到包含所有待评系统关联能力子集合的最小能力子集合，方便起见仍记为 $S_{C,m}$。

2) 体系能力贡献度评估环节

在评估时只考虑 $S_{C,m}$ 中的能力或相关能力组合。以能力子集 $S_{C,m}$ 限定体系贡献度评估范围后得到的体系贡献度可以称为局部贡献度或相对贡献度，6.5.1 节中未作限定时的贡献度称为全局贡献度或绝对贡献度。

(1) 基于能力水平的相对贡献度评估

对体系成员系统 $\text{cs}_m \in S_{\text{cs}}$，对任一 cs_m 的备选系统 $\text{cs}_m^{(j)}$（$j=1,2,\cdots,n_m$），体系包含 $\text{cs}_m^{(j)}$ 时的能力水平综合值为

$$\overline{v}_0^{(j)} = \sum_{\text{cap}_i \in S_{C,m}, 1 \leq i \leq N_c} w_i^{(\text{cap})} \overline{v}_{\text{cb}}^{(j)}(\text{cap}_i)$$

其中，$w_i^{(\text{cap})}$ 的定义见式(3.4.1)。

体系不包含 $\text{cs}_m^{(j)}$ 时的能力水平综合值为

$$\hat{v}_m = \sum_{\text{cap}_i \in S_{C,m}, 1 \leq i \leq N_c} w_i^{(\text{cap})} \hat{v}_{\text{cb}}(\text{cap}_i)$$

备选系统 $\text{cs}_m^{(j)}$ 的基于能力水平的体系相对贡献度为

$$c_{r,c}\left(\text{cs}_m^{(j)}\right) = \frac{\Delta \overline{v}_m^{(j)}}{\overline{v}_0^{(j)}} \times 100\% = \frac{\hat{v}_m - \overline{v}_0^{(j)}}{\overline{v}_0^{(j)}} \times 100\%$$

(2) 基于能力组合的相对贡献度评估

对体系成员系统 $\text{cs}_m \in S_{\text{cs}}$，对任一 cs_m 的备选系统 $\text{cs}_m^{(j)}$ ($j = 1, 2, \cdots, n_m$)，体系包含 $\text{cs}_m^{(j)}$ 时的能力组合综合值为

$$\overline{u}_0^{(j)} = \sum_{\text{cb}_p \in S_{\text{cb},m}, 1 \leq p \leq N_B} \hat{w}_p^{(\text{CB})} \overline{u}^{(j)}(\text{cb}_p)$$

体系不包含 $\text{cs}_m^{(j)}$ 时的能力组合综合值为

$$\hat{u}_m = \sum_{\text{cb}_p \in S_{\text{cb},m}, 1 \leq p \leq N_B} \hat{w}_p^{(\text{CB})} \hat{u}(\text{cb}_p)$$

其中，$\hat{w}_p^{(\text{CB})}$ 的定义见式(3.4.2)。

备选系统 $\text{cs}_m^{(j)}$ 的基于能力组合的体系相对贡献度为

$$c_{r,\text{cb}}\left(\text{cs}_m^{(j)}\right) = \frac{\Delta \overline{u}_m^{(j)}}{\overline{u}_0^{(j)}} \times 100\% = \frac{\hat{u}_m - \overline{u}_0^{(j)}}{\overline{u}_0^{(j)}} \times 100\%$$

6.5.3 示例

仍以 3.5.1 节的案例演示 6.5.1 节方法的使用。

1) 待评成员系统关联能力分析

体系成员集合为 $S_{\text{cs}} = \{\text{ele}_m | m = 1, 2, \cdots, 7\}$，具体为卫星 ele_1、指控中心 ele_2、控制站 ele_3、雷达 ele_4、导弹发射车 ele_5、防空导弹 ele_6、通信设备 ele_7。体系能力集合为 $S_C = \{\text{cap}_{101}、\text{cap}_{102}、\text{cap}_{103}、\text{cap}_{104}、\text{cap}_{201}、\text{cap}_{202}、\text{cap}_{203}、\text{cap}_{204}、\text{cap}_{205}、\text{cap}_{206}、\text{cap}_{207}、\text{cap}_{208}、\text{cap}_{209}、\text{cap}_{210}、\text{cap}_{301}、\text{cap}_{302}、\text{cap}_{303}、\text{cap}_{401}、\text{cap}_{402}、\text{cap}_{501}\}$。

根据体系业务活动关系模型、体系成员系统与业务活动的执行关系、体系能力与业务活动的映射关系，得到体系成员系统与体系能力的关联关系，如表 6.6 所示。

表 6.6 体系成员与能力的关联关系

能力＼体系成员	卫星 ele_1	指控中心 ele_2	控制站 ele_3	雷达 ele_4	导弹发射车 ele_5	防空导弹 ele_6	通信设备 ele_7
cap_{101}	1	0	0	1	0	0	0
cap_{102}	1	0	0	0	0	0	0
cap_{103}	0	0	0	1	0	0	0
cap_{104}	0	0	1	1	0	0	0
cap_{201}	0	1	0	0	0	0	0
cap_{202}	0	1	0	0	0	0	0
cap_{203}	0	1	0	0	0	0	0
cap_{204}	0	1	0	0	0	0	1
cap_{205}	0	0	1	0	0	0	0
cap_{206}	0	0	1	1	0	0	0
cap_{207}	0	0	1	0	0	0	0
cap_{208}	0	0	1	0	0	0	0
cap_{209}	0	0	0	1	0	0	0
cap_{210}	0	1	1	0	0	0	0
cap_{301}	0	0	1	0	1	0	0
cap_{302}	0	0	1	0	1	1	0
cap_{303}	0	0	0	0	0	1	0
cap_{401}	0	0	1	0	1	0	0
cap_{402}	0	0	1	0	1	0	0
cap_{501}	0	0	0	0	0	0	1

任意体系成员 $ele_m (1 \leqslant m \leqslant 7)$，其关联的能力子集如表 6.7 所示。

表 6.7 体系成员关联的能力子集

体系成员	关联能力子集 $S_{C,m}$	
卫星 ele_1	$S_{C,1}$	cap_{101}、cap_{102}
指控中心 ele_2	$S_{C,2}$	cap_{201}、cap_{202}、cap_{203}、cap_{204}、cap_{210}
控制站 ele_3	$S_{C,3}$	cap_{104}、cap_{205}、cap_{206}、cap_{207}、cap_{208}、cap_{209}、cap_{210}、cap_{301}、cap_{302}、cap_{401}、cap_{402}
雷达 ele_4	$S_{C,4}$	cap_{101}、cap_{103}、cap_{104}、cap_{206}
导弹发射车 ele_5	$S_{C,5}$	cap_{301}、cap_{302}、cap_{401}、cap_{402}
防空导弹 ele_6	$S_{C,6}$	cap_{302}、cap_{303}
通信设备 ele_7	$S_{C,7}$	cap_{204}、cap_{501}

2) 待评成员系统相关能力组合识别

应用 3.3.1 节的方法，识别出所有的体系能力组合 $S_{cb} = \{cb_i \mid i=1,2,\cdots,12\}$，具体如表 6.8 所示。

表 6.8 体系能力组合表

能力组合	包含的能力
cb_1	$cap_{101}, cap_{102}, cap_{201}, cap_{202}, cap_{203}, cap_{204}, cap_{205}, cap_{103}, cap_{206}, cap_{104}, cap_{207}, cap_{208}, cap_{209}, cap_{301}, cap_{302}, cap_{303}, cap_{210}$
cb_2	$cap_{101}, cap_{102}, cap_{201}, cap_{202}, cap_{203}, cap_{204}, cap_{205}, cap_{401}, cap_{402}, cap_{301}, cap_{302}, cap_{303}$
cb_3	$cap_{301}, cap_{302}, cap_{303}, cap_{210}$
cb_4	$cap_{101}, cap_{103}, cap_{206}, cap_{104}, cap_{207}, cap_{208}, cap_{209}$
cb_5	$cap_{401}, cap_{402}, cap_{301}$
cb_6	$cap_{205}, cap_{401}, cap_{402}, cap_{301}, cap_{302}, cap_{303}$
cb_7	$cap_{501}, cap_{101}, cap_{103}, cap_{206}, cap_{104}, cap_{207}, cap_{208}, cap_{209}$
cb_8	$cap_{207}, cap_{208}, cap_{209}$
cb_9	cap_{101}, cap_{302}
cb_{10}	$cap_{101}, cap_{103}, cap_{206}, cap_{104}$
cb_{11}	$cap_{201}, cap_{202}, cap_{203}, cap_{204}$
cb_{12}	cap_{401}, cap_{402}

根据 3.5.1 节的分析，可知体系成员系统与能力组合的映射关系矩阵为

$$C_{\text{BM}} = \begin{bmatrix} 1 & 1 & 1 & 1 & 1 & 0 \\ 1 & 1 & 1 & 1 & 1 & 0 \\ 0 & 1 & 1 & 0 & 1 & 0 \\ 1 & 0 & 1 & 1 & 1 & 1 \\ 0 & 0 & 1 & 0 & 1 & 0 & 0 \\ 0 & 0 & 1 & 0 & 1 & 1 & 0 \\ 1 & 0 & 1 & 1 & 0 & 0 & 1 \\ 0 & 0 & 1 & 0 & 0 & 0 & 0 \\ 1 & 0 & 0 & 1 & 0 & 1 & 0 \\ 1 & 0 & 1 & 1 & 0 & 0 & 0 \\ 0 & 1 & 0 & 0 & 0 & 0 & 1 \\ 0 & 0 & 1 & 0 & 1 & 0 & 0 \end{bmatrix}$$

选择卫星 ele_1 为待评估成员系统，则其关联的能力组合为

$$S_{\text{cb},1} = \{\text{cb}_1, \text{cb}_2, \text{cb}_4, \text{cb}_7, \text{cb}_9, \text{cb}_{10}\}$$

3) 面向效果的体系能力评估

根据 6.4.4 节的案例数据，可知体系包含待评系统和不包含待评系统卫星 ele_1 两种情况下能力的评估值如表 6.9 所示。

表 6.9 包含和不包含待评系统两种情况下能力评估结果

cap_i					i					
	101	102	103	104	201	202	203	204	205	206
w_c	0.08	0.03	0.06	0.06	0.04	0.04	0.04	0.04	0.04	0.06
$\bar{v}_{i,0}$	4.5	3.49	3.85	4.4	4.1	4.27	3.84	3.33	3.7	3.91
$\bar{v}_{i,-1}$	3.6	2.8	3.22	3.8	4.1	4.27	3.84	3.33	3.7	3.35
cap_i					i					
	207	208	209	210	301	302	303	401	402	501
w_c	0.06	0.06	0.06	0.01	0.07	0.07	0.06	0.06	0.06	0.01
$\bar{v}_{i,0}$	4.28	4.62	3.87	3.73	4.23	3.94	3.61	3.69	3.76	4.17
$\bar{v}_{i,-1}$	4.28	4.62	3.87	3.73	4.23	3.94	3.61	3.69	3.76	4.17

4) 待评成员系统能力组合评估

采用 3.3.3 节的方法，体系包含和不包含待评系统卫星 ele_1 两种情况下能力组

合评估结果如表 6.10 所示,其中折衷策略下参数 $\rho = 0.5$。

表 6.10　包含和不包含待评系统两种情况下能力组合评估结果

cb	cb$_1$	cb$_2$	cb$_3$	cb$_4$	cb$_5$	cb$_6$
$\hat{w}_{cb}$	0.22	0.16	0.05	0.11	0.05	0.09
$u_s(cb)$	3.33	3.33	3.61	3.85	3.69	3.61
$u_a(cb)$	3.98	3.87	3.93	4.20	3.89	3.82
$u_t(cb)$	3.98	3.80	3.92	4.24	3.96	3.92
$\hat{u}_s(cb)$	2.8	2.8	3.61	3.22	3.69	3.61
$\hat{u}_a(cb)$	3.78	3.74	3.93	3.82	3.89	3.82
$\hat{u}_t(cb)$	3.71	3.54	3.92	3.92	3.96	3.92

cb	cb$_7$	cb$_8$	cb$_9$	cb$_{10}$	cb$_{11}$	cb$_{12}$
$\hat{w}_{cb}$	0.11	0.04	0.04	0.06	0.04	0.03
$u_s(cb)$	3.85	3.87	3.94	3.85	3.33	3.69
$u_a(cb)$	4.20	4.26	4.22	4.17	3.89	3.73
$u_t(cb)$	4.24	4.25	3.94	4.13	3.80	3.73
$\hat{u}_s(cb)$	3.22	3.87	3.6	3.22	3.33	3.69
$\hat{u}_a(cb)$	3.86	4.26	3.77	3.49	3.89	3.73
$\hat{u}_t(cb)$	3.92	4.25	3.77	3.51	3.80	3.73

5) 基于能力组合的体系能力水平评估

基于短板策略、均值策略、折中策略下的能力组合评估结果,评估得到包含和不包含待评系统两种情况下体系能力水平,结果如表 6.11 所示。

表 6.11　包含和不包含待评系统两种情况下能力水平评估结果

能力	权重	$\bar{v}_{cb}(cap)$ 短板策略	均值策略	折中策略	$\hat{v}_{cb}(cap)$ 短板策略	均值策略	折中策略
cap$_{101}$	0.08	3.69	4.11	4.05	3.14	3.74	3.73
cap$_{102}$	0.03	3.33	3.93	3.89	2.80	3.76	3.62
cap$_{103}$	0.06	3.72	4.14	4.14	3.12	3.74	3.77

续表

能力	权重	$\bar{v}_{cb}(\text{cap})$			$\hat{v}_{cb}(\text{cap})$		
		短板策略	均值策略	折中策略	短板策略	均值策略	折中策略
cap_{104}	0.06	3.72	4.14	4.14	3.12	3.74	3.77
cap_{201}	0.04	3.33	3.91	3.86	2.98	3.80	3.68
cap_{202}	0.04	3.33	3.91	3.86	2.98	3.80	3.68
cap_{203}	0.04	3.33	3.91	3.86	2.98	3.80	3.68
cap_{204}	0.04	3.33	3.91	3.86	2.98	3.80	3.68
cap_{205}	0.04	3.42	3.89	3.90	3.07	3.78	3.72
cap_{206}	0.06	3.72	4.14	4.14	3.12	3.74	3.77
cap_{207}	0.06	3.73	4.16	4.17	3.28	3.93	3.95
cap_{208}	0.06	3.73	4.16	4.17	3.28	3.93	3.95
cap_{209}	0.06	3.73	4.16	4.17	3.28	3.93	3.95
cap_{210}	0.01	3.33	3.98	3.98	2.80	3.78	3.71
cap_{301}	0.07	3.51	3.90	3.92	3.30	3.83	3.81
cap_{302}	0.07	3.56	3.96	3.91	3.28	3.81	3.77
cap_{303}	0.06	3.47	3.90	3.90	3.21	3.82	3.77
cap_{401}	0.06	3.58	3.83	3.85	3.45	3.79	3.79
cap_{402}	0.06	3.58	3.83	3.85	3.45	3.79	3.79
cap_{501}	0.01	3.85	4.20	4.24	3.22	3.86	3.92
综合值		3.57	4.01	3.99	3.18	3.81	3.78

6) 体系能力贡献度评估

(1) 基于能力水平的贡献度评估

由表 6.11 可知体系包含和不包含成员系统卫星 ele_1 时，不同策略下体系能力贡献度计算结果如表 6.12 所示。可见基于短板策略下能力水平评估结果，卫星 ele_1 对体系能力的贡献度最高。

表 6.12 不同策略下基于能力水平的体系贡献度评估结果

策略	$\bar{v}_{cb}$	$\hat{v}_{cb}$	$\Delta \hat{v}_{cb}$	贡献度
短板策略	3.57	3.18	0.39	12.26%
均值策略	4.01	3.81	0.2	5.25%
折中策略	3.99	3.78	0.21	5.56%

(2) 基于能力组合的贡献度评估

依据表 6.10 计算不同策略下体系包含和不包含卫星 ele_1 时体系能力组合的综合评估结果，并根据贡献度评估模型计算贡献度，结果如表 6.13 所示。

表 6.13 不同策略下基于能力组合的体系贡献度评估结果

策略	u	$\hat{u}$	$\Delta \hat{u}$	贡献度
短板策略	3.59	3.20	0.39	12.24%
均值策略	4.01	3.81	0.20	5.33%
折中策略	4.00	3.79	0.22	5.69%

对比采用两种贡献度评估模型的评估结果，可知采用不同的能力组合策略对最终贡献度评估结果的影响更大，两种贡献度评估模型的评估结论基本相同。

6.6 体系建设项目的贡献度评估

6.6.1 问题概述

在体系建设规划研究制定工作中，一项重要工作就是评估建设项目对体系的贡献度。通过贡献度评估达成以下目的：①通过评估项目在提升体系某些能力方面的作用，判断项目建设的必要性和重要性；②对有冲突或重叠的项目，判断项目建设的优先级，确定出优先建设的项目集合；③掌握项目群建设的整体效果，对规划的项目进行查缺补漏，提出补充完善的建议。

由于规划制定阶段提报的项目仅仅包含建设必要性、功能定位与战技术指标、建设方案等内容，尚未开展规范化的需求分析和总体设计工作，因此体系贡献度和融入度评估所需的信息不充分、评估难度很大，必须充分依赖领域专家的定性判断，并结合粗粒度定量化分析，来判断项目的体系贡献度。

6.6.2 评估策略

体系贡献度评估通常从基于能力的体系贡献度、基于体系质量特征的贡献度和面向作战任务的体系贡献度三个层面着手开展，也即考察被评对象对体系能力提升、体系质量特征提升和作战效能提升所发挥的作用。考虑到规划项目特点，可以仅从能力和体系质量特征两方面开展体系贡献度评估，因为未来作战概念是什么、任务如何执行在这类评估中难以明确和细化，而粗粒度的任务描述及在此基础上的作战效能提升评估结果的误差和不确定性较大，因此这一种体系贡献度评估可暂不考虑。

综上，体系建设项目的贡献度主要评估项目建成后对提升、完善和拓展体系功能性能力(如侦察探测能力、指挥控制能力等)和/或非功能性能力(如适应性、互操作性、韧性等体系质量特征)中发挥的作用。考虑到建设项目从规划、立项论证到研制建设、部署使用和形成能力有较长时间周期，因此背景体系应定为未来某个时间点之后的体系。

6.6.3 评估指标

1) 通用的评估指标确定方法

体系建设的根本着眼点是体系的功能性能力和体系质量特征，因此要从这两个方面来建立统一的体系贡献度评估指标。对体系能力指标，理想情况下可以按"能力-作战活动/业务活动-属性-指标"来建立体系能力贡献度评估指标体系，如表 6.14 所示。

表 6.14 体系能力-活动-属性-指标映射关系表

序号	能力	子能力	作战活动	效果属性	编码	效果指标	量纲	指标说明
1	战场感知能力	情报感知能力	发现获取	覆盖性	MM-1	目标类型覆盖率	%	…
2					MM-2	目标区域/空间覆盖率	%	…
3					MM-3	频域覆盖率	%	
4					MM-4	对海侦察范围	公里	
5					…			

续表

序号	能力	子能力	作战活动	效果属性	编码	效果指标	量纲	指标说明
6	战场感知能力	情报感知能力	发现获取	及时性	MM-5	XX目标发现及时性	秒	
7					MM-6	YY目标发现及时性	秒	
8				精准性	MM-7	XX目标探测误差	米	
9			跟踪监视	及时性	MM-8	XX目标数据更新周期	秒	
10					MM-9	XX目标数据更新周期	秒	
11					MM-10	XX目标数据更新周期	秒	
12			…					
13		环境感知能力	地理环境感知	及时性	MM-11	XX重点区域地理状态变化数据更新周期	小时	
14					MM-12	非合作方重点区域地理状态变化数据更新周期	小时	
15								
16			气象水文感知					
17			…					

在制定体系能力-活动-属性-指标映射关系表的过程中,为了后续评估方便,需要确定下层要素对上层要素的重要度,或下层要素相对上层要素而言的相互重要性。

体系质量特征指标可以把着眼点放到体系层面，重点考虑适应性、生存性、可用性、安全性、互操作性、互理解性和互遵循性等指标。

2) 项目贡献度评估能力及指标确定

制定表 6.14 的工作量、规模和难度较大，因此可以将中间要素隐藏，只从能力和效果指标两方面入手构建。可组织专家研究制定表 6.15 所示的建设项目体系贡献度评估指标表。

表 6.15 建设项目体系贡献度评估指标表

序号	能力	度量标准	核心指标	简称	量纲	描述
1	侦察探测能力	等级 1 探测范围覆盖××，满足××防御需要；探测目标类型覆盖××；对××目标预警时间不少于××秒；对××目标发现概率大于××%	空中探测距离		公里	
2			××预警时间		秒	
3			××发现概率		%	
4		等级 2 探测范围覆盖××，满足××对抗作战或××冲突小规模作战需要；探测目标类型覆盖××；对××目标预警时间不少于××秒；对××目标发现概率大于××% 等级 3 (略) 等级 4 (略) 等级 5 (略)	…			
5	互操作性	等级 1 部门内互操作 等级 2 军种内互操作 等级 3 跨域数据互操作 等级 4 跨域信息和服务互操作 等级 5 跨域按需互操作	结构			
6			设施			
7			应用			
8			数据			
9			安全			
10			运维			

6.6.4 评估方法

综合运用度量、比量和价值判断方法，按六个步骤评估建设项目的体系贡献度。

1) 建设项目能力目标自评

各单位提报的建设项目按表 6.16 进行自评。每个项目根据自身对体系能力的贡献，选择核心指标，填写指标的当前水平值和两个时间节点的目标值，分别对应项目建成后形成的初始能力水平和未来能力成熟后达到的水平。

表 6.16 建设项目体系能力自评表

序号	能力	核心指标	简称	量纲	描述	当前值	目标值 2025 年	目标值 2030 年
1	侦察探测能力	空中探测距离		公里				
2		XX 预警时间		秒				
3		XX 发现概率		%				
4		…						
5	互操作性	结构						
6		设施						
7		应用						
8		数据						
9		安全						
10		运维						

表 6.16 中序号、能力、核心指标、简称、量纲、描述列的内容与表 6.15 一致，各项目提报单位不能改动。

2) 项目体系能力贡献专家初评

基于提报项目自评结果，组织专家按表 6.17 进行评审，确定项目对体系能力的贡献。

表 6.17 项目体系能力贡献专家评估表

序号	项目名称	类别	所属项目群	能力 1 等级	能力 1 贡献	能力 2 等级	能力 2 贡献	…
1	项目 1			v_{11}	r_{11}	v_{12}	r_{12}	
2	项目 2							
3								
4								

以项目 1 为例，表示该项目能够将体系能力 1 提升到等级 v_{11}，且本项目在其中的贡献等级为 r_{11}，能够将体系能力 2 提升到等级 v_{12}，且本项目在其中的贡献等级为 r_{12}。项目 1 对其他体系能力没有贡献。$v_{11}, v_{12} \in \{0,1,2,\cdots,5\}$，$r_{11}, r_{12} \in$

$\{0,1,2,\cdots,10\}$。

关于体系能力等级水平,目前是采用从 0 级到 5 级由低到高的方式定义的。但是当能力比较宏观抽象时,这种定义并不合适,因为从体系全局看,必然有的部门或领域能力强,有的部门或领域能力弱,能力的各等级水平是共存的状态。为了解决这一问题,从体系能力域的角度按能力作用范围进行定义,可以采用如下方式来定义能力的各个等级水平。

等级 0:没有优于当前能力。
等级 1:突破空白。
等级 2:形成域内初始能力,满足领域典型任务需要。
等级 3:形成域内全面能力,全面满足领域各类任务需要。
等级 4:形成跨域能力,满足跨域作战任务需要。
等级 5:形成全域能力,全面满足各类联合作战任务需要。
将所有专家的评估结果进行整合,得到汇总表,如表 6.18 所示。

表 6.18 项目体系能力贡献评估综合表

序号	项目名称	类别	项目群	能力 1	…	综合贡献
1	项目 1			$(u_{11}^{(1)},u_{11}^{(2)},\cdots,u_{11}^{(5)})$		$(u_1^{(1)},u_1^{(2)},\cdots,u_1^{(5)})$
2	项目 2					
3						
4						

一般地,记项目集合为 $S_P=\{P_i|i=1,2,\cdots,N\}$,能力集合为 $S_C=\{C_j|j=1,2,\cdots,M\}$,评审专家集合为 $S_E=\{E_k|k=1,2,\cdots,K\}$,专家 E_k 评审项目 P_i 对能力 C_j 的结果为 $v_{ij}^{(k)}$、$r_{ij}^{(k)}$,$v_{ij}^{(k)}\in\{0,1,2,\cdots,5\}$,$r_{ij}^{(k)}\in\{0,1,2,\cdots,10\}$。

综合评审专家的结果,得到各项目 P_i 对能力 C_j 的贡献结果为 $(u_{ij}^{(1)},u_{ij}^{(2)},\cdots,u_{ij}^{(5)})$,其中

$$u_{ij}^{(h)}=\frac{1}{10K}\sum_{k=1}^{K}\mathrm{sgn}\left(v_{ij}^{(k)},h\right)r_{ij}^{(k)}$$

$$i=1,2,\cdots,N;j=1,2,\cdots,M;h=1,2,\cdots,5$$

这里 $\mathrm{sgn}(x,y)$ 定义为

$$\mathrm{sgn}(x,y) = \begin{cases} 1, & x = y \\ 0, & x \neq y \end{cases}$$

3) 项目体系能力贡献排序

设 $w_j(j=1,2,\cdots,M)$ 是能力 j 的相对权重，$0 \leqslant w_j \leqslant 1$，由专家事先研究确定，对所有项目是相同的，满足 $\sum_{j=1}^{M} w_j = 1$。项目 P_i 对所有能力的总贡献为 $(u_i^{(1)}, u_i^{(2)}, \cdots, u_i^{(5)})$，其中

$$u_i^{(h)} = \sum_{j=1}^{M} w_j u_{ij}^{(h)}, \quad i = 1,2,\cdots,N; \quad h = 1,2,\cdots,5$$

进一步可以定义 u_i 来衡量项目 P_i 的总贡献：

$$u_i = \sum_{l=1}^{5} h u_i^{(h)}, \quad i = 1,2,\cdots,N$$

根据 u_i 可以项目对体系能力的贡献度大小对所有的项目进行排序，作为项目遴选的参考。

4) 体系能力等级水平评估

基于第 2)、3)步的工作成果，可从每一项能力的角度对所有提报项目的综合贡献进行分析，评估经过建设后每项体系能力能够达到的水平。根据评估结果识别出需要精简的体系建设项目，并提出需要补充完善的项目建议。

选择一项体系能力 $C_j(j=1,2,\cdots,M)$，定义建设项目对能力 C_j 的等级水平贡献率向量 $(l_{j1}, l_{j2}, \cdots, l_{j5})$ 为

$$l_{jh} = \sum_{i=1}^{N} u_{ij}^{(h)}, \quad j = 1,2,\cdots,M; \quad h = 1,2,\cdots,5$$

其中，l_{jh} 体现了建设项目对能力 C_j 达成 h 等级水平的总贡献。l_{jh} 越大，说明支撑生成 h 等级水平体系能力 C_j 的规划项目越充分；l_{jh} 越小，说明规划中对此考虑的不足，或有空白。

注：这里允许规划中不同的建设项目对不同的等级水平有贡献，原因是能力指标比较顶层宏观，很难要求所有建设项目都统一到一个等级水平上，如侦察探测能力不同等级对应不同的范围等指标，在 X 方向这个指标要求达到 4 级，而 Y 方向要求达到 3 级，目前体系在这两个方向上的建设都不满足要求，需要分别安排建设项目，不能说 Y 方向的项目就是不需要的。

5) 体系能力等级水平评估结果合规性检查

定义

$$S_{jh} = \left\{ P_i \middle| u_{ij}^{(h)} > 0, 1 \leqslant i \leqslant N \right\}$$

其中，S_{jh} 是对能力 C_j 的 h 等级水平有贡献的所有项目的集合，这些项目的总贡献是 l_{jh}，l_{jh} 应该在[0,1]之间取值。若 $l_{jh} > 1$，则对 S_{jh} 中建设项目从提供能力的角度进行进一步分析审核，查找有重复或重叠的项目并进行精简整合。若没有重复和重叠的建设项目，或已经进行了精简合并处理但仍 l_{jh} 大于 1，则说明专家的项目能力贡献评估结果有偏差，需要规范化处理。具体处理步骤如下。

定义
$$\beta = \max_{1 \leqslant j \leqslant M, 1 \leqslant h \leqslant 5} l_{jh}$$

令
$$u_{ij}^{(h)} = u_{ij}^{(h)} / \beta$$

重复第 3)、4)步的工作，则可以确保 $0 \leqslant l_{jh} \leqslant 1$。

6) 项目群体系能力贡献评估

对一个项目群 $S_G \subset S_P$，选择一项体系能力 $C_j (j=1,2,\cdots,M)$，定义项目群对能力 C_j 的等级水平贡献率向量 $\left(l_{j1}^G, l_{j2}^G, \cdots, l_{j5}^G\right)$，其中

$$l_{jh}^G = \sum_{P_i \in S_G} u_{ij}^{(h)}, \quad j=1,2,\cdots,M; \quad h=1,2,\cdots,5$$

其中，l_{jh}^G 体现了建设项目群 S_G 对能力 C_j 达成 h 等级水平的总贡献。

定义
$$L(S_G, j) = \max_{1 \leqslant h \leqslant 5} \left\{ h \mid l_{jh}^G = \tilde{l}_j^G \right\}$$

其中
$$\tilde{l}_j^G = \max_{1 \leqslant h \leqslant 5} \left\{ l_{jh}^G \right\}$$

则 $L(S_G, j)$ 反映了项目群 S_G 对能力 C_j 的 $L(S_G, j)$ 等级水平的贡献最大，其贡献度为 $\tilde{l}_j^G$。

这样将能力作为一个维度、项目群作为一个维度，可以将评估结果按矩阵方式展示，如表 6.19 所示。

表 6.19　项目贡献度评估结果展示示例

能力 1	1	3	2	3	1
能力 2	2	4	2	5	1

续表

能力3	3	3	2	2	4
能力4	1	1	3	1	3
	项目群A	项目群B	项目群C	项目群D	项目群E

将不同能力等级水平对应一种颜色，分别填充矩阵对应区域，得到图6.13所示展示效果。

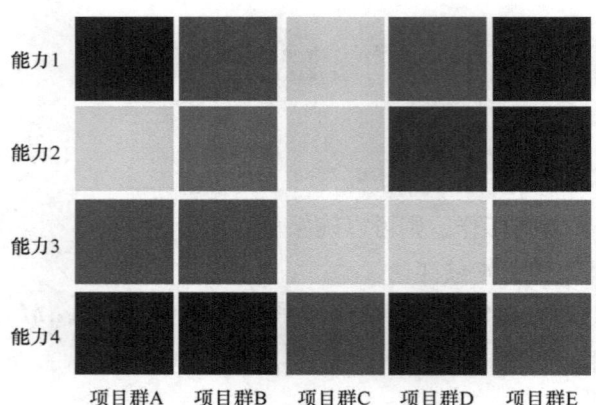

图6.13 项目贡献度评估结果展示例

图6.13中横向维度的项目群可以是按项目建设内容和类型划分的项目群，也可以是按项目牵头建设单位划分的项目群，不同的选择展示不同的内容，可以为决策者提供参考的信息不同。矩阵中每个区域的色块，可以按照贡献度值 $\tilde{I}_j^G$ 的大小，填充相应的比例，以展示建设投入的力度。

参 考 文 献

[1] 李怡勇,李智,管清波,等. 武器装备体系贡献度评估刍议与示例. 装备学院学报, 2015, 26(4): 5-10.
[2] 梁家林,熊伟. 武器装备体系贡献度评估方法综述. 兵器装备工程学报, 2018, 39(4): 67-72.
[3] 罗承昆,陈云翔,项华春,等. 装备体系贡献率评估方法研究综述. 系统工程与电子技术, 2019, (8): 1789-1794.
[4] 吕惠文,张炜,吕耀平,等. 基于多视角的武器装备体系贡献率评估指标体系构建. 装备学院学报, 2017, 28(3): 62-66.
[5] 罗小明,朱延雷,何榕. 基于SEM的武器装备作战体系贡献度评估方法. 装备学院学报, 2015, (5): 1-6.
[6] 李际超,杨克巍,张小可,等. 基于武器装备体系作战网络模型的装备贡献度评估. 复杂系统与复杂性科学, 2016, (3): 1-7.

[7] 赵丹玲, 谭跃进, 李际超, 等. 基于作战环的武器装备体系贡献度评估. 系统工程与电子技术, 2017, (10): 2239-2247.

[8] 罗承昆, 陈云翔, 胡旭, 等. 基于作战环和自信息量的装备体系贡献率评估方法. 上海交通大学学报, 2019, (6): 741-748.

[9] 刘鹏, 赵丹玲, 谭跃进, 等. 面向多任务的武器装备体系贡献度评估方法. 系统工程与电子技术, 2019, (8): 1763-1770.

[10] 金丛镇. 基于 MMF-OODA 的海军装备体系贡献度评估方法研究. 南京: 南京理工大学, 2017.

[11] 王楠, 杨娟, 何榕. 基于粗糙集的武器装备体系贡献度评估方法. 指挥控制与仿真, 2016, (1): 104-107.

[12] 甘斌, 胡正东. 基于仿真实验的装备体系贡献度评估研究. 炮兵防空兵装备技术研究, 2015, (3): 58-63.

[13] 张先超, 马亚辉. 体系能力模型与装备体系贡献率测度方法. 系统工程与电子技术, 2019, (4): 843-849.

[14] 杨克巍, 杨志伟, 谭跃进, 等. 面向体系贡献率的装备体系评估方法研究综述. 系统工程与电子技术, 2019, (2): 311-321.

[15] 张庆军, 张明智, 吴曦. 空间作战体系建模和体系贡献度评估研究综述. 计算机仿真, 2018, 35(1): 8-13.

[16] 赖因哈德·施托克曼, 沃尔夫. 评估学. 唐以志译. 北京: 人民出版社, 2012.